高等学校计算机公共课程“十三五”规划教材

全国高等院校计算机基础教育研究会立项教材

大学计算机基础

（文科）

刘萍萍　主　编

黄姝娟　杨盛泉　徐江涛　副主编

中国铁道出版社有限公司
CHINA RAILWAY PUBLISHING HOUSE CO., LTD.

内 容 简 介

本书是按照教育部非计算机专业计算机基础教学指导分委员会提出的《关于进一步加强高等学校计算机基础教学的意见》中的相关要求，并结合当前计算机的发展以及应用型大学的实际情况而编写的。本书是全国高等院校计算机基础教育研究会立项教材。

本书主要讲述计算机的基本概念和技术，注重基础性和实用性。其内容包括：计算机与计算思维、计算机系统基础、信息表示与计算基础、操作系统基础、计算机网络技术、办公自动化技术、网页制作技术、信息管理技术、多媒体技术，以及综合案例实践——校园二手书店建设与运营。在内容组织上注重基础知识与计算机应用的结合，在清晰阐述计算机基础知识和应用技术的基础上，介绍计算机新技术的发展和应用。本书内容翔实，浅显易懂，图文并茂，基础理论知识与应用操作相结合，使读者更容易掌握所学知识。

本书适合作为应用型高等院校非计算机专业本科生的教材，也可供高职高专院校计算机专业学生使用，还可作为其他计算机爱好者的自学参考书。

图书在版编目（CIP）数据

大学计算机基础 ：文科 / 刘萍萍主编. — 北京 ：中国铁道出版社，2016.8（2019.7 重印）
高等学校计算机公共课程“十三五”规划教材
ISBN 978-7-113-22308-3

Ⅰ. ①大… Ⅱ. ①刘… Ⅲ. ①电子计算机－高等学校－教材 Ⅳ. ①TP3

中国版本图书馆 CIP 数据核字（2016）第 208294 号

书　　名：大学计算机基础（文科）
作　　者：刘萍萍　主编

策　　划：滕　云　　　　**读者热线**：（010）63550836
责任编辑：唐　旭　徐盼欣
编辑助理：陆慧萍
封面设计：白　雪
责任校对：汤淑梅
责任印制：郭向伟

出版发行：中国铁道出版社有限公司（100054，北京市西城区右安门西街 8 号）
网　　址：http:// www.tdpress.com/51eds/
印　　刷：三河市宏盛印务有限公司
版　　次：2016 年 8 月第 1 版　　2019 年 7 月第 4 次印刷
开　　本：787mm×1092mm　1/16　**印张**：16.25　**字数**：370 千
书　　号：ISBN 978-7-113-22308-3
定　　价：38.00 元

前言

"大学计算机基础"是目前大学计算机基础教育的核心课程之一，是大学生学习计算机知识的入门课程，也是高等学校计算机基础教育课程体系改革的重要举措之一。近年高校进行了大学计算机基础课程的考试改革，将这门课程分为理工科和文科模块，按学科特色授课，并取得了良好的效果，这就要求教材要更贴近实际应用。本书在内容上适应国内外市场以及文科专业对计算机的需要，符合21世纪高校人才培养目标的需要，全书紧扣大纲，概念清晰，原理简洁明了，知识新颖，适于培养文科大学生的信息素质。

本书具有以下几个方面的特色：

（1）在指导思想上，立足于培养21世纪急需的应用型人才。在充分考虑学生应该学习的基础知识以及机试特点的基础上，注重基础知识的讲解和具体应用的阐述。

（2）在内容上，注重基础性和实用性。讲述计算机基本概念和技术的同时，注重基础知识与计算机应用的结合。考虑到很多同学需要参加全国计算机等级考试，因此在知识体系方面兼顾计算机等级考试大纲的要求。

（3）在选材方面，以基础、简明、实用的取材原则，来确定各章节具体内容。清楚地阐述计算机基础知识和应用技术基础的同时，介绍计算机新技术的发展和应用。

（4）在写法上，简明扼要、理例结合、条理清晰、深入浅出，力求易读易懂、易教易学。

（5）在辅助学习方面，本书配有专门的实验指导和习题，为学生自学提供了方便，同时减轻了教师实验辅导的工作量。

本书由刘萍萍任主编，黄姝娟、杨盛泉、徐江涛任副主编。尽管我们力求精益求精，付出了艰辛的劳动，但由于水平和视野有限，仍难免存在疏漏和不足之处，恳请广大读者提出宝贵的意见和建议。

编　者

2016年7月

目 录

基 础 篇

应 用 篇

基 础 篇

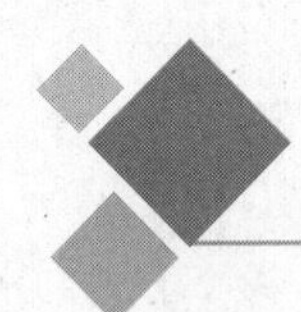

第1章　计算机与计算思维

学习目标：

- 掌握计算机系统的基本概念和基础知识；
- 了解计算机的发展历程、特点、分类和应用；
- 掌握“冯·诺依曼型”计算机的特点；
- 理解计算思维的本质。

在认识世界的过程中，人类逐步发明了许多种工具，利用这些工具，人类的体力劳动得到了很大程度的解放，而计算机则延伸了人类的脑力，这不仅是由于计算机的高速度和高精度特性提高了处理信息的速度和正确性，更重要的是，它在相当多的场合中替代了人的脑力劳动，把人类从简单重复的单纯性、事务性工作中解脱出来，使人类能够把更多的时间和精力集中在对信息的分析和利用上，提高决策的正确性和及时性，从而加快了人类社会的信息化进程。

本章主要介绍计算机的基本概念，回顾计算机的产生和发展情况及其发展方向，介绍计算机的特点、分类和应用。通过对这些知识的学习，可以初步了解和认识计算机，同时为后面的进一步学习奠定基础。

1.1　计算机基本概念与发展

电子计算机（Electronic Computer）简称计算机，诞生于20世纪40年代。计算机的研制成功是20世纪的一项重大科学技术成就，计算机与以往任何机器相比，具有本质的差别。纵观历史，无论是蒸汽机、电动机还是内燃机，都只是人的动作器官的延伸，它们放大了人的体力，而计算机能自动进行数值计算、信息处理、自动化管理……，且工作效率比人高千百万倍。

1.1.1　计算概述

计算可以分为基本计算、复合计算和基于计算机模型的计算。基本计算包括：

① 数值计算，即加、减、乘、除、微分、积分等。

② 字符计算，包括并串（例如，在网上搜索时为了提高效率，往往需要将几个关键词组合在一起进行搜索，组合关键词的操作称为并串计算）、取串（例如，在身份证编

号中提取出生年月的操作，称为取串计算）、找串（例如，文本编辑中对词的替换操作的第一步，就是在文本中找到与指定字符相同的字符，称为找串操作）等。

③ 图像计算，包括图像分割和图像压缩。图像分割指的是将数字图像细分为多个图像子区域（像素的集合，也称超像素）的过程。图像分割的目的是简化或改变图像的表示形式，使得图像更容易理解和分析，它常用于卫星定位、医学影像分析、指纹识别。图像压缩是指图像的数据量非常大，为了有效地传输和存储图像，有必要压缩图像的数据量。随着现代通信技术的发展，要求传输的图像信息的种类和数据量越来越大，若对此不进行数据压缩，便难以推广应用，因为原始图像数据是高度相关的，存在很大的冗余。数据冗余造成数据存储与传输的资源浪费，消除这些冗余可以节约码字，也就达到了数据压缩的目的。除此之外，图像计算还包括图像解压等。

严格、确定、精确的计算称为硬计算。在处理现实生活中的许多问题时，硬计算并不适用。用不确定、不精确及不完全真值的容错来取代低代价的解决方案称为软计算，它模拟自然界中智能系统的生化过程（人的感知、脑结构、进化和免疫等）来有效地处理日常工作。软计算包括模糊逻辑、人工神经网络、遗传算法和混沌理论几种计算模式。这些模式是互补及相互配合的，在许多应用系统中组合使用。

1.1.2 计算机的定义

计算无处不在，人类进行运算所使用的工具，也经历了从简单到复杂，由低级到高级的转变；从结绳计数到制定历法指导农业生产，到算盘的出现，再到电子计算机诞生，直到大型主机时代的来临。高性能集群计算对人类社会的进步起到了推波助澜的作用，随着人类的发展脚步越来越快，人类社会也进入了一个崭新的计算时代。

计算机是由一系列电子元器件组成的机器，在软件的控制下进行数值计算和信息处理。它能按照程序引导的确定步骤，对输入数据进行加工处理、存储或传送，以便获得所期望的输出信息，从而利用这些信息来提高社会生产率。

顾名思义，计算机首先具有计算能力。计算机不仅可以进行加、减、乘、除等算术运算，而且可以进行逻辑运算并对运算结果进行判断从而决定执行何种操作。正是由于具有这种逻辑运算和推理判断的能力，使计算机成为一种特殊机器的专用名词，而不再是简单的计算工具。为了强调计算机的这些特点，有人将它称为"电脑"，以说明它既有计算能力，又有逻辑推理能力。

计算机还具有逻辑判断能力。计算机具有可靠的判断能力，以实现计算机工作的自动化，从而保证计算机控制的判断可靠、反应迅速、控制灵敏。至于有没有思维能力，这是一个目前人们正在深入研究的问题。

计算机还具有记忆能力。在计算机中有容量很大的存储装置，它不仅可以长久性地存储大量的文字、图形、图像、声音等信息资料，还可以存储指挥计算机工作的程序。当用计算机进行数据处理时，首先将事先编写的程序存储到计算机中，然后按程序的要求一步一步地进行各种运算，直到程序执行完毕为止。因此，计算机必须是能存储源程序和数据的装置。

除了具有计算功能之外，计算机还能进行信息处理。在信息社会中，各行各业随时随地都会产生大量的信息。人们为了获取、传送、检索信息，必须对信息进行有效的组织和管理。这一切都可以在计算机的控制之下实现，所以说计算机是信息处理的工具。

因此，计算机是一种能按照事先存储的程序，自动、高速、准确地进行大量数值计算和各种信息处理的现代化智能电子装置。

1.1.3 计算机的诞生与发展历程

计算机诞生至今，以惊人的速度发展着，首先是晶体管取代了电子管，继而是微电子技术的发展，使得计算机处理器和存储器上的元件越来越小，数量却越来越多。计算机的运算速度和存储容量迅速增加，各方面的功能也越来越强大。随着计算机的微型化和网络化，计算机已渗透到了人们生活中的各个领域，被普遍地应用到科学技术、文化教育、工农业生产、国防建设以及日常生活中，有力地推动了信息社会的发展。计算机作为获取、加工、存储、处理与管理信息的工具，已成为21世纪人们重要的生活、工作工具。

1. 计算机的诞生

在20世纪40年代，由于当时进行的第二次世界大战亟须高速准确的计算工具来解决弹道计算问题，因此，在美国陆军部的主持下，美国宾夕法尼亚大学莫尔学院的莫克利（Mauchly）、艾克特（Eckert）等人于1946年设计并制造了世界上第一台电子数字积分计算机（Electronic Numerical Integrator and Calculator，ENIAC）供美国军方使用，如图1-1所示。

图1-1 第一台电子数字计算机ENIAC

ENIAC的功能在当时是出类拔萃的，与手工计算机相比速度得到了极大的提升。但ENIAC也存在着明显的缺点，如体积庞大、耗电量大、字长短、不能存储程序、编程困难等。这些缺点极大地限制了机器的运行速度，急需更合理的结构设计。随后，数学家冯·诺依曼（John von Neumann）在新型计算机的研制过程中，提出了一种全新的存储程序式通用电子计算机设计方案，即现在所称的“冯·诺依曼型”计算机。从此，计算机从实验室研制阶段进入工业化生产阶段，其功能从科学计算扩展到数据处理，计算机产业化趋势开始形成。

2. 计算机的发展历程

以计算机物理器件的变革作为标志，可以将计算机的发展划分为4个重要的发展阶段。

第一阶段（1946—1957年）为电子管计算机时代，计算机应用的主要逻辑元件是电子管。电子管计算机的特点是：体积庞大、运算速度低（一般每秒几千次到几万次）、成本高、可靠性差、内存容量小。这一时期的计算机主要用于科学计算，被应用于军事和科学研究工作。其代表机型有ENIAC、IBM 650（小型机）、IBM 709（大型机）等。

第二阶段（1958—1964年）为晶体管计算机时代，计算机应用的主要逻辑元件是晶体管。晶体管计算机的应用被扩展到数据处理、自动控制等方面。计算机的运算速度已提高到每秒几十万次，体积已大大减小，可靠性和内存容量也有较大的提高。其代表机型有IBM 7090、IBM 7094、CDC 7600等。

第三阶段（1965—1970年）为集成电路计算机时代，计算机的主要逻辑元件是集成电路。计算机的运算速度提高到了每秒几十万次到几百万次，可靠性和存储容量进一步提高。这一时期的计算机外围设备种类繁多，计算机和通信密切结合起来，广泛地应用到科学计算、数据处理、事务管理、工业控制等领域。其代表机型有 IBM 360 系列、富士通 F230 系列等。

第四阶段（1971 年至今）为大规模和超大规模集成电路计算机时代，计算机的主要逻辑元件是大规模和超大规模集成电路。计算机的运算速度可达到每秒上千万次到亿万次。计算机的存储容量和可靠性有了很大提高，功能更加完备。计算机的类型除小型、中型、大型机外，开始向巨型机和微型机（个人计算机）两个方向发展。计算机已经进入办公室、学校和家庭。

从计算机工作原理来看，以上 4 代计算机都是基于数学家冯·诺依曼提出的“存储程序”的思想：将程序和数据以二进制数的形式预先存储在计算机的存储器中，执行程序时，计算机从存储器中逐条取出指令进行相应操作，完成数据的计算处理和输入/输出。这种“存储程序”的思想是计算机科学发展历史上的里程碑，对于计算机科学的发展具有根本性的指导意义，所以通常将基于这一原理的计算机称为冯·诺依曼型计算机。

1.1.4 微型计算机的发展

大规模集成电路的发展为计算机的微型化打下了坚实的基础，20 世纪 70 年代初在美国硅谷诞生了第一片微处理器（Micro Processor Unit，MPU）。MPU 将运算器和控制器等部件集成在一块大规模集成电路芯片上作为中央处理部件。微型计算机就是以 MPU 为核心，再配上存储器、接口电路等芯片构成的。短短的 40 多年中，微处理器集成度几乎每 18 个月增加 1 倍，产品每 2～4 年更新换代一次。微型计算机以微处理器的字长和功能为主要划分依据，经历了 6 代演变。

第一代（1971—1973 年）：4 位和 8 位低档微型计算机。字长为 4 位的微处理器的典型代表是 Intel 公司的 4004，由它作为微处理器的 MCS-4 计算机是第一台微型计算机。随后，Intel 公司又推出了以 8 位微处理器 8008 为核心的 MCS-8 微型计算机。这一阶段的微型计算机主要用于处理算术运算、家用电器及简单的控制等。

第二代（1974—1977 年）：8 位中高档微型计算机。在这个阶段，微处理器的典型代表有 Intel 公司的 Intel 8080、Zilog 公司的 Z-80 和 Motorola 公司的 MC 6800。采用这些中高档微处理器的微型计算机其运算速度提高了一个数量级，主要用于教学和实验、工业控制、智能仪器等。

第三代（1978—1984 年）：16 位微型计算机。在这个阶段，微处理器的典型代表有 Intel 公司的 Intel 8086/8088、Zilog 公司的 Z-8000 和 Motorola 公司的 MC 68000。IBM 选择 Intel 8086 作为微处理器，于 1981 年成功开发了个人计算机（IBM PC），从此开始了个人计算机大发展的时代。1982 年 2 月，Intel 公司推出了超级 16 位微处理器 Intel 80286，能够实现多任务并行处理。

第四代（1985—1992 年）：32 位微型计算机。在这个阶段，微处理器的典型代表有 Intel 公司的 Intel 80386。该微处理器集成了 27.5 万个晶体管，数据总线和地址总线均为 32 位，具有 4 GB 的物理寻址能力。1989 年 4 月，Intel 公司又推出了 Intel 80486 微处理器，其芯片内集成了 120 万个晶体管。从此，PC 的功能越来越强大，可以构成与 20 世纪 70 年代大、中型计算机相匹敌的计算能力，并有取而代之之势。

第五代（1993—2005 年）：奔腾（Pentium）系列微处理器时代。典型产品是 Intel

公司的奔腾系列芯片及与之兼容的 AMD 的 K6 系列微处理器芯片。内部采用了超标量指令流水线结构，并具有相互独立的指令和数据高速缓存。随着 MMX（MultiMedia eXtended）微处理器的出现，微机的发展在网络化、多媒体化和智能化等方面跨上了更高的台阶。

第六阶段（2005 年至今）：酷睿（Core）系列微处理器时代。"酷睿"是一款领先节能的新型微架构，设计的出发点是提供卓然出众的性能和能效，也就是所谓的能效比。2010 年 6 月，Intel 发布第二代 Core i3/i5/i7 处理器，基于全新的 SNB（Sandy Bridge）微架构。SNB 重新定义了"整合平台"的概念，与处理器"无缝融合"的"核芯显卡"终结了"集成显卡"的时代，SNB 采用了更加先进的 32 nm 制造工艺，使 CPU 功耗进一步降低，并使电路尺寸和性能显著优化，进而为将"核芯显卡"与 CPU 封装在同一块基板上创造了有利条件。此外，第二代酷睿还加入了全新的高清视频处理单元，其视频处理速度大大提高。

1.1.5 计算机的发展方向

21 世纪是人类走向信息社会的世纪、是网络的时代。现代计算机的发展表现在两个方面：一是电子计算机的发展趋势更加趋向于巨型化、微型化、网络化和智能化；二是非冯·诺依曼结构化。

1. 电子计算机的发展趋势

（1）巨型化

巨型化是指计算机的运算速度更快、存储容量更大、功能更强，而不是指计算机的体积大。巨型计算机运算速度通常在每秒一亿次以上，存储容量超过太字节。例如，1997 年中国成功研制了"银河-Ⅲ"巨型计算机，如图 1-2 所示，其运算速度已达到 130 亿次/s。巨型机主要应用于天文、军事、仿真等需要进行大量科学计算的领域。

图 1-2 银河系列巨型计算机

（2）微型化

微型化是指进一步提高集成度，目的是利用超大规模集成电路研制质量更加可靠、性能更加优良、价格更加低廉、整机更加小巧的微型计算机。微型计算机现在已大量应用于仪器、仪表、家用电器等小型仪器设备中，同时也作为工业控制过程的心脏，使仪器设备实现"智能化"。

（3）网络化

网络化就是用通信线路将各自独立的计算机连接起来，以便进行协同工作和资源共享。例如，通过 Internet，人们足不出户就可以获取大量的信息，进行网上交易等。今天，网络技术已经从计算机技术的配角地位上升到与计算机紧密结合、不可分割的地位，产生了"网络电脑"的概念。

（4）智能化

计算机的智能化就是要求计算机具有人的智能。能够像人一样思维，使计算机能够进行图像识别、定理证明、研究学习、探索、联想、启发和理解人的语言等，它是新一代计算机要实现的目标。智能化使计算机突破了"计算"这一初级的含义，从本质上扩充了计算机的能力，可以越来越多地代替人类的脑力劳动。

2. 非冯·诺依曼结构计算机

近年来通过进一步的深入研究发现，由于电子电路的局限性，理论上基于冯·诺依曼原理的电子计算机的发展也有一定的局限，因此人们提出了制造非冯·诺依曼结构计算机的想法。该研究主要有两大方向：一是创造新的程序设计语言，即所谓的“非冯·诺依曼”语言；二是从计算机元件方面进行研究，如研究生物计算机、光计算机、量子计算机等。

1982年，日本提出了“第五代计算机”，其核心思想是设计一种所谓的“非冯·诺依曼”语言——PROLOG语言。PROLOG语言是一种逻辑程序设计语言，主要是将程序设计变成逻辑设计，突破传统的程序设计概念。

20世纪80年代初，人们着手研究由蛋白质分子或传导化合物元件组成的生物计算机。研究人员发现，遗传基因——脱氧核糖核酸（DNA）的双螺旋结构能容纳大量信息，其存储量相当于半导体芯片的数百万倍。两个蛋白质分子就是一个存储体，而且阻抗低、能耗小、发热量极小。人们基于这一特点，研究如何利用蛋白质分子制造基因芯片。尽管目前生物计算实验距离使用还很遥远，但是鉴于人们对集成电路的认识，其前景十分看好。

光计算机是用光子代替电子来传递信息。1984年5月，欧洲研制出世界上第一台光计算机。光计算机有三大优势：①光子的传播速度非常快，电子在导线中的运行速度与其无法相比，采用硅、光混合技术后，其传送速度可达到每秒万亿字节；②光子不像带电的电子那样相互作用，因此经过同样窄小的空间通道可以传送更多数据；③光无须物理连接。如果能将普通的透镜和激光器做得很小，以至能安装在微芯片的背面，那么未来的计算机就可以通过稀薄的空气传送信号。

量子计算机是一种基于量子力学原理，利用质子、电子等亚原子微粒的某些特性，采用深层次计算模式的计算机。这一模式只由物质世界中一个原子的行为决定，而不是像传统的二进制计算机那样将信息分为0和1（对应于晶体管的开和关）来进行处理。在量子计算机中最小的信息单元是一个量子比特，量子比特不止有开和关两种状态，而是能以多种状态同时出现，这种数据结构对使用并行结构计算机来处理信息是非常有利的。量子计算机还具有一些近乎神奇的性质：信息传输几乎不需要时间（超距作用），信息处理所需的能量可以接近于零。

1.1.6 计算机的特点

计算机作为一种通用的信息处理工具之所以具有很强的生命力，并以飞快的速度发展，是因为本身具有许多特点，具体表现在以下5个方面：

1. 运算速度快

运算速度是衡量计算机性能的重要指标之一，现在高性能计算机的运算速度已达到每秒几十万亿次，甚至千万亿次，微型计算机也可达每秒上亿次。

2. 计算精确度高

现在计算机对数据处理的结果精度可以有十几位甚至几十位（二进制）有效数字，计算精度可由千分之几到百万分之几，是其他任何计算工具无可比拟的。而且在理论上计算机的计算精度并不受限制，通过一定的技术手段可以实现任何精度要求。

3. 记忆能力强

随着计算机存储容量的不断增大，可存储记忆的信息越来越多。目前，计算机不仅提供了大容量的主存储器，同时提供了海量的外部存储器，只要存储介质不被破坏，就可以使信息永久保存，永不丢失。

4. 具有逻辑判断能力

计算机不仅能进行数值计算，而且能进行各种逻辑运算，具有逻辑判断能力。因此，可以处理各种非数值数据，如语言、文字、图形、图像和音乐等。

5. 具有自动控制能力

计算机的内部操作是根据人们事先编写的程序自动控制进行的。用户根据需要，事先设计好运行步骤与程序，计算机十分严格地按程序规定的步骤操作，整个过程不需要人工干预。这也是计算机区别于其他工具的本质特点。

1.1.7 计算机的分类

计算机已经发展成为一个庞大的家族，并表现出不同的特点。根据其特点，可以从不同的角度对计算机进行分类。总地来说，计算机根据其功能可分为通用计算机和专用计算机。专用计算机功能单一，适应性较差，但是在特定的用途下，配备解决特定问题的软、硬件可以高效、快速、可靠地解决特定问题。通用计算机功能齐全、通用性强，通常人们所说的计算机就是指通用计算机。通用计算机又可按照计算机的运算速度、存储容量、指令系统的规模等综合指标将其划分为巨型机、大型机、小型机、微型机、服务器及工作站等几大类。

1. 巨型机

巨型机运算速度快，可达每秒几百亿次；主存容量大，最高可达几百兆字节甚至几百万兆字节；结构复杂，一般采用多处理器结构，价格昂贵。巨型机的生产和研制是衡量一个国家经济实力和科技水平的重要标志。中国自行研制的银河系列巨型机的运算速度已达每秒上百亿次，从而成为世界上能研制巨型机的少数几个国家之一。巨型机主要应用于复杂、尖端的科学研究领域，特别是军事科学领域。

2. 大型机

大型机是指通用性能好、外围设备负载能力强、处理速度快的一类计算机。在运算速度、主存容量等性能指标方面仅次于巨型机。大型机主要应用于大公司、银行、政府部门、制造企业等大型机构中，进行事务处理、商业处理、信息管理、大型数据库处理和数据通信等。

3. 小型机

小型机具有规模小、结构简单、价格较低、易于操作和维护等优点。既可用于科学计算、数据处理，也可用于工业自动控制、数据采集及分析处理。

4. 微型机

微型机采用微处理器、半导体存储器和输入/输出接口等部件，体积小、性能价格比高、灵活性好、使用方便，是当今世界上使用最广泛、数量最多的一类计算机。

5. 服务器

服务器是在计算机网络环境下为多用户提供服务的共享设备，一般分为文件服务器、打印服务器、计算服务器和通信服务器等。服务器一般具有大容量、可靠的存储设备及丰富的外围设备。服务器上的资源可供网络用户共享。

6. 工作站

工作站是介于微型机和小型机之间的一种高档微型计算机，具有较强的图形功能和数据处理能力，一般配有大屏幕显示器和大容量的内存和外存。主要应用于图形、图像处理。

随着大规模集成电路的发展，目前，微型计算机与工作站、小型计算机乃至大型机之间的界限越来越模糊，现在微处理器的速度已经达到甚至超过了过去一些大型机 CPU 的速度。

1.2 计算思维

计算思维在计算机领域广泛地被认识和关注，科学界把计算思维、实验思维和理论思维认为是人类的三大科学思维方式。

思维是思维主体处理信息及意识的活动，从某种意义上说，思维也是一种广义的计算。思维过程是一个从具体到抽象，再从抽象到具体的过程，其目的是在思维中再现客观事物的本质，达到对客观事物的具体认识。思维规律由外部世界的规律所决定，是外部世界规律在人的思维过程中的反映。

1.2.1 计算机应用系统的计算模式

计算机应用系统中数据与应用（程序）的分布方式称为企业计算机应用系统的计算模式，有时也称企业计算模式。自世界上第一台计算机诞生以来，计算机作为人类信息处理的工具已有半个多世纪，在这一发展过程中，计算机应用系统的模式发生了几次变革，它们分别是：单主机计算模式、分布式客户机/服务器计算模式（Client/Server，C/S）和浏览器/服务器计算模式（Browser/Server，B/S）。

1. 单主机计算模式

1985 年以前，计算机应用一般是单台计算机构成的单主机计算机。主机计算模式又可细分为两个阶段：①单主机计算模式的早期阶段，系统所用的操作系统为单用户操作系统，系统一般只有一个控制台，限单独应用，如劳资报表系统等。②分时多用户操作系统的研制成功及计算机终端的普及，使早期的单机计算模式发展成为单主机-多终端的计算模式。在单主机-多终端的计算模式中，用户通过终端使用计算机，每个用户都感觉好像是在独自享用计算机的资源，但实际上主机是在分时轮流为多个终端用户服务。

2. 分布式客户机/服务器计算模式

20 世纪 80 年代，个人计算机的发展和局域网技术逐渐趋于成熟，使用户可以通过计算机网络共享计算机资源，计算机之间通过网络可协同完成某些数据处理工作。虽然个人计算机的资源有限，但在网络技术的支持下，应用程序不仅可利用本机资源，还可通过网络方便地共享其他计算机的资源，在这种背景下分布式客户机/服务器（C/S）的计算模式形成了。

在客户机/服务器模式中，网络中的计算机被分为两大类：一是用于向其他计算机提供各种服务（主要有数据库服务、打印服务等）的计算机，统称为服务器；二是享受服务器所提供的服务的计算机，称为客户机。

客户机一般由微机承担，运行客户应用程序。应用程序被分散地安装在每台客户机上，这是客户机/服务器模式应用系统的重要特征。部门级和企业级的计算机作为服务器运行服务器系统软件（如数据库服务器系统、文件服务器系统等），向客户机提供相应的服务。

在客户机/服务器模式中，数据库服务是最主要的服务，客户机将用户的数据处理请求通过客户机的应用程序发送到数据库服务器，数据库服务器分析用户请求，实施对数据库的访问与控制，并将处理结果返回给客户机。在这种模式下，网络上传送的只是数据处理请求和少量的结果数据，网络负担较小。

对于较复杂的客户机/服务器模式的应用系统，数据库服务器一般情况下不止一个，而是按数据的逻辑归属和整个系统的地理安排可能有多个数据库服务器（如各子系统的数据库服务器及整个企业级数据库服务器等），企业的数据分布在不同的数据库服务器上，因此，客户机/服务器模式有时也称分布式客户机/服务器计算模式。

客户机/服务器模式是一种较成熟且应用广泛的企业计算模式，其客户端应用程序的开发工具也较多，这些开发工具分为两类：一类是针对某一种数据库管理系统的开发工具（如针对 Oracle 的 Developer 2000），另一类是对大部分数据库系统都适用的前端开发工具（如 PowerBuilder、Visual Basic、Visual C++、Delphi、C++Builder、Java 等）。

3. 浏览器/服务器计算模式

浏览器/服务器（B/S）模式是在客户机/服务器模式的基础上发展而来的。导致浏览器/服务器模式产生的原动力来自不断增大的业务规模和不断复杂化的业务处理请求，解决这个问题的方法是在传统客户机/服务器模式的基础上，由原来的两层结构（客户机/服务器）变成三层结构。浏览器/服务器模式具体结构为：浏览器/Web 服务器/数据库服务器。在三层应用结构中，用户界面（客户端）负责处理用户的输入和输出（出于效率的考虑，它可能在向上传输用户的输入前进行合法性验证）。商业逻辑层负责建立数据库的连接，根据用户的请求生成访问数据库的 SQL 语句，并把结果返回给客户端。数据库层负责实际的数据库存储和检索，响应中间层的数据处理请求，并将结果返回给中间层。

浏览器/服务器模式的系统以服务器为核心，程序处理和数据存储基本上都在服务器端完成，用户无须安装专门的客户端软件，只要通过网络中的计算机连接服务器，使用浏览器就可以进行事务处理，浏览器和服务器之间通过通信协议 TCP/IP 进行连接。浏览器发出数据请求，由 Web 服务器向后台取出数据并计算，将计算结果返回给浏览器。浏览器/服务器模式具有易于升级、便于维护、客户端使用难度低、可移植性强、服务器与浏览器可处于不同的操作系统平台等优点，同时也受到灵活性差、应用模式简单等问题的制约。在早期的 OA（办公自动化）系统中，浏览器/服务器模式是被广泛应用的模式。浏览器/服务器模式系统主要的应用平台有 Windows Server 系列、Lotus Notes、Linux 等，其采用的主要技术手段有 Notes 编程、ASP、Java 等，同时使用 COM+、ActiveX 控件等技术。

4. 云计算

云计算（Cloud Computing）是基于互联网的相关服务的增加、使用和交付模式，通常涉及通过互联网来提供动态易扩展且经常是虚拟化的资源。云是网络、互联网的一种比喻说法。过去在图中往往用云来表示电信网，后来也用来表示互联网和底层基础设施的抽象。狭义云计算指IT基础设施的交付和使用模式，指通过网络以按需、易扩展的方式获得所需资源；广义云计算指服务的交付和使用模式，它通过网络以按需、易扩展的方式获得所需服务。这种服务可以是IT与互联网相关的服务，也可是其他服务。它意味着计算能力也可作为一种商品通过互联网进行流通。

美国国家标准与技术研究院（NIST）定义：云计算是一种按使用量付费的模式，这种模式提供可用的、便捷的、按需的网络访问，进入可配置的计算资源共享池（资源包括网络、服务器、存储、应用软件和服务），这些资源能够被快速提供，只需投入很少的管理工作，或与服务供应商进行很少的交互。“云计算”概念被大量运用到生产环境中，如国内的“阿里云”与云谷公司的XenSystem，以及在国外已经非常成熟的Intel和IBM。各种“云计算”的应服务范围正日渐扩大，影响力也无可估量。

云计算常与网格计算、效用计算、自主计算相混淆。

① 网格计算：分布式计算的一种，由一群松散耦合的计算机组成的一个超级虚拟计算机，常用来执行一些大型任务。

② 效用计算：IT资源的一种打包和计费方式，比如按照计算、存储分别计量费用，像传统的电力等公共设施一样。

③ 自主计算：具有自我管理功能的计算机系统。

事实上，许多云计算部署依赖于计算机集群（但与网格的组成、体系结构、目的、工作方式大相径庭），也吸收了自主计算和效用计算的特点。

5. 普适计算

普适计算又称普存计算、普及计算（Pervasive Computing或Ubiquitous Computing）这一概念强调和环境融为一体，而计算机本身则从人们的视线里消失。在普适计算的模式下，人们能够在任何时间、任何地点、以任何方式进行信息的获取与处理。

普适计算的核心思想是小型、便宜、网络化的处理设备广泛分布在日常生活的各个场所，计算设备将不只依赖命令行、图形界面进行人机交互，而更依赖“自然”的交互方式，计算设备的尺寸将缩小到毫米甚至纳米级。

在普适计算的环境中，无线传感器网络将广泛普及，在环保、交通等领域发挥作用；人体传感器网络会大大促进健康监控以及人机交互等的发展。各种新型交互技术（如触觉显示、OLED等）将使交互更容易、更方便。

普适计算的含义十分广泛，所涉及的技术包括移动通信技术、小型计算设备制造技术、小型计算设备上的操作系统技术及软件技术等。

间断连接与轻量计算（即计算资源相对有限）是普适计算最重要的两个特征。普适计算的软件技术就是要实现在这种环境下的事务和数据处理。

在信息时代，普适计算可以降低设备使用的复杂程度，使人们的生活更轻松、更有效率。实际上，普适计算是网络计算的自然延伸，它不仅适用于个人计算机，而且其他小巧的智能设备也可以连接到网络中，从而方便人们即时地获得信息并采取行动。

目前，IBM已将普适计算确定为电子商务之后的又一重大发展战略，并开始了端到端解决方案的技术研发。IBM认为，实现普适计算的基本条件是计算设备越来越小，方便人们随时随地携带和使用。在计算设备无时不在、无所不在的条件下，普适计算才有可能实现。

科学家认为，普适计算是一种状态，在这种状态下，iPad 等移动设备、谷歌文档或远程游戏技术 Onlive 等云计算应用程序、4G 或广域 Wi-Fi 等高速无线网络将整合在一起，清除“计算机”作为获取数字服务的中央媒介的地位。随着每辆汽车、每台照相机、每台计算机、每块手表以及每个电视屏幕都拥有几乎无限的计算能力，计算机将彻底退到“幕后”，以至于用户感觉不到它们的存在。

1.2.2 计算思维的概念

科学思维是人在社会实践的基础上，对感性材料进行分析和综合，通过概念、判断、推理，形成概念、判断和推理，以反映事物的本质和规律。在科学认识活动中，科学思维必须遵守三个基本原则。在逻辑上要求严密的逻辑性，达到归纳和演绎的统一；在方法上要求辩证地分析和综合两种思维方法；在体系上，实现逻辑与历史的一致，达到理论与实践的具体的、历史的统一。

如果从人类认识世界和改造世界的思维方式出发，科学思维可分为理论思维、实验思维和计算思维三种。一般来说理论思维、实验思维和计算思维分别对应于理论科学、实验科学和计算科学。

① 理论思维：理论源于数学，理论思维支撑着所有的学科领域。正如数学一样，定义是理论思维的灵魂，定理和证明是它的精髓。公理化方法是最重要的理论思维方法。理论思维支撑着所有的学科领域。科学界一般认为，公理化方法是世界科学技术革命推动的源头。用公理化方法构建的理论体系称为公理系统，如欧氏几何。

② 实验思维：实验思维的先驱应当首推意大利著名的物理学家、天文学家和数学家伽利略，他开创了以实验为基础具有严密逻辑理论体系的近代科学，被人们誉为“近代科学之父”。爱因斯坦为之评论说：“伽利略的发现，以及他所用的科学推理方法，是人类思想史上最伟大的成就之一，而且标志着物理学的真正开端。”与理论思维不同，实验思维往往需要借助于某些特定的设备（科学工具），并用它们来获取数据以供以后的分析。例如，伽利略就不仅设计和演示了许多实验，而且还亲自研制出不少先进的实验仪器，如温度计、望远镜、显微镜等。以实验为基础的学科有物理、化学、地学、天文学、生物学、医学、农业科学、冶金、机械，以及由此派生的众多学科。

③ 计算思维：计算思维（Computational Thinking，CT）是运用计算机科学的基础概念进行问题求解、系统设计以及人类行为理解的涵盖了计算机科学之广度的一系列思维活动。

1. 计算思维的概述

计算思维的本质是抽象和自动化。如同所有人都具备“读、写、算”能力一样，计算思维是必须具备的思维能力。

（1）求解问题中的计算思维

利用计算手段求解问题的过程为：首先将实际问题转换为数学问题，然后建立模型、设计计算法和编程实现，最后在实际的计算机中运行并求解。前两步是计算思维中的抽象，后两步是计算思维中的自动化。

（2）设计系统中的计算思维

任何自然系统和社会系统都可视为一个动态演化系统，演化伴随着物质、能量和信息的交换，这种交换可以映射为符号变换，使之能用计算机实现离散的符号处理。当动态演化系统抽象为离散符号系统后，就可以采用形式化的规范来描述，通过建立模型、设计算法和开发软件来揭示演化的规律，实时控制系统的演化并自动执行。

（3）理解人类行为的计算思维

利用计算手段来研究人类的行为，可视为社会计算，即通过计算机构建一个人与人之间的沟通的虚拟空间，研究计算机以及信息技术在社会中影响传统的社会行为的过程。近年来蓬勃兴起的微博、百度百科等应用更是强调借助网络工具有效地利用用户群体的智慧。在这样的环境中，计算机成为一项通信工具，而用户利用这一通信工具，构建了自己的人际交互关系。这样，利用这种社会软件提供的便利，用户也被连接在一起，形成了虚拟空间上的社会网络。社会计算通过各种信息技术手段，设计、实施和评估人与社会之间的交互，涉及人们的交互方式、社会群体的形态及其演化规律等问题。研究生命的起源与繁衍，理解人类的认识能力，了解人类与环境的交互，研究传染病毒的结构与传播以及国家的福利与安全等都属社会计算的范畴，它些都与计算思维科学密切相关。使用计算思维的观点对当前社会计算中的一些关键问题进行分析与建模，尝试从计算思维的角度重新认识社会计算，找出新问题、新观点和新方法等。

计算思维就是通过约简、嵌入、转化和仿真等方法，把一个困难的问题阐释为如何求解它的思维方法。计算思维是一种递归思维，是一种并行处理，它能把代码译成数据又能把数据译成代码，是一种多维分析推广的类型检查方法。计算思维是一种采用抽象和分解的方法来控制庞杂的任务或进行巨型复杂系统设计的方法，是基于关注点分离的方法。计算思维是一种选择合适的方式陈述一个问题，或对一个问题的相关方面建模使其易于处理的思维方法。计算思维是按照预防、保护及通过冗余、容错、纠错的方式，并从最坏情况进行系统恢复的一种思维方法。计算思维是利用启发式推理寻求解答，即在不确定情况下的规划、学习和调度的思维方法。计算思维是利用海量数据来加快计算，在时间和空间之间、在处理能力和存储容量之间进行折中的思维方法。

2. 计算思维的特征

（1）计算思维是概念化，不是程序化

计算机科学不是计算机编程。像计算机科学家那样去思维意味着远远不止能为计算机编程，还要求能够在抽象的多个层次上思维。计算机科学不只意味着计算机，就像音乐产业不只意味着麦克风一样。

（2）计算思维是根本的技能，不是刻板的技能

计算思维是一种根本技能，是每一个人为了在现代社会中发挥职能所必须掌握的。刻板的技能意味着简单的机械重复。

（3）计算思维是人的，不是计算机的思维

计算思维是人类求解问题的一条途径，但决非要使人类像计算机那样工作。计算机枯燥且沉闷，人类聪颖且富有想象力。计算机赋予人类强大的计算能力，人类应该好好利用这种力量去解决各种需要大量计算的问题。

（4）计算思维是思想，不是产品

不只是将我们生产的软、硬件等产品到处呈现在我们的生活中，更重要的是计算的概念，它被人们用于问题求解、日常生活的管理，以及与他人进行交流和互动。

（5）计算思维是数学和工程思维的互补与融合

计算机科学在本质上源自数学思维，它的形式化基础建筑于数学之上。计算机科学又从本质上源自工程思维，因为人们建造的是能够与实际世界互动的系统，所以计算思维是数学和工程思维的互补与融合。

（6）计算思维面向所有人、所有地方

当计算思维真正融入人类活动的整体时，它作为一个问题解决的有效工具，人人都应当掌握，处处都会被使用。

1.2.3 计算思维与计算机的关系

计算思维具有计算机的许多特征，但计算思维本身并不是计算机的专属。即使没有计算机，计算思维也会逐步发展，但是计算机的出现，给计算思维的研究和发展带来了根本性的变化。什么是计算？什么是可计算？什么是可行计算？计算思维的这些性质由于计算机的出现得到了彻底的研究。由此不仅推进了计算机的发展，也推进了计算思维本身的发展。在这个过程中，一些属于计算思维的特点被逐步揭示出来，计算思维和理论思维、实验思维的差别越来越清晰化。计算机及计算思维的内容得到了不断的丰富和发展。

计算机方法论与计算思维研究的重点不同，它更关注计算学科认识理论体系的构建，也就是计算学科概念认知模型的构建。计算机方法论借鉴了一般科学技术方法论的思想，采用了抽象、理论和设计以"认知从感性认识（抽象）到理性认识（理论），再由理性认识（理论）回到实践（设计）"作为唯一原始命题，构建了计算学科认知领域的理论体系，完成了计算学科认知模型框架的构建。从思维角度看，计算科学主要研究思维的概念、方法和内容，并发展为解决问题的一种思维方式，极大地推动了计算思维的发展。

总的来说，计算思维与计算机方法论的研究，就相当于现代数学思维与数学方法论的关系，当然相比于数学，计算机方法论的研究要简单一些。计算思维和计算机方法论的研究内容有坚实的基础，它建立在世界著名计算机组织 ACM 和 IEEE-CS 大量研究工作结论的基础上，并且与国外计算思维方面的研究互通互补，积极地吸收国外教育的先进理念 。

虽然研究视角不太一样，但是计算思维与计算机方法论注重的都是计算学科最基本的东西。计算思维是从学科思维的简易层面讨论学科的思维方式，计算机方法论是从方法论的角度去讨论学科的本质问题。计算思维直接抓住思维的本质，即抽象（Abstraction）与自动化（Automation）来讨论问题，并用大量的实例讨论它们与数学和物理等学科的不同，以及这种强大的思维能力对其他学科的影响。例如，在对指令和数据的研究中，层次性、迭代表述、循环表述各种组织结构被明确提出来，这些研究成果也使计算思维的具体形式和表达方式更加清晰。

1.3 计算机的应用

计算机已经被广泛地应用到社会的各个领域中，从科研、生产、国防、文化、教育、卫生，直到家庭生活都离不开计算机提供的服务。计算机改变了人们的工作、学习和生活方式，推动了社会的发展。其应用领域可归纳为以下几个方面：

1. 科学计算

科学计算又称数值计算。计算机最开始就是为解决科学研究和工程设计中遇到的大量数学问题的数值计算而研制的计算工具。时至今日，虽然计算机在其他方面的应用得到了不断加强，但它仍然是科学研究和科学计算的最佳工具。例如，人造卫星轨迹的计算、地震预测、气象预报及航天技术等，都离不开计算机的精确计算。

2. 信息处理

信息处理主要是指利用计算机来加工、管理和操作各种形式的数据资料，包括对数据资料的收集、存储、加工、分类、排序、检索和发布等一系列工作。在科学研究和工程技术中，往往会得到大量的原始数据，其中包括大量图片、文字、声音等，这些信息需要利用计算机进行处理。目前计算机的信息处理应用已非常普遍，如办公自动化、企业管理、物资管理、报表统计、财务管理、图书资料管理、商业数据交流、信息情报检索等。信息处理已成为当代计算机的主要任务，是现代化管理的基础。据统计，全世界计算机用于信息处理的工作量占全部计算机应用的80%以上。

3. 自动控制

自动控制是指通过计算机对某一过程进行自动操作，它不需人工干预，能按人们预定的目标和预定的状态进行自动控制。目前，计算机被广泛应用于钢铁工业、石油化工和医药工业等复杂的生产自动控制中，从而大大提高了控制的实时性和准确性，提高了劳动效率和产品质量，降低了成本，缩短了生产周期。计算机自动控制还在国防和航空航天领域中起着决定性作用，例如，对无人驾驶飞机、导弹、人造卫星和宇宙飞船等飞行器的控制，都是靠计算机实现的。可以说，计算机是现代国防和航空航天领域的神经中枢。

4. 计算机辅助设计与制造

计算机辅助设计（Computer Aided Design，CAD）是指借助计算机强有力的计算功能和高效率的图形处理能力，人们可以自动或半自动地完成各类工程设计工作。目前，CAD技术已应用于飞机设计、船舶设计、建筑设计、机械设计、大规模集成电路设计等。采用CAD可缩短设计时间，提高工作效率，节省人力、物力和财力，更重要的是提高了设计质量。

计算机辅助制造（Computer Aided Manufacturing，CAM）有广义和狭义之分。广义CAM是指利用计算机辅助完成从原材料到产品的全部制造过程，其中包括直接制造过程和间接制造过程；狭义CAM是指在制造过程中的某个环节应用计算机，在计算机辅助设计和制造系统中，通常是指计算机辅助机械加工，更准确地说是指数控加工，它的输入信息是零件的工艺路线和工序内容，输出信息是刀具加工时的运动轨迹和数控程序。

5. 人工智能

人工智能（Artificial Intelligence，AI）是计算机应用中的一个新领域，该方面的研究和应用正处于发展阶段，在医疗诊断、定理证明、语言翻译、机器人等方面，已经有了显著的成效。例如，用计算机模拟人脑的部分功能进行思维学习、推理、联想和决策，使计算机具有一定的"思维能力"。机器人是计算机人工智能的典型例子，其核心是计算机。第一代机器人是机械手；第二代机器人对外界信息能够反馈，有一定的触觉、视觉和听觉；第三代机器人是智能机器人，具有感知和理解周围环境的能力，能使用语言，有推理、规划和操纵工具的技能，能模仿人完成某些动作。机器人不会疲劳，精确度高，适应力强，现已开始用于搬运、喷漆、焊接、装配等工作中。机器人还能代替人在危险工作中进行繁重的劳动，如在有放射性污染、有毒、高温、低温、高压、水下等环境中工作。

6. 多媒体技术应用

多媒体（Multimedia）是指文本、音频、视频、动画、图形和图像等各种媒体信息的综合。在医疗、教育、商业、银行、保险、行政管理、军事、工业、广播和出版等领域中，多媒体的应用发展很快。随着网络技术的发展，计算机的应用进一步深入社会的各行各业中，人们通过高速信息网实现数据与信息的查询、高速通信服务（电子邮件、电视电话、电视会议、文档传输）、电子教育、电子娱乐、电子购物、远程医疗和会诊、交通信息管理等。计算机的应用将推动信息社会更快地向前发展。

7. 计算机仿真

在对一些复杂的工程问题和复杂的工艺过程、运动过程、控制行为等进行研究时，在数学建模的基础上，用计算机仿真的方法对相关的理论、方法、算法和设计方案进行综合、分析和评估，可以节省大量的人力、物力和时间。用计算机构成的模拟训练器和虚拟现实环境对宇航员和飞机、舰艇驾驶员进行模拟训练，也是目前培训驾驶员常用的办法。在军事研究领域，目前也常用计算机仿真的方法来代替真枪实弹、实战演练的攻防对抗军事演习。

8. 电子商务

电子商务（Electronic Commerce）是指在Internet开放的网络环境下，为电子商户提供服务，实现消费者的网上购物、商户之间的网上交易和在线电子支付的一种新型的商业运营模式。电子商务是Internet爆炸式发展的直接产物，是网络技术应用的全新发展方向。Internet本身所具有的开放性、全球性、低成本及高效率的特点，也成为电子商务的内在特征，并使得电子商务大大超越了作为一种新的贸易形式所具有的价值。电子商务对人们的生活方式也产生了深远影响，可以足不出户，看遍世界；网上的搜索功能可以让顾客方便地货比多家。同时，消费者能以一种十分轻松自由的自我服务方式来完成交易。

本章小结

计算机是由一系列电子元器件组成的机器，各组成部件按程序的要求协调合作，完成程序要求的任务。计算机已经经历了电子管、晶体管、集成电路、大规模和超大规模集成电路4个阶段的发展。这4个阶段的计算机都基于冯·诺依曼型计算机的“存储程序”的原理。按照微处理器的字长和功能作为主要划分依据，微型计算机经历了6个发展阶段。计算机具有运算速度快、计算精确度高、记忆能力强、逻辑判断能力以及自动控制能力等特点。通用计算机又可按照计算机的运算速度、存储容量、指令系统的规模等综合指标将其划分为巨型机、大型机、小型机、微型机、服务器及工作站等几大类。本章还讨论了计算及技术和计算思维的相互作用和关系。计算机的作用归根到底是进行各类信息处理，最后简要介绍了计算机的各个应用领域。

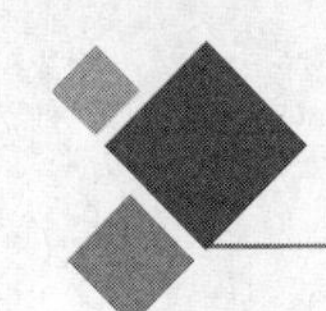

第2章　计算机系统基础

学习目标：

- 了解计算机系统的概念；
- 理解指令、指令系统、程序的概念；
- 掌握计算机的基本工作原理；
- 掌握计算机硬件系统的组成；
- 掌握计算机软件系统的组成；
- 了解源程序与机器语言的两种翻译方式；
- 了解应用软件与操作系统之间的关系。

通常所说的计算机实际上指的是计算机系统。计算机系统的组成不仅与硬件有关，而且涉及很多软件技术。了解计算机系统的组成，对于掌握计算机的基本工作原理及有效利用计算机资源有很大帮助。

本章主要介绍计算机系统结构，计算机系统的层次关系，计算机的硬件系统、软件系统、系统总线、指令系统和计算机的基本工作原理等内容。

2.1　计算机系统结构

计算机是一种能按人工预先编制好的程序自动、高速地进行信息处理的系统，它由硬件和软件两大部分组成。计算机硬件的基本功能是接受计算机软件的控制，实现数据输入、运算、数据输出等一系列基本操作。硬件是基础，软件是灵魂，两者相互依存，密不可分。本节主要介绍通用计算机系统的组成以及计算机系统的层次结构。

2.1.1　计算机系统组成

一个完整的计算机系统包含计算机硬件系统和计算机软件系统两大部分，如图 2–1 所示。组成一台计算机的物理设备的总称称为计算机硬件系统，是实实在在的物体。指挥计算机工作的各种程序的集合称为计算机软件系统，是控制和操作计算机工作的核心。计算机通过执行程序而运行，工作时软、硬件协同工作，两者缺一不可。硬件是软件工作的基础，离开硬件，软件无法工作；软件是硬件功能的扩充和完善，有了软件的支持，硬件功能才能得到充分的发挥。两者相互渗透、相互促进，可以说硬件是基础，软件是灵魂，只有将硬件和软件结合成统一的整体，才能称其为一个完整的计算机系统。

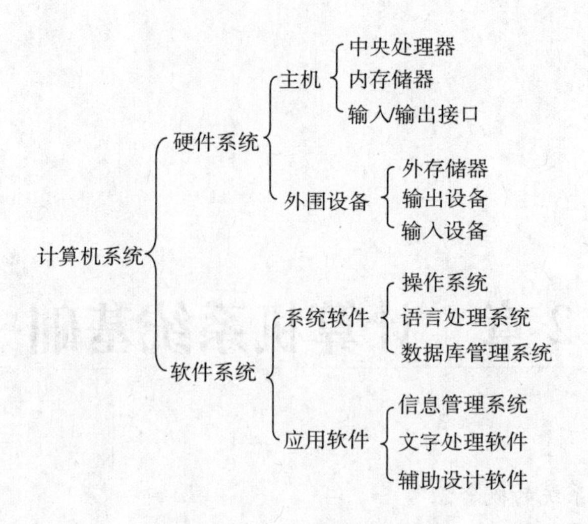

图 2-1　计算机系统的组成

2.1.2　计算机系统的层次结构

作为一个完整的计算机系统，硬件和软件是按一定的层次关系组织起来的。最内层是硬件，由逻辑电路、控制电路等部分组成，通常称为裸机。硬件的外层是操作系统，操作系统的外层是其他软件，最外层是用户程序，如图 2-2 所示。所以说，操作系统是直接管理和控制硬件的系统软件，其自身又是软件的核心，同时也是用户与计算机打交道的桥梁——接口软件。操作系统向下控制硬件，向上支持软件，其他软件都必须在操作系统的支持下才能运行。也就是说，操作系统最终把用户与物理机器隔开，凡是对计算机的操作一律转化为对操作系统的使用，使用计算机就要通过使用操作系统来实现，这种层次关系为软件开发、扩充和使用提供了强有力的手段。

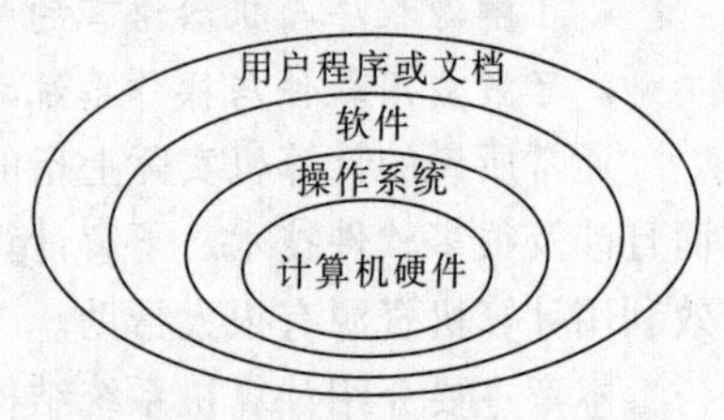

图 2-2　计算机系统的层次结构

2.2　计算机的硬件系统

计算机硬件是指一些电子的、磁性的、光学的以及机械的器件按一定结构组成的设备，如运算器、硬盘、键盘、显示器、打印机等。每个功能部件各尽其职、协调工作，缺少其中任何一个就不能称为完整的计算机系统。

各种类型的计算机硬件虽然有不同的形式，但都有其相同的基本结构和特点。自从第一台电子数字计算机诞生以来，随着电子技术的飞速发展，计算机的体系结构不断得到改进和完善，虽然现在的计算机系统在性能指标、运算速度、工作方式、应用领域和价格等方面都有了长足的发展，但从第一代电子计算机到第四代计算机的体系结构都是相同的，都属于冯·诺依曼结构，即计算机应由 5 个基本部分组成：运算器、控制器、存储器、输入设备和输出设备。其基本组成结构如图 2-3 所示。

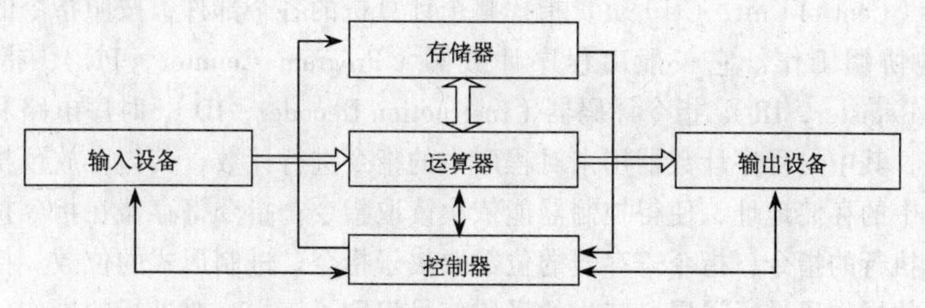

图 2-3　计算机硬件系统基本结构

冯·诺依曼描述了 5 个基本组成部分的功能及相互关系，提出了“采用二进制”和“存储程序”两个重要基本思想。冯·诺依曼结构的特点可归纳如下：

① 计算机由运算器、存储器、控制器、输入设备和输出设备五大部件组成。

② 指令和数据均用二进制码表示。

③ 指令在存储器中按顺序存储。指令通常是顺序执行的，在特定条件下，可根据运算结果或设定的条件改变执行的顺序。

在计算机的 5 个基本组成部件中，控制器和运算器是核心部分，称为中央处理器（Center Process Unit，CPU），各部分之间通过相应的信号线进行相互联系。冯·诺依曼结构规定控制器是根据存储在存储器中的程序来工作的，即计算机的工作过程就是运行程序的过程。计算机中的数据和指令均以二进制形式存储和处理，为了使计算机能进行正常工作，程序必须预先存储在存储器中。因而，这种结构的计算机是按存储程序原理进行工作的。

2.2.1　中央处理器

中央处理器（CPU）是计算机的心脏，主要由控制器、运算器和寄存器组成，通常集中在一块芯片上，是计算机系统的核心器件。计算机以 CPU 为中心，输入/输出设备与存储器之间的数据传输和处理都通过 CPU 来控制执行。微型计算机的中央处理器又称微处理器。微处理器采用超大规模集成电路制成，随着计算机技术的进步，微处理器的性能飞速提高，其内部结构也越来越复杂，例如 Intel Core 2（酷睿）双核处理器内集成了 2.91 亿个晶体管。由于 CPU 处于微型计算机的核心地位，人们习惯用 CPU 来概略地表示微型计算机的规格。

1. 运算器

运算器又称算术逻辑单元（Arithmetic Logic Unit，ALU），是计算机对数据进行加工处理的部件，由各种逻辑电路组成，运算器主要包括算术逻辑单元（ALU）和寄存器。运算器主要负责执行各种算术运算和逻辑运算。算术运算是指各种数值运算，如加、减、乘、除等。逻辑运算是进行逻辑判断的非数值运算，如与、或、非、比较、移位等。计算机所完成的全部运算都是在运算器中进行的，根据指令所规定的寻址方式，运算器从存储器或寄存器中取得操作数，进行计算后送回到指令所指定的寄存器中。运算器的核心部件是加法器和若干寄存器，加法器用于运算，寄存器用于存储参加运算的各种数据以及运算后的结果。

2. 控制器

控制器（Control Unit，CU）负责指挥整个计算机的各个部件，按照指令的功能要求有条不紊地协调工作。它一般由程序计数器（Program Counter，PC）、指令寄存器（Instruction Register，IR）、指令译码器（Instruction Decoder，ID）、时序电路和微操作控制电路组成，其中，程序计数器用来对程序中的指令进行计数，其内存放预执行的指令在内存储器中的存储地址，使得控制器能依次读取指令；指令寄存器在指令执行期间暂时保存正在执行的指令，指令寄存器的位数取决于指令二进制形式的位数。指令译码器用来对指令的操作码进行译码，产生的译码信号识别了该指令要进行的操作，并传送给微控制部件，以便产生相应的控制信号；时序控制电路用来生成时序信号，以协调在指令执行周期内各部件的工作；微操作控制电路用来产生基本的、不可再分的微操作命令信号，即微命令，以指挥整个计算机有条不紊地工作。

当计算机执行程序时，控制器首先从程序计数器（PC）中取得指令的地址，并将下一条指令的地址存入指令寄存器（IR）中，然后从存储器中取出指令，由指令译码器（ID）对指令进行译码后产生控制信号，用以驱动相应的硬件完成指令操作。简言之，控制器就是协调指挥计算机各部件工作的元件，它的基本任务是根据各类指令的需要，综合有关的逻辑条件与时间条件产生相应的微命令。

3. CPU的性能指标

（1）时钟频率

时钟频率又称主频，是衡量CPU运行速度的重要指标，是指时钟脉冲器输出的频率，单位是Hz。对同一类型的计算机而言，可用它描述系统的运算速度，主频越高，运算速度越快。但是，对于不同结构的计算机，当主频相同时，它们的运算速度不一定相同。因此，有人提出用单位时间内执行指令的条数来衡量计算机的运算速度，其单位是MIPS（Million Instruction Per Second，每秒百万条指令）。但是，由于不同类型的指令所花费的执行时间也不相同，所以，严格来说，用MIPS来衡量CPU的运算速度也不确切。因此，不管是用主频，还是用MIPS衡量的CPU的运算速度都只是一个参考值。

（2）字长

字长是指CPU一次可以直接处理的二进制数码的位数，通常取决于CPU内部通用寄存器的位数和数据总线的宽度。字长一般是字节（8个二进制位，即1 B=8 bit）的整数倍，如8位、16位、32位、64位等。字长越大，CPU处理信息的速度越快，运算精度越高。

（3）集成度

集成度也是衡量CPU的一个重要技术指标。集成度指CPU芯片上集成的晶体管的密度。最早Intel 4004的集成度为2 250个晶体管，PentiumⅢ时其集成度已经达到950万个晶体管以上，集成度提高了3 000多倍。

2.2.2 存储器

存储器是计算机的记忆和存储部件，用来存储数据和程序。存储器分为内存储器（简称内存或主存）、外存储器（简称外存或辅存）。内存由半导体存储器组成，是计算机中的工作存储器。内存直接与运算器和控制器相连接，可以直接与CPU交换信息，计算机必须把要执行的程序和数据调入内存中，计算机工作时，所执行的指令和数据都是从内存中取出，处理结果一般也都临时存放在内存中。内存的特点是：存取速度快，但存储容量较小，价格相对较高。外存储器中存储计算机系统中所有的信息，计算机运行时，存储在外存储器中的信息首先需要被调入内存，才能被 CPU 使用。外存储器的特点是：存储容量大，价格便宜，但存取速度较慢。外存储器一般作为输入/输出设备，常见的有硬盘和光盘存储器。

1．内存

内存按存取方式又可分为随机存取存储器（Random Access Memory，RAM）和只读存储器（Read Only Memory，ROM）。

随机存取存储器又称读/写存储器。其特点是：可以读或写；存取任一单元所需的时间相同；通电时存储器内的内容可以保持，断电后存储的内容立即消失。RAM 可分为动态随机存储器（Dynamic RAM，DRAM）和静态随机存储器（Static RAM，SRAM）两大类。所谓动态随机存储器，是用 MOS 电路和电容来做存储元件的。由于电容会放电，所以需要定时充电，以维持存储内容，例如，每隔 2 ms 刷新一次，因此称为动态存储器。所谓静态随机存储器，是用双极型电路或 MOS 电路的触发器来做存储元件的，它没有电容放电造成的刷新问题，只要有电源正常供电，触发器就能稳定地存储数据。DRAM 的特点是集成密度高，主要用于大容量存储器；SRAM 的特点是存取速度快，主要用于高速缓冲存储器。

只读存储器中的信息在运行时只能读出而不能重新写入和修改，其存储的信息是在生产该存储器时用专门仪器写入的。计算机断电后，ROM 中的信息不会丢失。ROM 常用来存储一些专用固定的程序、数据和系统配置软件，如磁盘引导程序、自检程序、驱动程序等。ROM 可分为可编程 ROM（Programmable ROM，PROM）、可擦除可编程 ROM（Erasable Programmable ROM，EPROM）、电擦除可编程 ROM（Electrically Erasable Programmable ROM，E^2PROM）。如可以通过紫外光照射来擦除 EPROM 原来存储的内容，从而可以反复使用。

内存由若干存储单元组成，为了区别不同的存储单元，一般从 0 开始对存储单元进行连续编号，每个单元都有一个唯一的号码，称为存储单元的地址。每个存储单元能存储一个二进制数，或一条由二进制编码表示的指令。每个存储单元由若干位二进制位组成，1 位可存储 1 位二进制数，如图 2-4 所示。

内存地址	内存单元及内容
0	10110110
1	10001010
2	01010011
⋮	⋮
n	10100100

图 2-4　内存单元及存储内容

2．外存储器

内存由于技术及价格等原因，容量有限，不可能容纳所有的系统软件及各种用户程序，因此计算机系统都要配置外存储器。外存储器又称辅助存储器，是内存的扩充，具有存储容量大、价格低、存取速度较慢、不能与 CPU 直接交换信息等特点，一般用来存储需要长期保存、暂时不用的程序、数据和结果，需要时可成批地与内存进行信息交换。目前常用的外存储器有硬盘、光盘、磁带等。

（1）硬磁盘存储器

硬磁盘存储器简称为硬盘，是计算机系统配置中必不可少的外存储器，结构如图 2-5

所示。硬盘是在非磁性的合金材料或玻璃基片表面涂上一层很薄的磁性材料，通过磁层的磁化方向来存储信息。硬盘存储器的存储容量很大，目前流行的硬盘容量一般在几百 GB 左右。

一般来说，一块硬盘由多个磁盘片组成。为便于管理，一个盘片被划分为若干级别的管理单位，分别是记录面、柱面和扇区。

盘片的上下两面都能记录信息，称为记录面。硬盘中磁盘面的面数与磁头数量是一样的，故常用磁头号（head）来代替记录面号。每个记录面包含有上千个磁道，磁道是一系列同心圆，如图 2-6 所示。磁道的编址是从外向内依次编号，最外一个同心圆为 0 磁道。所有记录面上同一编号的磁道就构成了柱面（cylinder），柱面数等同于每个盘面上的磁道数。

图 2-5　硬盘的结构

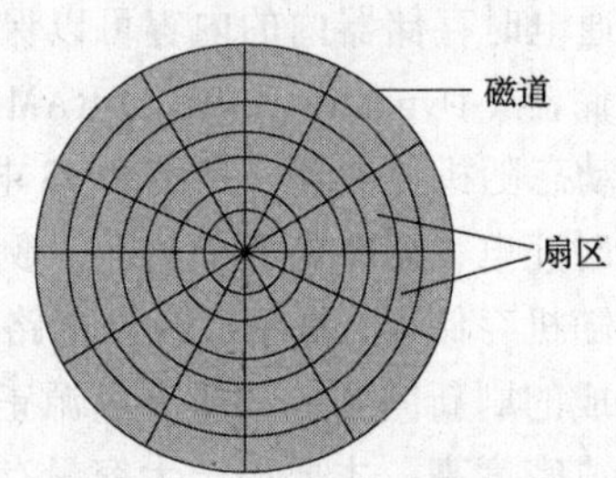

图 2-6　磁道与扇区

每个磁道又被划分为若干扇区（sector）。每个扇区的容量大小为 512 B。信息是按扇区存储的，每一个扇区记录一个记录块。如果知道了一个硬盘的磁头数、柱面数和扇区数，就可以知道该硬盘的存储容量。例如，若已知磁头数为 32，柱面数为 4 096，扇区数为 64，则可知硬盘容量为 32 × 4 096 × 64 × 512 B=4 GB。

（2）光盘存储器

光盘存储器主要包括光盘、光盘驱动器（CD-ROM 驱动器）和光盘控制器。现在，CD-ROM 驱动器已成为微型计算机的标准配置。

最常用到的 CD-ROM 盘片（见图 2-7）由三层组成：透明的聚碳酸酯塑料衬底、记录信息的铝反射层和涂漆保护层。铝反射层上布满许多极小的凹坑和非凹坑，聚焦的激光束照射到光盘上，凹坑与非凹坑产生不同的反射强度，CD-ROM 就利用这种反射强度的差别来读出所存储的信息。

目前用于微型计算机系统的光盘按照读/写方式可分为只读光盘、一次写入光盘和可改写光盘 3 类。

① 只读光盘：只读光盘（CD-ROM、CD、VCD、LD、DVD）均是一次成形的产品，由一种称作母盘的原盘压制而成，一张母盘可以压制数千张光盘。其最大特点是盘上信息一次制成，可以复读但不能再写。一般人们用来听音乐的 CD、VCD 以及存储程序文件和游戏节目的 CD-ROM 均属此类。这种光盘的数据存储量一般为 650～700 MB。数字视频盘（Digital Video Disc，DVD）主要用于存储视频图像，单个 DVD 盘片上能存储 4.7～17.7 GB 的数据，其最高数据传输速率是 2 MB/s。

② 一次性刻录光盘 CD-R：CD-R 是只能写入一次的光盘。它需要用专门的光盘刻

录机（见图 2-8）将信息写入，刻录好的光盘不允许再次更改。

图 2-7　CD-ROM 光盘

图 2-8　光盘刻录机

③ 可擦写的光盘：可擦写的光盘（CD-RW）与 CD-R 本质的区别是前者可以重复读/写。也就是说，对于存储在光盘上的信息，可以根据操作者的需要自由更改、读出、复制或删除。

（3）移动存储器

目前使用的移动存储器主要有闪存盘和移动硬盘。

闪存盘（flash disk）又称 U 盘，如图 2-9 所示，采用一种可读/写的半导体存储器——闪速存储器（flash memory）作为存储媒介，通过通用串行总线接口（USB）与主机相连，可以像使用硬盘一样在该盘上读/写、传送文件。目前的闪速存储器产品可擦写次数都在 100 万次以上，数据至少可保存 10 年，而存取速度至少比软盘快 15 倍。闪存盘的可靠性远高于磁盘，为数据安全性提供了更好的保障。闪存盘工作时不需要外接电源，可热插拔，体积较小，便于携带，同时还有很好的抗震防潮、耐高低温等特点。

虽然闪存盘具有性能高、体积小等优点，但对于需要较大数据的存储量时，可以使用移动硬盘，如图 2-10 所示。

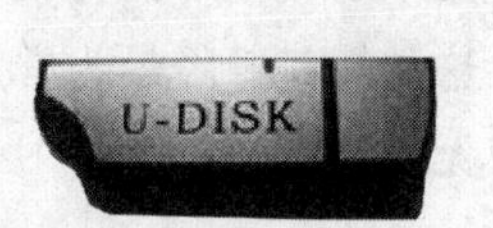

图 2-9　闪存盘

图 2-10　移动硬盘

3. 存储器的主要性能指标

（1）存储容量

存储容量是指每一个存储芯片或模块能够存储的二进制位数。常用单位有 bit（位，比特）、B（byte，字节）、KB（kilobyte，千字节）、MB（megabyte，兆字节）、GB（gigabyte，吉字节）、TB（terabyte，太字节）等。

其中，bit 表示“位”，二进制数序列中的一个 0 或一个 1 就是 1 位，又称 1 比特。字节（B）是计算机中最常用、最基本的内存单位。1 字节等于 8 比特，即 1 B = 8 bit。其他单位之间的换算关系如下：

$1\ KB = 1\ 024\ B = 2^{10}\ B$；　　　$1\ MB = 1\ 024\ KB = 2^{20}\ B$；

$1\ GB = 1\ 024\ MB = 2^{30}\ B$；　　　$1\ TB = 1\ 024\ GB = 2^{40}\ B$。

（2）存取速度

存取速度是指从 CPU 给出有效的存储器地址到存储器输出有效数据所需要的时间。

内存的存取速度通常以 ns 为单位。内存的存取速度关系着 CPU 对内存读/写的时间，不同型号规格的内存有不同的速度。

2.2.3 输入/输出设备

输入/输出设备简称 I/O 设备，它是外部与计算机交换信息的渠道，用户通过输入设备将程序、数据、操作命令等输入计算机，计算机通过输出设备将处理的结果显示或打印出来。计算机最常用的输入设备有键盘、鼠标，最常用的输出设备有显示器、打印机。

1. 键盘

键盘是向计算机提供指令和信息的必备工具之一，是计算机系统一个重要的输入设备。键盘通过一条电缆线连接到主机机箱，主要用于输入数据、文本、程序和命令。常用键盘为 104 键，按照各类按键的功能和排列位置，可将键盘分为 5 个功能区域：主键盘区、编辑键区、小键盘区、功能键区和状态指示区，如图 2-11 所示。

图 2-11 键盘示意图

PC 上的键盘接口有三种：第一种是比较老式的直径为 13 mm 的 PC 键盘接口，现在已被淘汰；第二种是直径为 8 mm 的 PS/2 键盘接口，这种接口曾经最为常用；第三种是 USB 接口，USB 接口的键盘目前正在流行。另外还有无线键盘。

2. 鼠标

鼠标是计算机不可缺少的一种重要输入设备，它在专利证书上的正式名称为“屏幕坐标位置指示器”。作为输入设备，鼠标极大地方便了对软件的操作，尤其是在图形环境下的操作。

鼠标按其工作原理及其内部结构的不同可以分为机械式、光机式、光电式和光学鼠标。机械式鼠标中存在一个滚球，利用滚球在桌面上移动，使屏幕上的光标随着移动；光机式鼠标是在纯机械式鼠标基础上进行改良，通过引入光学技术来提高鼠标的定位精度；光电式鼠标是通过检测鼠标的位移，将位移信号转换为电脉冲信号，再通过程序的处理和转换来控制屏幕上的光标箭头的移动；光学鼠标是借助于光学技术而设计制造出的集高精度、高可靠性和耐用性的新型鼠标。按照接口类型分类：有 PS/2 接口鼠标、串行接口鼠标、USB 接口鼠标、红外接口鼠标和无线接口鼠标。

3. 显示器

显示器是计算机中最重要的输出设备，是人机交互的桥梁。显示器的主要功能是以数字、字符、图形、图像等形式显示计算机各种设备的状态和运行结果，显示用户编辑的各种程序、文本、图形和图像。显示器通过显卡连接到系统总线上，显卡负责将需要显示的图像数据转换成视频控制信号，控制显示器显示图像。

常用的显示器有阴极射线管（CRT）显示器和液晶显示器（LCD）两种。CRT 显示器的特点是显示分辨率高，价格便宜，使用寿命较长，电源消耗大，体积大。LCD 与 CRT 显示器相比，其特点是外观尺寸相同时，可视面积更大，体积小（薄），外形美观，图像清晰，不存在刷新频率和画面闪烁的问题。

4. 打印机

打印机也是计算机中重要的输出设备之一，它可以将计算机运行的结果、文本、图形、图像等信息打印在纸上。现在打印机与主机之间的数据传送方式主要采用并行接口和 USB 接口。

打印机按照打印原理可分为：击打式打印机和非击打式打印机。击打式打印机是用机械方法，使用打印针或字符锤击打色带，在打印纸上印出字符。非击打式打印机是通过激光、墨、热升华、热敏等方式将字符印在打印纸上。

5. 设备驱动程序

（1）设备驱动程序的一般概念

设备驱动程序是一种软件，其作用是对连接到计算机系统的设备进行控制驱动，使设备能够正常工作。在当前流行的几乎所有的操作系统中，设备驱动程序都被认为是最核心的一类部件，处于操作系统的最深层。

计算机中所有的硬件都需要驱动程序，只不过有些设备（如键盘、鼠标和硬盘）的驱动程序在计算机生产过程中已经被预先安装到了系统中（被固化在 BIOS 中），因此，用户使用时无须安装。其他设备在使用之前，必须安装驱动程序。利用驱动程序控制硬件设备的好处有两点：一是使应用程序不需要关心硬件设备的具体操作细节，大大降低了软件的开发难度和软件的复杂程度；二是增强了软件的兼容性。例如，更换设备后，只更换相应的驱动程序即可，而无须将整个操作系统或应用程序都换掉。

（2）硬件设备的“即插即用”概念

微软公司在开发 Windows 95 时，为解决用户对外围设备硬件参数设置的困扰而开发了一项新的功能：即插即用（Plug and Play，PnP）。这是一项用于自动处理 PC 硬件设备安装的工业标准，由 Intel 和 Microsoft 两大公司联合制定。

用户需要安装新的硬件时，往往要小心地分配该设备所使用的各种资源，以避免设备之间因竞争而出现冲突（比如两个设备可能占有同样的中断号、I/O 地址等），这是一项很麻烦的工作。而有了“即插即用”功能，就使得硬件设备的安装大大简化。用户无须再选择如何跳线，也不必使用软件配置程序来进行资源的分配，一切都可由操作系统代为完成。但要做到“即插即用”，对所安装的硬件就有一定的要求，即必须符合 PnP 规范，否则无法做到即插即用。即插即用是 Windows 95 及以后的操作系统最显著的特征之一，即插即用特性还需要主板具有 PnP 功能，在系统启动时由主板上的 BIOS 自动读取具有 PnP 功能的接口卡的设定参数，并为其分配各项资源。

2.3 计算机的软件系统

计算机软件是相对于硬件而言的，包括计算机运行所需的各种程序、数据及其有关技术文档资料。只有硬件而没有任何软件支持的计算机称为裸机，在裸机上只能运行机器语言程序，使用很不方便，效率也低。硬件是软件赖以运行的物质基础，软件是计算机的灵魂，是用户与硬件之间的界面。有了软件，人们可以不必过多地去了解机器本身的结构与原理就能方便灵活地使用计算机。因此，一个性能优良的计算机硬件系统能否发挥其应有的功能，很大程度上取决于所配置的软件是否完善和丰富。软件不仅提高了机器的效率、扩展了硬件功能，也方便了用户的使用。

2.3.1 计算机软件的层次结构

计算机软件是指计算机中的程序、数据及其文档。计算机软件是计算机系统的灵魂，计算机用户是通过软件来管理和使用计算机的。计算机软件内容丰富、种类繁多，通常根据软件用途可将其分为系统软件和应用软件两类。系统软件是由计算机制造者提供的用于管理、控制和维护计算机系统资源的软件。系统软件又可分为系统软件和支撑软件，如操作系统、编程语言、编程语言的处理程序、常用服务程序等。应用软件是计算机用户用计算机及其提供的各种系统软件开发的解决各种实际问题的软件。计算机软件的层次结构如图 2-12 所示。

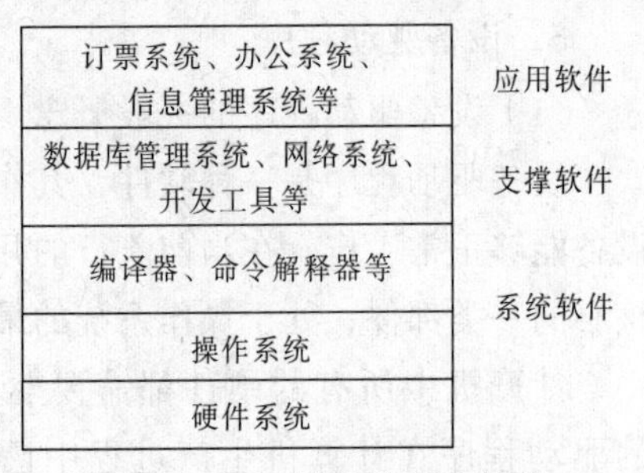

图 2-12　软件的层次结构

2.3.2 系统软件和支撑软件

系统软件是指控制和协调计算机及外围设备，支持应用软件开发和运行的系统。系统软件是无须用户干预的各种程序的集合，其主要功能是调度、监控和维护计算机系统；负责管理计算机系统中各种独立的硬件，使它们可以协调工作。系统软件使得计算机使用者和其他软件将计算机当作一个整体而不需要顾及底层每个硬件是如何工作的。系统软件主要包括操作系统、语言处理程序、数据库管理系统以及软件研制开发工具等，其中最重要、最基本的是操作系统。

操作系统（Operating System，OS）是管理和控制计算机硬件与软件资源的计算机程序，是直接运行在“裸机”上的最基本的系统软件，任何其他软件都必须在操作系统的支持下才能运行。目前微型计算机使用的操作系统主要是 Windows 系列；大型机与嵌入式系统使用很多样化的操作系统，在服务器方面主要是 Linux、UNIX 和 Windows Server；随着智能手机的发展，Android、iOS 以及 Windows Phone 已经成为目前最流行的手机操作系统。

2.3.3 应用软件

应用软件是为解决特定应用领域问题而编制的应用程序，如财务管理软件、火车订票系统、交通管理系统等都是应用软件。

系统软件、支撑软件和应用软件三者既有分工，又相互结合，而且相互有所覆盖、交叉和变动，不能截然分开。如操作系统是系统软件，但它也支撑了其他软件的开发，也可看作支撑软件。在现代计算机软件层次结构中，操作系统是最基础的软件，面对复杂的计算机硬件结构，操作系统使用户真正成为计算机的主人。操作系统是对计算机硬件功能的第一次扩展，使得用户可以很方便地管理和使用系统资源，并在操作系统基础上开发各类应用软件，进一步扩展计算机系统的功能。

需要说明的是，随着计算机技术的不断发展，在计算机系统中，硬件和软件之间并没有一条明确的分界线。理论上，任何一个由软件完成的操作也可以直接由硬件来实现，而任何一个由硬件所执行的指令也能用软件来完成。软件和硬件之间的界线是经常变化的，今天的软件可能就是明天的硬件，反之亦然。只是在具体的实际应用中需要考虑成本、性能、可靠性等多方面的因素，决定是采用硬件还是软件来实现。

2.3.4 计算机语言

软件实际上就是人们事先编写好的计算机程序。编写程序的过程称为程序设计，书写程序用的“语言”，称为程序设计语言，即计算机语言。计算机语言的发展从面向过程，到面向对象，现在又进一步发展成为面向组件，经历了非常曲折的过程。总的来说，计算机语言可分为机器语言、汇编语言、高级语言和面向对象语言等。

1. 机器语言

机器语言是第一代计算机语言，全部由二进制 0、1 代码组成。它是面向机器的计算机语言，由计算机的设计者通过计算机的硬件结构赋予计算机的操作功能，因此，用机器语言编写的程序，计算机硬件可以直接识别和操作。机器语言具有灵活、直接执行和速度快等特点。但是，使用机器语言编写程序又有许多诸如不容易记忆、程序编写难度大、程序可读性差、可维护性差、移植性差等缺点。

2. 汇编语言

为了克服机器语言难读、难编、难记和易出错的缺点，人们用与指令代码实际含义相近的英文缩写词、字母和数字等符号来取代机器代码（如用 ADD 表示运算符号“+”的机器代码），于是就产生了汇编语言。汇编语言是第二代计算机语言，但仍然是面向机器的计算机语言。

汇编语言由于采用了助记符号来编写程序，比用机器语言的二进制代码编程方便了许多，在一定程度上简化了编程过程。汇编语言的特点是用助记符号代替机器指令代码，而且助记符号与指令代码一一对应，基本保留了机器语言的灵活性。使用汇编语言编写系统软件和过程控制软件，其目标程序占用内存空间少，运行速度快，有着高级语言不可替代的用途。但是，由于不同的计算机具有不同结构的汇编语言，而且，对于同一问题所编制的汇编语言程序在不同种类的计算机间是互不相通的，因此汇编语言程序的移植性也很差。同时，由于汇编语言使用了助记符号，将用汇编语言编制的程序输入计算机时，计算机不能像用机器语言编写的程序那样直接识别和执行，必须通过预先存储在计算机中的“汇编程序”的加工和翻译，才能变成能被计算机识别和处理的二进制代码程序。用汇编语言等非机器语言书写的符号程序称为源程序，运行时汇编程序要将源程序翻译成目标程序，目标程序即为机器语言程序。

3. 高级语言

一般称机器语言和汇编语言为低级语言，主要是由于它们对机器的依赖性很大，用它们开发的程序通用性差,且要求程序开发者必须熟悉和了解计算机硬件的每一个细节，因此它们面向的用户一般是计算机专业人员。普通计算机用户很难胜任这一工作，对于计算机的推广应用也不利。随着计算机技术的发展及计算机应用领域的不断扩大，计算机用户的队伍也不断壮大，从 20 世纪 50 年代中期开始，逐步发展并产生了高级语言。高级语言是面向用户的、基本上独立于计算机种类和结构的语言。其最大的优点是形式上接近于算术语言和自然语言，概念上接近于人们通常使用的概念。高级语言的一个命令可以代替几条、几十条甚至几百条汇编语言的指令。因此，高级语言易学易用，通用性强，应用广泛。从应用角度来看，高级语言可以分为基础语言、结构化语言和专用语言。基础语言也称通用语言。它历史悠久，流传很广，有大量的已开发的软件库，拥有众多的用户，为人们所熟悉和接受，属于这类语言的有 FORTRAN、COBOL、BASIC、ALGOL 等；结构化语言直接支持结构化的控制结构，具有很强的过程结构和数据结构能力，Pascal、C、Ada 语言就是它们的突出代表；专用语言是为某种特殊应用而专门设计的语言，通常具有特殊的语法形式，应用比较广泛的有 APL 语言、Forth 语言、LISP 语言。从描述客观系统来看，程序设计语言可以分为面向过程语言和面向对象语言。面向过程语言以“数据结构+算法”程序设计范式构成的程序设计语言，前面介绍的程序设计语言大多为面向过程语言。面向对象语言以“对象+消息”程序设计范式构成的程序设计语言，比较流行的面向对象语言有 Java、Delphi、C++、C#、PHP 等。

4. 非过程化语言

第四代语言（Fourth-Generation Language，4GL）是非过程化语言，编码时只需说明“做什么”，不需描述算法细节。数据库查询和应用程序生成器是 4GL 的两个典型应用。用户可以用数据库查询语言（SQL）对数据库中的信息进行复杂的操作。用户只需将要查找的内容在什么地方、根据什么条件进行查找等信息告诉 SQL，SQL 将自动完成查找过程。应用程序生成器则是根据用户的需求“自动生成”满足需求的高级语言程序。真正的第四代程序设计语言应该说还没有出现。所谓的第四代语言大多是指基于某种语言环境上具有 4GL 特征的软件工具产品，如 System Z、PowerBuilder、FOCUS 等。第四代程序设计语言是面向应用、为最终用户设计的一类程序设计语言。它具有缩短应用开发过程、降低维护代价、最大限度地减少调试过程中出现的问题以及对用户友好等优点。

2.4 计算机的系统总线

计算机系统五大部件之间是通过总线相互连接在一起的。总线是计算机中各部件间、计算机系统之间传输信息的公共通路。

系统总线又称内总线，是指连接计算机中的 CPU、内存、各种输入/输出接口部件的一组物理信号线及其相关的控制电路。它是计算机中各部件间传输信息的公共通路。由于这些部件通常都制作在各个插件上，故又称板级总线（即在一块电路板上各芯片间的连线）和板间总线。系统总线传输 3 类信息：数据、地址和控制信息。因此，按照传输信息的不同，可将系统总线分为 3 类：地址总线、数据总线和控制总线。

1. **地址总线**（Address Bus，AB）

地址总线主要用来指出数据总线上的源数据或目的数据在内存单元的地址。例如，要从存储器中读出一个数据，则 CPU 要将此数据所在存储单元的地址送到地址总线上。又如，要将某数据经 I/O 设备输出，则 CPU 除了需将数据送到数据总线上外，同时还需将该输出设备的地址（通常都经 I/O 接口）送到地址总线上。可见，地址总线上的代码用来指明 CPU 要访问的存储单元或 I/O 端口地址，它是单向传输的。地址总线的位数与存储单元的个数有关，如地址总线为 20 根，则对应的存储单元个数为 2^{20} 个，即容量为 2^{20} 字节。

2. **数据总线**（Data Bus，DB）

数据总线用来传输各功能部件之间的数据信息，是双向传输总线，其位数与机器字长、存储字长有关，一般为 8 位、16 位、32 位或 64 位。数据总线的条数称为数据总线的宽度，是衡量系统性能的一个重要参数。

3. **控制总线**（Control Bus，CB）

由于数据总线、地址总线都是被挂在总线上的所有部件共享的，如何使各部件能在不同时刻占有总线使用权，需依靠控制总线来完成。因此，控制总线是用来发出各种控制信号的传输线。对于任意一条控制线而言，它的传输只能是单向的。例如，存储器读/写命令、I/O 读/写命令都是由 CPU 发出的。但对于控制总线整体来说，又可认为是双向的。例如，I/O 设备也可以向 CPU 发出请求信号，如当某设备准备就绪时，便向 CPU 发出中断请求。此外，控制总线还起到监视各部件状态的作用，如查询该设备是处于“忙”还是“闲”的状态，是否出错等。因此，控制信号既有输出又有输入。

2.5 计算机的工作原理

组成计算机的数以百万计的晶体管好像大脑的神经元，能接受用户的指令和输入的数据，并按照指令的要求，相互协调配合，自动完成各种复杂的运算和操作。而且计算机能将处理结果通过输出设备呈现给用户。

2.5.1 指令与指令系统

指令是能够被计算机硬件识别并执行的命令，一条指令就是计算机机器语言的一个语句，是程序设计的最小单位。一种计算机所能识别的指令的集合，称为该种计算机的指令系统。不同的 CPU、不同的指令集构成了不同的指令系统。指令系统是计算机硬件和软件之间的桥梁，是计算机工作的基础。

在微型计算机的指令系统中，一般一条指令包含两个部分：操作码和操作数。其中，操作码规定了计算机要执行的基本操作，即规定了指令的基本操作特性和功能。操作码主要表示两部分内容：一是操作种类，如加、减、乘、除、数据传送、移位等；二是对操作数的描述，如数据的类型（定点数、浮点数、复数、字符、字符串等）、进位制（二进制、十进制、十六进制）和数据字长（字节、字、双字）。操作数指示了操作数据的存储位置，即地址。操作数通常包含 3 部分内容：① 地址，如内存地址、立即数、寄存器等；② 地址的附加信息，如偏移量、数据长度等；③ 寻址方式，如立即数寻址、直接寻址、间接寻址、变址寻址等。一般情况下，参与操作的源操作数或操作后的结果数据都保存在内存中，通过地址可访问该地址中的内容，即得到操作数。

通常，一条指令的执行分为取指令、译码指令和执行指令3个阶段。取指令阶段将当前指令从内存中取出来，并为取下一条指令做好准备；取出指令后，机器立即进入译码指令阶段，译码由指令译码器完成，主要任务是识别和区分不同的指令类型及各种获取操作数的方法；执行阶段完成指令规定的各种操作，产生运算结果，并将结果存储起来。

2.5.2 工作原理

如果让人们计算2+3等于几，一般，人们先用笔将这道题记录在纸上，记在大脑中，再经过脑神经元的思考，结合自己以前掌握的知识，决定用加法来处理，用脑算出2+3=5这一结果，并记录在纸上。通过做这一个简单的运算题，我们发现一个规律：首先通过眼、耳等感觉器官将捕捉的信息输送到大脑中并存储起来，然后对这一信息进行加工处理，再由大脑控制把最终结果以某种方式表达出来。

计算机正是模仿人脑进行工作的，这也是将其称为“电脑”的原因，其部件如输入设备、存储器、运算器、控制器、输出设备等分别与人脑的各种功能器官对应，以完成信息的输入、处理、输出。当计算机计算这道题目时，也是先通过输入设备，如键盘、鼠标等接收指令，并存储；然后由CPU处理这些指令；最后由输出设备输出计算结果，如图2-13所示。

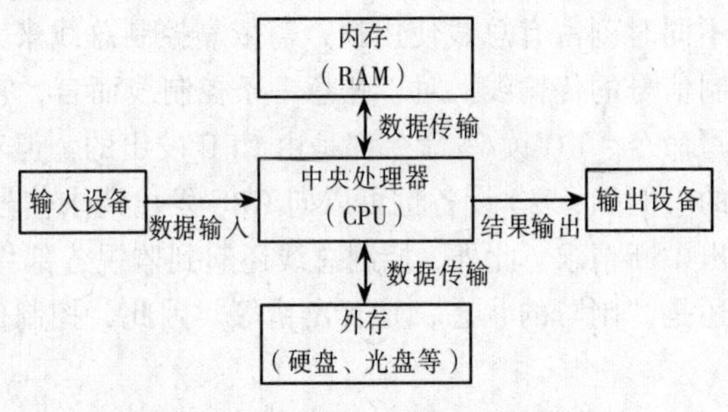

图2-13　计算机工作过程示意图

计算机是一种能存储程序和数据，并能自动对各种数字化信息进行处理的机器。计算机之所以能自动进行信息处理，是因为它能将程序及数据存储在内存中，并能自动执行程序。要使计算机能自动工作，必须根据要解决的问题编写程序，并将程序转换成由机器语言指令组成的形式存储到内存中，然后从存储程序的首地址启动机器执行第一条指令。以后，计算机便开始自动地执行取指令、分析指令、执行指令所规定的操作，周而复始，直到将该程序执行完毕。

本章小结

一个完整的计算机系统包含计算机硬件系统和计算机软件系统两大部分。目前计算机的功能已非常强大，但其体系结构仍都属于冯·诺依曼结构，其主要特点是“采用二进制”和“存储程序”两个重要基本思想。硬件系统包括运算器、控制器、存储器、输入设备和输出设备五大部分。计算机软件系统根据其用途可分为系统软件和应用软件两类，操作系统是系统软件的核心。指令是能够被计算机硬件识别并执行的命令，一种计算机所能识别的指令的集合，称为该种计算机的指令系统。不同的CPU、不同的指令集构成了不同的指令系统。指令系统是计算机硬件和软件之间的桥梁，是计算机工作的基础。通常，一条指令的执行分为取指令、译码指令和执行指令3个阶段。

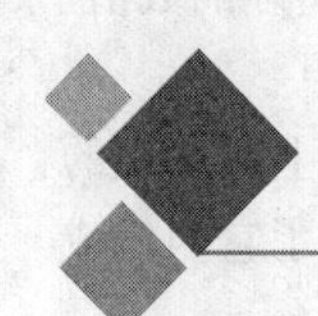

第3章 信息表示与计算基础

学习目标：

- 掌握二进制的基本概念；
- 掌握不同进制的表示及各进制之间的相互转换；
- 掌握数值数据的定点和浮点表示法；
- 了解带符号数的原码、反码和补码表示；
- 掌握二进制数的运算方法；
- 了解二进制补码运算规则。

计算机是一种非常复杂的机器，但构成计算机的基本器件却是极为简单的开关元件。由于每个开关元件只有开和关两种稳定状态，与数值系统中的0和1对应，这种二进制编码就成为计算机中表达信息、存储信息、进行算术及逻辑运算的基础。

本章主要介绍数制的概念、计算机中常用的数制之间的转换方法，数值信息和字符信息在计算机中的表示方法，二进制数的运算规则等内容。

3.1 数 制

按进位的原则进行计数，称为进位计数制，简称“数制”。在日常生活中经常要用到数制，通常以十进制进行计数，除了十进制计数以外，还有许多非十进制的计数方法。例如，60分钟为1小时，采用六十进制计数法。当然，在生活中还有许多其他各种各样的进制计数法。

在计算机系统中采用二进制，其主要原因是由于电路设计简单、运算简单、工作可靠、逻辑性强。八进制和十六进制是面向人和机器的。不论是哪一种数制，其计数和运算都有共同的规律和特点。

3.1.1 进位计数制

1. 基数

进位计数制的特点是由一组规定的数字来表示任意的数，这组数字的总个数就称为基数。

① 十进制：基数为10，10个记数符号，即0、1、2、…、9。每一个数码符号根据它在这个数中所在的位置（数位），按“逢十进一”来决定其实际数值。

② 二进制：基数为 2，2 个记数符号，即 0 和 1。每个数码符号根据它在这个数中的数位，按“逢二进一”来决定其实际数值。

③ 八进制：基数为 8，8 个记数符号，即 0、1、2、…、7。每个数码符号根据它在这个数中的数位，按“逢八进一”来决定其实际的数值。

④ 十六进制：基数为 16，16 个记数符号，0～9，A～F。其中 A～F 对应十进制的 10～15。每个数码符号根据它在这个数中的数位，按“逢十六进一”决定其实际的数值。

2. 位权

进位计数制的数可以用位权来表示，位权是指一个数字在某个固定位置上所代表的值，处在不同位置上的相同数字符号所代表的值不同，每个数字的位置决定了它的值或者位权。

位权与基数的关系是：各进位制中位权的值是基数的若干次幂。因此，用任何一种数制表示的数都可以写成按位权展开的多项式之和。

位权表示法的原则是数字的总个数等于基数；每个数字都要乘以基数的幂次，而该幂次是由每个数所在的位置决定的。排列方式是以小数点为界，整数部分自右向左乘以基数的 0 次方、1 次方、2 次方……小数部分自左向右乘以基数的负 1 次方、负 2 次方、负 3 次方……

一般，任意进制数 S 都可以表示为如下的形式：

$$\begin{aligned} S &= k_n k_{n-1} \cdots k_0 \cdots k_{-m} \\ &= k_n p^n + k_{n-1} p^{n-1} + \cdots + k_0 p^0 + \cdots + k_{-m} p^{-m} \\ &= \sum_{i=-m}^{n} k_i p^i \end{aligned}$$

其中，p 称为任意进制的基数，m、n 为正整数。

① 十进制数在数字后加字母 D（decimal）或不加字母，例如：

$$634.28\text{D} = 6 \times 10^2 + 3 \times 10^1 + 4 \times 10^0 + 2 \times 10^{-1} + 8 \times 10^{-2}$$

② 二进制数在数字后加字母 B（binary），例如：

$$101.1\text{B} = 1 \times 2^2 + 0 \times 2^1 + 1 \times 2^0 + 1 \times 2^{-1}$$

③ 八进制数在数字后加字母 O（octonary），但为了与 0 区别，可改为 Q，例如：

$$36.2\text{Q} = 3 \times 8^1 + 6 \times 8^0 + 2 \times 8^{-1}$$

④ 十六进制数在数字后加字母 H（hexadecimal），若以 A、B、C、D、E 或 F 开头，则需要加前导词 0，以便与标识符相区分。例如：

$$0\text{B}78.\text{FH} = 11 \times 16^2 + 7 \times 16^1 + 8 \times 16^0 + 15 \times 16^{-1}$$

二进制、十进制、八进制和十六进制的对应关系如表 3-1 所示。

表 3-1　二进制、十进制、八进制和十六进制的对应关系

进制数	值															
十进制	0	1	2	3	4	5	6	7	8	9	10	11	12	13	14	15
八进制	0	1	2	3	4	5	6	7	10	11	12	13	14	15	16	17
十六进制	0	1	2	3	4	5	6	7	8	9	A	B	C	D	E	F
二进制	00 00	00 01	00 10	00 11	01 00	01 01	01 10	01 11	10 00	10 01	10 10	10 11	11 00	11 01	11 10	11 11

3. 二进制的特点

在计算机中采用二进制的原因如下：

（1）可行性

采用二进制，只有 0 和 1 两个状态，需要表示 0、1 两种状态的电子器件很多，如开关的接通和断开，晶体管的导通和截止、磁元件的正负剩磁、电位电平的低与高等都可表示 0、1 两个数码。使用二进制，电子器件具有实现的可行性。

（2）简易性

二进制数的运算法则少，运算简单，使计算机运算器的硬件结构大大简化（十进制的乘法九九口诀表有 55 条公式，而二进制乘法只有 4 条规则）。

（3）逻辑性

由于二进制 0 和 1 正好和逻辑代数的假（False）和真（True）相对应，有逻辑代数的理论基础，用二进制数表示二值逻辑很自然。

3.1.2 各进位计数制之间的转换

将数值由一种数制转换成另一种数制称为数制间的转换。

1. 十进制数与二进制数之间的转换

十进制数转换成非十进制数时，可以分成两个部分（整数部分和小数部分）分别进行转换。下面以十进制数转换成二进制数为例讲述具体的转换方法，其他进制的数转换成二进制数与十进制数转换成二进制数的方法相同，可以依此类推。

（1）十进制整数转换成二进制整数

转换方法：除 2 取余法。把被转换的十进制整数反复地除以 2，直到商为 0，所得余数（从下往上读起）就是这个数的二进制表示。

【例 3-1】将十进制数 221 转换为二进制数。

用 221 除以基数 2，直到商为 0 为止，如图 3-1 所示。

结果为 221D = 11011101B。

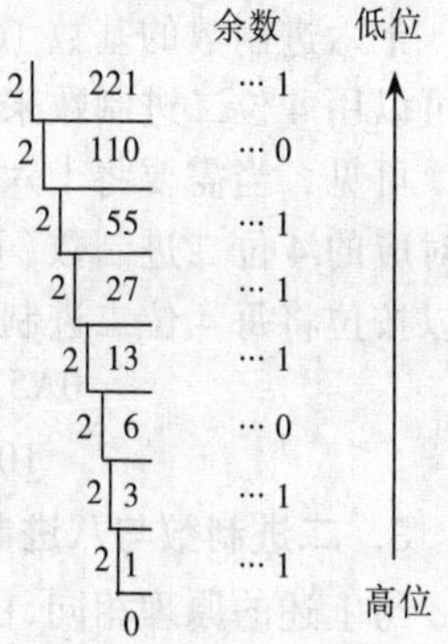

余数 低位
2 | 221 … 1
2 | 110 … 0
2 | 55 … 1
2 | 27 … 1
2 | 13 … 1
2 | 6 … 0
2 | 3 … 1
2 | 1 … 1
0
高位

图 3-1 例 3-1 解题过程

（2）十进制小数转换成二进制小数

转换方法是：乘 2 取整法。即用十进制小数乘以基数 2，取出乘积的整数，若乘积的小数部分不为 0 或还没有达到所要求的精度，则继续用小数部分乘以基数 2，直到乘积为 0 或达到所要求的精度为止，最后将所取出的整数自上而下排列，作为转换后的小数。

【例 3-2】将十进制数 0.375 转换为二进制数。

用 0.375 乘以基数 2，取出整数，直到乘积的小数部分为 0 为止，如图 3-2 所示。

结果为 0.375D = 0.011B。

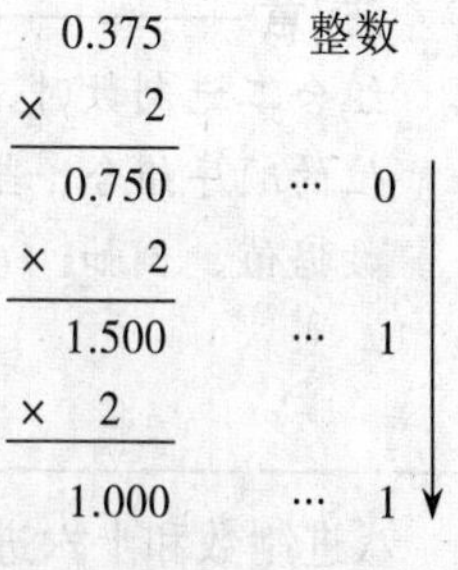

0.375 整数
× 2
0.750 … 0
× 2
1.500 … 1
× 2
1.000 … 1

图 3-2 例 3-2 解题过程

【例 3-3】将十进制数 125.24 转换为二进制数（精确到小数点后 3 位）。

125.24 包含有整数和小数，因此将整数部分和小数部分分开转换，如图 3-3 所示。

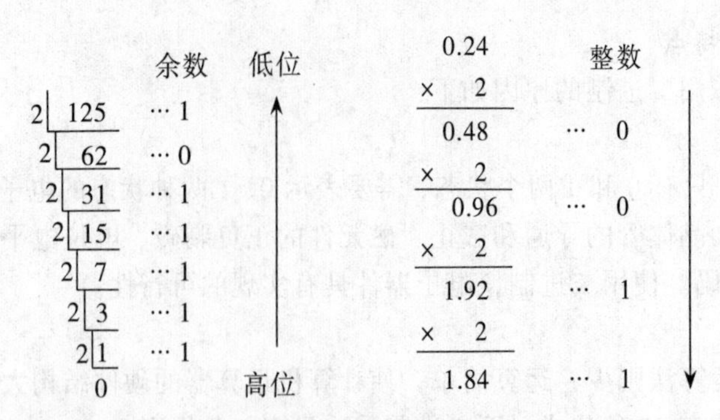

图 3-3　例 3-3 解题过程

小数部分进行转换时，不一定能够完全转换，存在转换误差。为了减小转换误差，像十进制中的四舍五入法一样，二进制也有 0 舍 1 入法，称为下舍上入法。这样一来，得到的结果为 125.24D ≈ 1111101.0011B。

（3）二进制数转换成十进制数

任何一个二进制数的值都可以用它的按位权展开式表示。

【例 3-4】将二进制数$(10101.11)_2$转换成十进制数。

$$(10101.11)_2 = 1\times2^4+0\times2^3+1\times2^2+0\times2^1+1\times2^0+1\times2^{-1}+1\times2^{-2} = (21.75)_{10}$$

2. 二进制数与十六进制数之间的转换

十六进制数的基数 16 与二进制数的基数 2 之间的关系是 $16=2^4$，因此 1 位十六进制数可以用 4 位二进制数来表示；反之，每 4 位二进制数可以组合为 1 位十六进制数。

可见，当需要将十六进制数转换为二进制数时，可以按位将每 1 位十六进制数展开为对应的 4 位二进制数（可参见表 3-1）。同理，当需要将二进制数转换为十六进制数时，可以按位将每 4 位二进制数组合为对应的 1 位十六进制数。例如：

0A57B.C3H = 1010 0101 0111 1011.1100 0011B

10110101.11B =1011 0101.1100B = 0B5.CH

3. 二进制数与八进制数之间的转换

与上述的原理相同，由于八进制数的基数 8 与二进制数的基数 2 之间的关系是 $8 = 2^3$。因此，1 位八进制数可以用 3 位二进制数来表示；反之，每 3 位二进制数可以组合为 1 位八进制数。

可见，当需要将八进制数转换为二进制数时，可以按位将每 1 位八进制数展开为对应的 3 位二进制数（可参见表 3-1）。同理，当需要将二进制数转换为八进制数时，可以按位将每 3 位二进制数组合为对应的 1 位八进制数。

注 意

组合二进制数时，整数部分按从低位到高位的顺序组合，而小数部分按从高位到低位的顺序组合。当位数不足 3 位时，可补 0 填充，因为这样补 0 不会影响原数据的数据值。例如：

573.26Q = 101 111 011.010 110B

10110101.11B = 010 110 101.110B = 265.6Q

八进制数和十六进制数之间的转换：可以以二进制数为桥梁，即将需要转换的源数据按位展开为二进制数，然后将得到的二进制数按位组合为目的进制的数。

3.2 数值数据的编码与表示

按照冯·诺依曼型计算机的存储原理，所有的数值数据必须以二进制数的形式预先存储在计算机的存储器中，计算机执行程序时从存储器中取出数据进行处理。那么数值信息在计算机中是如何表示的呢？

3.2.1 机器数与真值

任何一个非二进制数输入计算机后，都必须以二进制格式存储在计算机的存储器中。所有非二进制数都可以通过前面介绍的转换方法表示为二进制数，但是在实际应用中的数据通常有正数和负数之分，那么数据的正负号如何表示呢？其实，数据的正负是一个二态值，而计算机的 0 和 1 可以表示二态值，可以使用二进制数 0 表示正数，二进制数 1 表示负数。因此，数值可以这样表示：用最高位作为数值的符号位，该位为 0 表示正数，该位为 1 表示负数，每个数据占用 1 个或多个字节（每字节可存储 8 位二进制数），像这种符号被数字化的二进制数就称为机器数，由机器数所表示的数据实际值称为真值。

例如，$N = -53$，假设机器的字长为 8 位，转换成二进制后，则

N 的真值是　-0110101B；

N 的机器数是　10110101B。

机器数 10110101B 在存储器中以图 3-4 所示的形式存储。

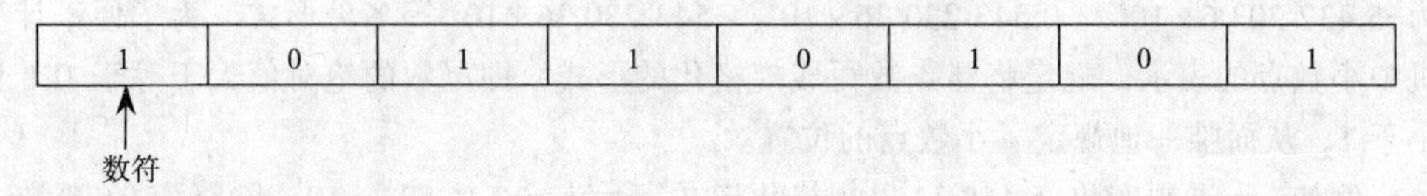

图 3-4　机器数 10110101B 在存储器中的存储形式

3.2.2 计算机中数的表示

1. 数的定点表示

定点数是指小数点位置固定不变的数。在计算机中，通常用定点数来表示整数与纯小数，分别称为定点整数与定点小数。

（1）定点整数

定点整数的小数点的位置约定在最低数值位的后面，用于表示整数。例如，设计算机字长使用的定点数的长度为 2 字节（即 16 位二进制数），则十进制整数-195 在计算机内的表示形式如图 3-5 所示。

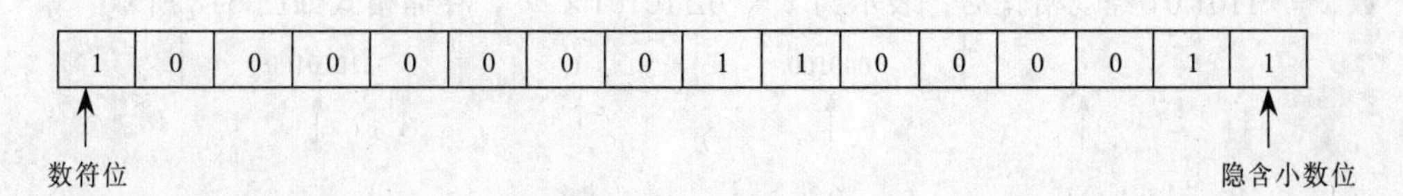

图 3-5　十进制整数-195 在计算机内的表示形式

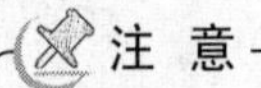

$(195)_{10}=(11000011)_2$，由于 11000011 不足 15 位，故前面补足 7 个 0，最高位用 1 表示负数。

（2）定点小数

定点小数的小数点的位置约定在数符位和数值部分的最高位之间，用以表示小于 1 的纯小数。例如，假定定点数的长度仍为 2 字节，则十进制小数 0.6876 在机内用定点数表示的形式如图 3-6 所示。

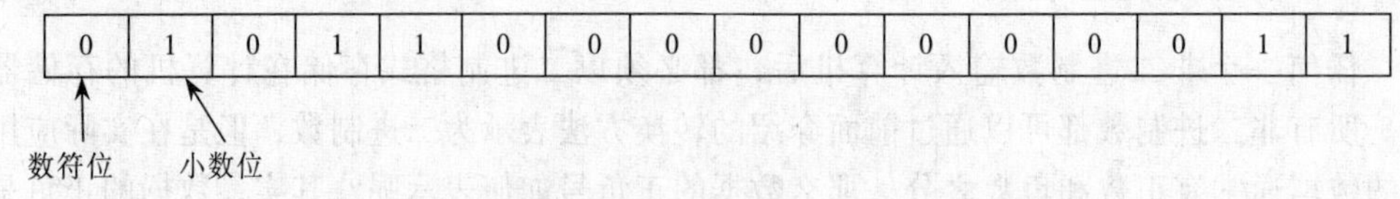

图 3-6　十进制小数 0.6876 在机内的定点数表示形式

实际上，$0.6876=(0.1011000000000001101\cdots)_2$，由于最高位用以表示符号，故 2 字节可以精确到小数点后第 15 位。

2. 数的浮点表示

在计算机中，定点数通常只用于表示整数或纯小数。而对于既有整数部分又有小数部分的数，一般采用“浮点数”或“科学计数法”表示。浮点数分为阶码和尾数两部分。

例如，十进制数 $2750=0.275\times10^4$，其中，0.275 称为尾数，4 是阶码。

类似地，二进制数$(1011011)_2$可以表示为 0.1011011×2^{111}。

在浮点数表示方法中，小数点的位置是浮动的，如十进制实数-5 432.303 6 可表示为$-5.432\ 303\ 6\times10^3$、$-0.543\ 230\ 36\times10^4$、$-543\ 230.36\times10^{-2}$等多种形式。为了便于计算机中小数点的表示，规定将浮点数写成规格化的形式，即尾数的绝对值大于等于 0.1 且小于 1，从而唯一地规定了小数点的位置。

例如，十进制实数-5 465.32 以规格化形式表示为$-0.546\ 532\times10^4$。阶符为 0（正数），阶码为 4，数符为 1（负数），尾数为 546 532。

同样，任意二进制规格化浮点数的表示形式为 $N=\pm d\times2^{\pm P}$。

其中，d 是尾数，尾数长度影响数的精度，前面的“±”表示数符；P 是阶码，它是一个整数，前面的“±”表示阶符。在计算机中阶码一般用补码定点整数表示，尾数一般用补码或原码定点小数表示。

一般情况下，浮点数在计算机中的存储格式如图 3-7 所示。

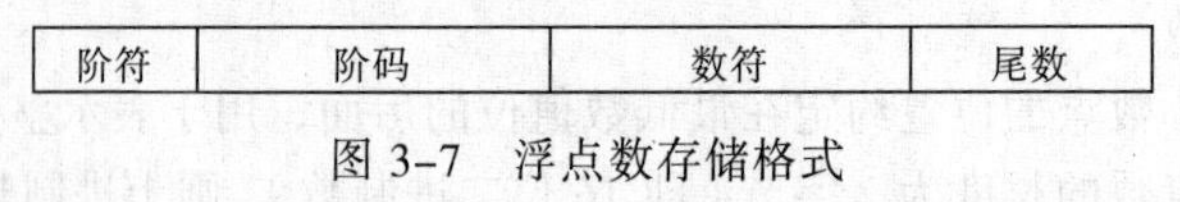

图 3-7　浮点数存储格式

例如，设尾数为 8 位，阶码为 6 位，阶符与数符各 1 位，用 2 字节存储；则二进制数 $x=-1101.01$ 经规格化后，表示为 $x=-0.110101\times2^{100}$，存储格式如图 3-8 所示。

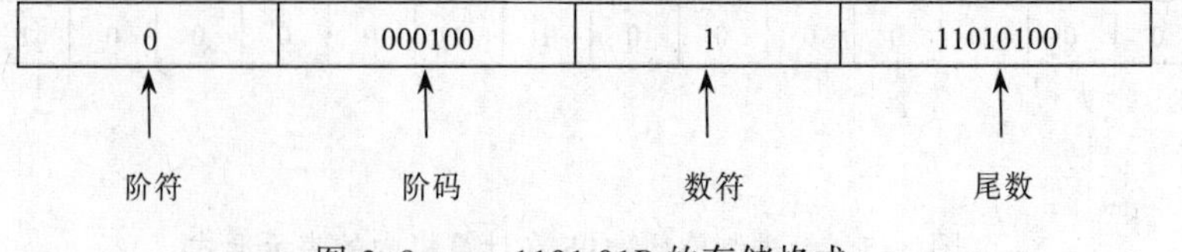

图 3-8　x=-1101.01B 的存储格式

定点数和浮点数相比较而言，即使用 4 字节来表示一个定点数，4 字节表示的浮点数的精度和表示范围都远远大于定点数，这是浮点数的优越之处。但在运算规则上，定点数比浮点数简单，易于实现。因此，一般计算机中同时具有这两种表示方法，视具体情况进行选择应用。

3.2.3 带符号数的表示

机器数在计算时，若将符号位和数值一起运算将会产生错误的结果。

例如，-3+2 的结果应为-1，但-3+2 的机器数运算结果为-5。

```
  10000011  ←—— -3 的机器数
+ 00000010  ←—— 2 的机器数
  10000101  ←—— 运算结果为-5
```

为解决此类问题，在机器数中，负数有原码、反码和补码 3 种表示方法。其主要目的是解决减法运算问题。任何带符号正数的原码、反码和补码的形式完全相同，带符号负数则各有不同的表示形式。

1. 原码

正数的符号位用 0 表示，负数的符号位用 1 表示，数值部分用二进制形式表示，这种表示法称为原码表示法。原码与机器数相同。

例如，用 8 位二进制数表示十进制整数+5 和-5 时，其原码分别为：

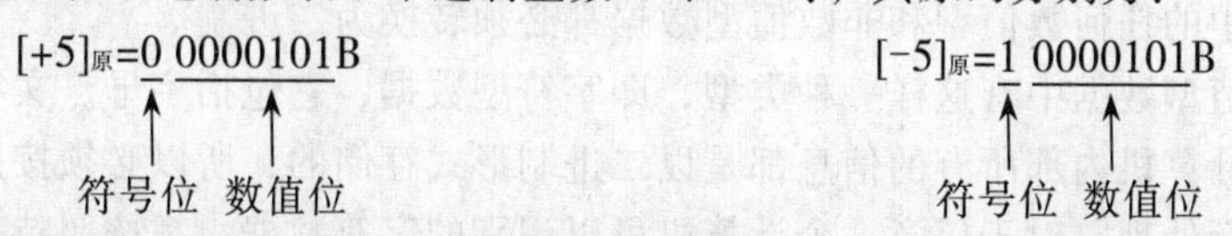

下面将考虑一个特例，即+0 和-0 的原码形式。

$[+0]_{原}$=0 0000000B　　　　$[-0]_{原}$=1 0000000B

由此可见，+0 和-0 的原码形式不一致，但是从人们的常规意识和运算角度而言，+0 和-0 的数值、表示形式和存储形式应该是一致的。这种不一致性在计算机处理过程中可能会带来不便，因此数在计算机中通常不采用原码表示形式。

2. 反码

正数的反码和原码相同，负数的反码是对该数的原码除符号位外各位按位取反。

例如，用 8 位二进制数表示十进制整数+5 和-5 时，其反码分别为：

$[+5]_{反}$=0 0000101B（0 为符号位，0000101 为数值位）　　$[-5]_{反}$=1 1111010B（1 为符号位，1111010 为数值位）

下面将考虑一个特例，即+0 和-0 的反码形式。

$[+0]_{反}$=0 0000000B　　　　$[-0]_{反}$=1 1111111B

由此可见，+0 和-0 的反码形式也出现了不一致。同样，这种不一致性在计算机处理过程中可能会带来不便。因此，数在计算机中通常也不采用反码表示形式。

3. 补码

在普通的钟表上，18 时和 6 时表针所指的位置是相同的，因为它们对于 12 具有相同的余数，简称同余。补码是根据同余的概念引入的，对于二进制而言，正数的补码和原码相同，负数的补码是其反码加 1。

例如，用 8 位二进制数表示十进制整数+5 和-5 时，其补码分别为：

下面将考虑一个特例，即+0 和-0 的补码形式。

[+0]补=0 0000000B　　　　[-0]补=0 0000000B

由此可见，+0 和-0 的补码形式具有一致性，这既符合人们的常规意识和运算规则，同时对计算机处理而言具有很大的方便性，因此在计算机中的数通常采用补码形式进行存储和运算。

3.3 字符信息的编码与表示

计算机处理的数据分为数值型和非数值型两类。数值型数据指数学中的代数值，具有量的含义，且有正负、整数和小数之分；而非数值型数据是指输入到计算机中的所有信息，没有量的含义，如数字符号 0～9、大写字母 A～Z 或小写字母 a～z、汉字、图形、声音及其他一切可印刷的符号+、-、!、#、%、≫等。由于计算机采用二进制，所以输入到计算机中的任何数值型和非数值型数据都必须转换为二进制。

在非数值型数据中有这样一种类型，即字符型数据，它包括字母、文字、符号、数字等，由于计算机内部所有的信息都是以二进制形式存储的，所以必须按照某种规则对字符数据进行处理。对于任意一个计算机可以识别的字符数据，都按照特定编码规则使其与一个二进制编码建立一一对应的关系，也就是说在这种编码规则下，用一个二进制编码表示一个字符数据。对应不同种类字符有不同的编码规则，如对应于英文字母、符号等字符有 ASCII 码、BCD 码，对应于中文字符有 GB 2312 等各种不同的编码规则，而且这些编码规则一般是国家标准或国际标准，是被国家或国际上所承认并执行的。

3.3.1 西文信息的编码与表示

字符编码就是用二进制编码来表示字母、数字以及专门的符号。在计算机中有两种重要的字符编码方式：ASCII 和 EBCDIC。EBCDIC（广义二进制编码的十进制交换码）是西文字符的一种编码，采用 8 位二进制表示，共有 256 种不同的编码，可表示 256 个字符。

目前，计算机中普遍采用的是 ASCII 码（American Standard Code for Information Interchange，美国信息交换标准代码），该编码已经被国际标准化组织采纳，成为国际间通用的信息交换标准码。目前国际上流行的是 ASCII 码的 7 位版本，即用一个字节的低 7 位表示一个字符，最高位置零，如表 3-2 所示。7 个二进制位可表示 128 种状态，故可用来表示 128 个不同的字符，在 ASCII 码的 7 位版本中用来表示 33 个通用控制字符（即表中前 32 个与最后一个是不可打印的控制符号）、95 个可打印显示的字符（其中有 10 个数字、52 个大小写英文字母、33 个标点符号和运算符号）。

表 3-2 ASCII 码 表

低位＼高位	000	001	010	011	100	101	110	111
0000	NUL	DLE	(Space)	0	@	P	`	p
0001	SOH	DC1	!	1	A	Q	a	q
0010	STX	DC2	"	2	B	R	b	r
0011	ETX	DC3	#	3	C	S	c	s
0100	EOT	DC4	$	4	D	T	d	t
0101	ENQ	NAK	%	5	E	U	e	u
0110	ACK	SYN	&	6	F	V	f	v
0111	BEL	ETB	'	7	G	W	g	w
1000	BS	CAN	(	8	H	X	h	x
1001	HT	EM	)	9	I	Y	i	y
1010	LF	SUB	*	:	J	Z	j	z
1011	VT	ESC	+	;	K	[	k	{
1100	FF	FS	,	<	L	\	l	|
1101	CR	GS	-	=	M	]	m	}
1110	SO	RS	.	>	N	^	n	~
1111	SI	US	/	?	O	_	o	DEL

特别需要指出的是，十进制数字字符的 ASCII 码与它们的二进制值是有区别的。

例如，十进制数 3 的 7 位二进制数为（0000011），而十进制数字字符 3 的 ASCII 码为$(0110011)_2=(33)_{16}=(51)_{10}$，由此可以看出，数值 3 与数字字符 3 在计算机中的表示是不一样的。数值 3 能表示数的大小，并可以参与数值运算；而数字字符 3 只是一个符号，它不能参与数值运算。

3.3.2 中文信息的编码与表示

汉字也是字符，是中文的基本组成单位。GB 2312—1980《信息交换用汉字编码字符集 基本集》是常用的汉字编码标准，它收录了 6 763 个常用汉字。根据这些汉字使用频率的高低，又将它们分成两部分，一部分称为一级汉字共 3 755 个，即最常用的汉字；另一部分称为二级汉字共 3 008 个，为次常用的汉字。GB 2312—1980 还收录了一些数字符号、图形符号、外文字母等。

汉字与西方文字不同。西方文字是拼音文字，仅用为数不多的字母和其他符号即可拼组成大量的单词、句子，这与计算机可以接受的信息形态和特点基本一致，所以处理起来比较容易。例如，对英文字符的处理，7 位 ASCII 码字符集中的字符即可满足使用需求，且英文字符在计算机上的输入及输出也非常简单。因此，英文字符的输入、存储、内部处理和输出都可以只用同一个编码（如 ASCII 码）。而汉字是一种象形文字，字数极多（现代汉字中仅常用字就有六七千个，总字数高达 5 万个以上），字形复杂，且每一个汉字都有“音、形、义”三要素，同音字、异体字也很多，这些都给汉字的计算机处理带来了很大的困难。要在计算机中处理汉字，必须解决以下几个问题：首先是汉字的输入，即如何把结构复杂的方块汉字输入计算机中，这是汉字处理的关键；其次，汉字在计算机内如何表示和存储，如何与西文兼容。最后，如何将汉字的处理结果从计算机内输出。

为此，必须将汉字代码化，即对汉字进行编码。对应于上述汉字处理过程中的输入、内部处理及输出这 3 个主要环节，每一个汉字的编码都包括输入码、交换码、机内码和字形码。在计算机的汉字信息处理系统中，处理汉字时要进行如下的代码转换：输入码→交换码→机内码→字形码。以上简述了对汉字进行计算机处理的基本思想和过程，下面具体介绍汉字的 4 种编码。

1. 输入码

为了利用计算机上现有的标准西文键盘来输入汉字，必须为汉字设计输入编码。输入码又称外码。目前，已申请专利的汉字输入编码方案有六七百种之多，而且还不断有新的输入方法问世，以至于有“万‘码’奔腾”之喻。按照设计思想的不同，可把数量众多的输入码归纳为四大类：数字编码、拼音码、字形码和音形码。目前应用最广泛的是拼音码和字形码。

① 数字编码：数字编码是用等长的数字串为汉字逐一编号，以这个编号作为汉字的输入码。例如，区位码、电报码等都属于数字编码。此种编码的编码规则简单，易于和汉字的内部码转换，但难于记忆，仅适用于某些特定部门。

② 拼音码：拼音码是以汉字的读音为基础的输入方法。拼音码使用方法简单，一学就会，易于推广，缺点是重码率较高（因为汉字同音字多），在输入时要进行屏幕选字，影响输入速度。拼音码是按照汉语拼音编码输入的，因此在输入汉字时，要求读音标准，不能使用方言。拼音码特别适合于对输入速度要求不太高的非专业录入人员使用。

③ 字形码：字形码是以汉字的字形结构为基础的输入编码。在微型机上广为使用的五笔字型码（王码）是字形码的典型代表。五笔字型码的主要特点为输入速度快，但这种输入方法因为要记忆字根、练习拆字，所以前期学习花费的时间较多。此外，有极少数的汉字拆分困难，给出的编码与汉字的书写习惯不一致。

④ 音形码：音形码是兼顾汉字的读音和字形的输入编码。目前使用较多的音形码是自然码。

2. 交换码

交换码用于汉字外码和内部码的交换。我国于 1981 年颁布的（GB 2312—1980）《信息交换用汉字编码字符集　基本集》是交换码的国家标准，所以交换码又称国标码。国标码是双字节代码，即每两个字节为一个汉字编码。每个字节的最高位为 0。国标 GB 2312—1980 收入常用汉字 6 763 个，其他字母及图形符号 682 个，总计 7 445 个字符。将这 7 445 个字符按 94 行×94 列排列在一起，组成 GB 2312—1980 字符集编码表，表中的每一个汉字都对应于唯一的行号（称为区号）和列号（称为位号），根据区位号确定汉字的国标码值，分别用两个字节存储。

由于篇幅所限，本书未列出 GB 2312—1980 字符编码表，可参看相关书籍。

3. 机内码

机内码是汉字在计算机内的基本表示形式，是计算机对汉字进行识别、存储、处理和传输所用的编码。内部码也是双字节编码，将国标码两个字节的最高位都置为 1，即转换成汉字的内部码。计算机信息处理系统就是根据字符编码的最高位是 1 还是 0 来区分汉字字符和 ASCII 码字符。

4. 字形码

字形码是表示汉字字形信息（汉字的结构、形状、笔画等）的编码，用来实现计算机对汉字的输出（显示或打印）。由于汉字是方块字，因此，字形码最常用的表示方式是点阵形式，有 16×16 点阵、24×24 点阵、48×48 点阵等。例如，16×16 点阵的含义为：用 256（16×16=256）个点来表示一个汉字的字形信息。每个点有“亮”或“灭”两种状态，用一个二进制的 1 或 0 来对应表示。因此，存储一个 16×16 点阵的汉字需要 256 个二进制位，共 32 字节。

以上的点阵可根据汉字输出的不同需要进行选择，点阵的点数越多，输出的汉字就越精确、美观。

汉字的字形点阵要占用大量的存储空间，通常将其以字库的形式存储在机器的外存中，需要时才检索字库，输出相应汉字的字形。为避免占用大量宝贵的内存空间，同时又能提高汉字的处理速度，可将字库中的二级汉字存储在外存中，而将一级汉字存储在内存中。

GB 2312—1980 规定了用连续的两个字节来表示一个汉字,并且只用各个字节的低 7 位，最高位未定义，这样一来就有可能与 ASCII 码字符产生冲突。就单个字节来说，两种编码方式都只用到字节的低 7 位，ASCII 码规定高位置为 0，而国标码对高位未定义。因此,对单个字节而言,不能确定它到底是一个 ASCII 码字符还是一个汉字的一部分(低字节或高字节)。于是有很多解决这类问题的方案应运而生，变形国标码就是其中之一，并得到了广泛的应用。它的主要特点是将国标码编码的各个字节的最高位置为 1，以达到区别于 ASCII 编码的目的。

由于计算机中各种信息都以二进制的形式存在，有的是数值，有的是 ASCII 码字符，有的是汉字，如何区分它们取决于（或者程序）按照何种规则判读它们。例如，对于机器内存中连续两个字节，它们的低 7 位内容分别为 0110000 和 0100001，如果它们的最高位均为 1，则表示汉字“啊”；如果均为 0，则表示为两个 ASCII 码字符 0 和 1。另外，还可以根据不同的编码规则将它们判读成不同的字符，这里不再详细叙述。

3.4 二进制数的运算

计算机既能进行数值运算，又可以进行逻辑运算，因此二进制数的运算有算术运算和逻辑运算两种。下面，将介绍这两种运算的规则。

3.4.1 二进制的四则运算

二进制算术运算与十进制算术运算类似，也有加、减、乘、除 4 种常规运算，每种运算都有各自的运算规则，但相对于十进制算术运算而言更为简单。

二进制算术运算规则如表 3-3 所示。

表 3-3　二进制算术运算法则

A	B	$A+B$	$A-B$	$A\times B$	$A\div B$
1	1	10（逢 2 进 1）	0	1	1
1	0	1	1	0	非法
0	1	1	1（借 1 当 2）	0	0
0	0	0	0	0	0

3.4.2　补码加减运算

补码的加减运算可按下列公式进行：

$$[X+Y]_{补} = [X]_{补}+[Y]_{补}$$

$$[X-Y]_{补} = [X+(-Y)]_{补}=[X]_{补}+[-Y]_{补}$$

不管 Y 的真值为正还是为负，已知$[Y]_{补}$求其机器负数$[-Y]_{补}$的方法都是：将$[Y]_{补}$连同符号位一起变反，末尾加 1。

【例 3-5】已知$[Y]_{补}$=01011001，求$[-Y]_{补}$。

结果为$[-Y]_{补}$=10100110+1=10100111。

由补码的加减运算公式可知，当有符号的两个数采用补码形式表示，进行加减运算时具有如下规则：

① 参加运算的操作数用补码表示。

② 符号位和数值位一起参加运算。

③ 若指令操作码为加，则两数直接相加。若操作码为减，则将减数转换为负数的补码后与被减数相加。

④ 运算结果仍然是补码表示。

计算机中采用补码表示的最大优点是可以将算术运算的减法转化为加法来实现，即不论加法还是减法，计算机中一律只做加法。

【例 3-6】已知 X = 119，Y = −117，求 $X+Y$。

假设用 8 位二进制表示一个数，则

$$[119]_{原} = [119]_{补} = 01110111，[-117]_{补} = 10001011$$

$$[X+Y]_{补} = [X]_{补} + [Y]_{补} = 01110111 + 10001011 = \boxed{1}\,00000010$$

运算结果最高位有进位，则丢去最高位 1，运算结果正好是+2 的补码。

3.4.3　二进制的逻辑运算

1. 逻辑运算的概念

逻辑是指条件与结论之间的关系。因此，逻辑运算是指对因果关系进行分析的一种运算，运算结果并不表示数值大小，而是表示逻辑概念，即成立还是不成立。

计算机的逻辑关系是一种二值逻辑，二值逻辑可以用二进制的 1 或 0 来表示，例如，

1 表示“成立”、“是”或“真”，0 表示“不成立”、“否”或“假”等。对两个逻辑数据进行运算时，运算是按位进行的，每位之间相互独立，不存在算术运算中的进位和借位，运算结果仍是逻辑数据。

2. 基本逻辑运算

在逻辑代数中有 3 种基本的逻辑运算：与、或、非。其他复杂的逻辑关系均可由这 3 种基本逻辑运算组合而成。此外，异或运算也很有用。

① 与运算（逻辑乘法）：一件事情是否成立取决于多种因素时，当且仅当所有因素都满足时才成立，否则就不成立，这种因果关系称为与逻辑。用来表达和推演与逻辑关系的运算称为与运算，与运算符常用·、∧、∩或 AND 表示。

② 或运算（逻辑加法）：一件事情是否成立取决于多种因素时，只要其中有一个因素得到满足就成立，这种因果关系称为或逻辑。用来表达和推演或逻辑关系的运算称为或运算，或运算符常用+、∨、∪或 OR 表示。

③ 非运算（逻辑否定）：非运算实现逻辑否定，即进行求反运算。非运算符常在逻辑变量上面加一个横线表示。

④ 异或逻辑运算（半加运算）：异或逻辑运算，即两个逻辑变量相异，则异或运算结果为 1，反之运算结果为 0。通常用符号 ⊕ 表示。

基本逻辑运算法则如表 3-4 所示。

表 3-4　基本逻辑运算法则

A	B	$\overline{A}$	$A\wedge B$	$A\vee B$	$A\oplus B$
1	1	0	1	1	0
1	0	0	0	1	1
0	1	1	0	1	1
0	0	1	0	0	0

本章小结

计算机中的数据分为数值数据和字符数据两类，无论何种数据在计算机中均以二进制形式存储和处理。数值数据在计算机中采用定点数和浮点数两种表示形式。当数据的符号经数值化变为机器数后，带符号的机器数在计算机中又有原码、反码和补码 3 种表示形式，其中负数均采用补码表示形式。数据以二进制形式存储后，在计算机中可以进行算术运算（包括加、减、乘、除运算）和逻辑运算（包括与、或、非和异或运算），带符号数均以补码形式参与运算。字符信息分为西文字符和中文字符，西文字符普遍采用 ASCII 码表示和存储，中文字符根据计算机处理的思想和过程，分为输入码、交换码、机内码和字形码。

第4章　操作系统基础

学习目标：

- 了解操作系统的定义和功能；
- 了解操作系统的分类和常见操作系统；
- 掌握 Windows 7 的基本操作；
- 掌握 Windows 7 中的文件管理。

正如人不能没有大脑一样，具有一定规模的计算机系统也绝不能缺少操作系统。目前，几乎每台较完善的计算机都配有操作系统，如微机上通用的操作系统 MS-DOS、Windows、OS/2 等，中小型机广泛使用的 UNIX 操作系统。IBM 系统机上使用的 CMS 和 MVS 系统等。计算机系统越复杂，操作系统就越显得重要。特别是在软、硬件结合日趋紧密的今天，操作系统扮演着极为重要的角色。对于使用计算机的所有用户来说，几乎一刻也离不开操作系统，没有操作系统，计算机几乎无法工作。如果不了解操作系统，很难使用计算机系统来完成工作。

4.1　操作系统概述

操作系统（Operating System，OS）是一种特殊的、用于管理和控制计算机硬件和软件的程序。它位于计算机的硬件和应用程序之间，是底层的系统软件，它是对硬件系统功能的首次扩充，负责管理、调度、指挥计算机的软、硬件资源，使其协调工作，是其他系统软件和应用软件运行的基础，它在资源使用者和资源之间充当中间人的角色。比如，一个用户（也可以是程序）将一个文件保存，操作系统就会开始工作，首先管理磁盘空间的分配，再将要保存的信息由内存写到磁盘中。当用户要运行一个程序时，操作系统必须先将程序载入内存，当程序执行时，操作系统会给程序分配使用 CPU 的时间。

因此，操作系统作为计算机系统的软、硬件的资源管理者，它的主要功能就是对系统所有的资源进行合理而有效的管理和调度，提高计算机系统的资源利用率。

4.1.1　操作系统的地位

操作系统是底层的系统软件，它是对硬件系统功能的首次扩充，也是其他系统软件和应用软件能够在计算机上运行的基础。操作系统的地位如图 4-1 所示。

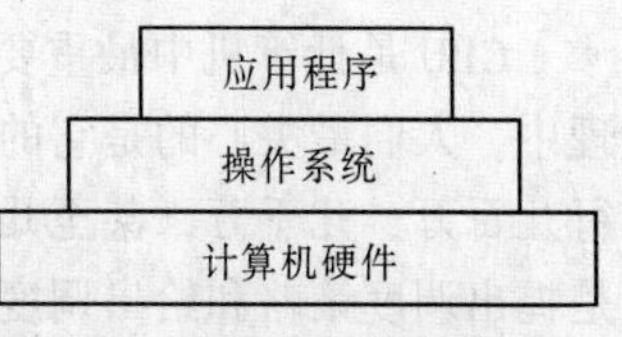

图 4-1　操作系统的位置

从图 4-1 中可以看出，操作系统在计算机系统的地位是十分重要的。操作系统虽属于系统软件，但它是最基本的、最核心的系统软件。操作系统有效地统管计算机的所有资源（包括硬件资源和软件资源），合理地组织计算机的整个工作流程，以提高资源的利用率，并为用户提供强有力且灵活方便的使用环境。

4.1.2　操作系统的定义

对于操作系统，大多数是用描述的方法来进行定义的。下面先从不同角度来描述操作系统。

从操作系统所具有的功能来看，操作系统是一个计算机资源管理系统，负责对计算机的全部软、硬件资源进行分配、控制、调度和回收。

从用户使用角度来看，操作系统是一台比裸机功能更强、服务质量更高，用户使用更方便灵活的虚拟机，也可以说操作系统是用户和计算机之间的界面（或接口）。用户通过它来使用计算机。

从机器管理者控制来看，操作系统是计算机工作流程自动而高效的组织者，计算机软、硬件资源合理而科学的协调者，可减少管理者的干预，从而提高计算机的使用价值。

从软件范围静态地来看，操作系统是一种系统软件，是由控制和管理系统运转的程序和数据结构等内容构成的。

由此，得出操作系统的定义如下：操作系统是管理和控制计算机软、硬件资源，合理地组织计算机的工作流程，方便用户使用计算机系统的软件。

操作系统追求的主要目标有两点：①方便用户使用计算机，一个好的操作系统应提供给用户一个清晰、简洁、易于使用的用户界面；②提高资源的利用率，尽可能使计算机中的各种资源得到最充分地利用。

4.1.3　操作系统的功能

操作系统的主要任务是控制、管理计算机的整个资源，这些资源包括 CPU、存储器、外围设备和信息。由此，操作系统应具有处理机管理、存储器管理、设备管理和文件管理等功能，同时，为了合理地组织计算机的工作流程和方便用户使用计算机，还提供了作业管理的功能。

1. 处理机管理

处理机管理主要是组织和协调用户对处理机的争夺使用，管理和控制用户任务，以最大限度提高处理机的利用率。当多个用户程序请求处理服务时，如果一个运行程序因等待某一条件（如等待输入/输出完成），而不能运行下去时，就要把处理机转交给另一个可运行的程序，以便充分利用处理机的能力，或者出现了一个可运行的程序比当前正占有处理机的程序更重要时，则要从运行程序那里把处理机抢过来，以便合理地为所有用户服务。

CPU 是计算机中最重要的资源，没有它，任何处理工作都不可能进行。在处理机管理中，人们最关心的是它的运行时间。现代的计算机，CPU 的速度越来越快，每秒可运行几百万、几千万，甚至几亿、几十亿条指令，因此它的时间相当宝贵。处理机管理就是提出调度策略和给出调度算法，使每个用户都能满意，同时又能充分地利用 CPU。

2. 存储器管理

存储器管理是指操作系统对内存的管理。在多道程序环境下，允许内存中可同时运行多个程序，就必须提高内存的使用效率。存储器管理主要有以下几个功能：

① 存储分配与回收：按分配策略和分配算法分配内存空间。

② 地址变换：将程序在外存中的逻辑地址转换为在内存空间中的物理地址。

③ 存储保护：保护各类程序（系统、用户、应用程序）及数据区免遭破坏。

④ 内存扩充：解决小的内存空间中运行大程序的问题，即虚拟存储问题。

存储器管理是用户与内存的接口。

3. 设备管理

设备管理主要是管理各类外围设备，包括分配、启动和故障处理等，合理地控制 I/O 的操作过程，最大程度地实现 CPU 与设备，设备与设备之间的并行工作。

这里的设备是指除 CPU 和内存以外的各种设备，如磁盘、磁带、打印机、终端等。它们的种类繁多，物理性能各不相同，并且经常发展变化。一般用户很难直接使用。操作系统的设备管理是用户与外设的接口，用户只需通过一定的命令来使用某个设备，并在多道程序环境下提高设备的利用率。

4. 文件管理

计算机系统中存储的所有信息都是以文件的形式来组织的，因此，文件管理也称信息管理，主要负责文件信息的存取和管理，它的任务是把存储、检索、共享和保护文件的手段，提供给操作系统本身和用户，以达到方便用户和提高资源利用率的目的。文件管理的功能包括分配与管理外存、实现按名存取；提供合适的存储方法；文件共享、保护，解决命名冲突，控制存取权限。

在文件管理系统的管理下，用户可以按照文件名访问文件，文件管理为用户提供了一个简单、统一访问文件的方法。

现代文件系统中多采用树形目录结构对文件进行组织和管理。文件系统的目录结构的作用与图书中目录的作用完全相同，实现快速检索。在文件的多级目录结构中，用户访问某个文件时要使用该文件的路径名来标记文件。文件的路径名又分为绝对路径和相对路径；绝对路径是指从根目录出发到指定文件所在位置的目录名序列；相对路径是从当前目录出发到指定文件位置的目录名序列。

5. 作业管理

作业管理是用户与操作系统的接口。它负责对作业的执行情况进行系统管理，包括作业的组织、作业的输入/输出、作业调度和作业控制等。

作业包括程序、数据以及解题的控制步骤。一个计算问题是一个作业，一个文档的打印也是一个作业。作业管理提供“作业控制语言”，用户通过它来书写控制作业执行的说明书。同时，还为操作员和终端用户提供与系统对话的“命令语言”，使用它来请求系统服务。操作系统按操作说明书的要求或收到的命令控制用户作业的执行。

4.2 操作系统的分类

按照操作系统的功能进行分类是被广泛采用的操作系统分类法。通常把操作系统分成三大类：批处理操作系统，分时操作系统和实时操作系统。随着计算机体系结构的发展，又出现了嵌入式操作系统、分布式操作系统和网络操作系统。

4.2.1 批处理操作系统

批处理操作系统的基本工作方式是：用户将作业交给系统操作员，系统操作员在收到作业后，并不立即将作业输入计算机，而是在收到一定数量的用户作业之后，组成一批作业，再把这批作业输入计算机中。

批处理操作系统的突出特征是“批量”处理，它把提高系统的处理能力作为主要设计目标。它的主要特点是：

① 用户脱机使用计算机，操作方便。

② 成批处理，提高了 CPU 利用率。

批处理有单道批处理和多道批处理之分。其中，单道批处理是指逐个顺序运行各个作业；而多道批处理是指由操作系统调度和控制多个作业同时运行，高效、合理地利用系统资源，同时尽量满足各个用户对响应时间的请求。批处理的缺点是无交互性，用户一旦将程序提交给系统后就失去了对它的控制能力，使用户感到不便。

4.2.2 分时操作系统

从操作系统的发展史上看，分时操作系统出现在批处理操作系统之后。它是为了弥补批处理方式不能向用户提供交互式快速服务的缺点而发展起来的。

在分时操作系统中，一台计算机主机连接了若干终端，每个终端可由一个用户使用。用户通过终端交互式地向系统提出命令请求，系统接受用户的命令之后，采用时间片轮转方式处理服务请求，并通过交互方式在终端上向用户显示结果。用户根据系统送回的处理结果发出下一道交互命令。

分时操作系统将 CPU 的时间划分成若干小片段，称为时间片。操作系统以时间片为单位，轮流为每个终端用户服务。

分时操作系统的主要特点是：

① 多路性：同时有多个用户与一台计算机交互，宏观上看是多个人同时使用一个 CPU，微观上是多个人在不同时刻轮流使用 CPU。

② 交互性：用户根据系统响应的结果提出下一个请求。

③ 独占性：用户感觉不到计算机为其他人服务，就好像整个系统被自己所独占。

4.2.3 实时操作系统

实时操作系统（Real Time Operating System）是指使计算机能及时响应外部事件的请求，在规定的严格时间内完成对该事件的处理，并控制所有实时设备和实时任务协调一致地工作的操作系统。

实时操作系统通常是具有特殊用途的专用系统，主要用于实时控制。例如，飞机飞行、导弹发射过程的自动控制、卫星测控等。目前，在计算机应用中，过程控制和信息处理都有一定的实时要求，据此，把实时操作系统分为实施过程控制系统和实时信息处理系统两大类。

实时操作系统主要具有如下特点：

① 对外部进入系统的信号或信息应能做到实时响应。

② 实时操作系统较一般的通用系统有规律，许多操作具有一定的可预计性。

③ 实时操作系统的终端一般作为执行和询问，不具有分时系统那样较强的会话能力。

④ 实时操作系统对可靠性和安全性要求较高，常采用全双工工作方式。

实时操作系统与分时操作系统的主要差别表现在以下两个方面：

① 交互能力：分时操作系统的交互能力较强，而实时操作系统大多数是具有特殊用途的专用系统，其交互能力受到一定的限制。

② 响应时间：分时操作系统的响应时间一般都是以人能接受的时间来确定的，其响应时间一般在秒数量级；而实时操作系统的响应时间视应用场合而定，主要根据控制对象或信息处理过程所能接受的延迟而定。可能是秒数量级，也可能是毫秒数量级甚至微秒数量级。

批处理操作系统、分时操作系统和实时操作系统是操作系统的3种基本类型。但一个实际系统往往兼有它们三者或其中两者的功能，因而出现了通用操作系统，它具有更强的处理能力和广泛的适用性。

当系统有分时用户时，系统及时地对他们的要求做出响应，而当系统暂时没有分时用户或分时用户较少时，系统处理不太紧急的批处理作业，以提高系统资源的利用率。在这种系统中，把分时作业称为前台作业，而把批处理作业称为后台作业。类似地，有实时请求则及时进行处理；没有实时请求则进行批处理。

4.2.4 嵌入式操作系统

嵌入式操作系统（Embedded Operating System）是一种支持嵌入式系统应用的操作系统软件。它是嵌入式系统（包括硬件、软件系统）极为重要的组成部分，通常包括与硬件相关的底层驱动软件、设备驱动接口、通信协议、图形界面、标准化浏览器等。嵌入式操作系统具有通用操作系统的基本特点，能够有效地管理复杂的系统资源；与通用操作系统相比较，嵌入式操作系统在系统实时高效性、硬件的相关依赖性、软件固态化以及应用的专用性等方面具有较为突出的特点。在制造业、过程控制、通信、仪器、仪表、汽车、船舶、航空、航天、军事装备、消费电子产品等方面均是嵌入式操作系统的应用领域。例如，手机的智能功能、洗衣机工作过程的自动控制、电视机频道自动扫描与存储等。

4.2.5 网络操作系统

网络操作系统（Network Operating System）是基于计算机网络的操作系统，是在各种计算机操作系统之上按照网络体系结构协议标准设计开发的软件，它包括网络管理、通信、系统安全、资源共享和各种网络应用服务功能。常用的网络操作系统有 Novell NetWare、UNIX、Windows NT Server 等，这类操作系统通常用在计算机网络系统中的服务器上，现在的操作系统几乎都具备网络管理的功能。

4.2.6 分布式操作系统

分布式操作系统（Distributed Operating System）是指将大量计算机通过网络连接在一起，以获取极高的运算能力、广泛的数据共享以及实现分散资源管理等功能为目的的一种操作系统。分布式操作系统能使系统中若干计算机相互协作完成一个共同的任务，当某台计算机发生故障时，整个系统仍旧能够正常工作，使各台计算机组成一个完整的、功能强大的可靠性计算机系统。

分布式操作系统是网络操作系统的更高级形式，它保持网络系统所拥有的全部功能，同时又有透明性、可靠性、高性能等。网络操作系统与分布式操作系统虽然都属于管理分布在不同地理位置的计算机，但最大的差别是：网络操作系统的工作用户必须知道网址，而分布式系统用户则不必知道计算机的确切地址。

4.2.7 常见的操作系统

1. MS DOS 操作系统

MS DOS 是 Microsoft 公司为 16 位字长计算机开发的，基于字符（命令行）方式的单用户、单任务的个人计算机系统。

1981 年，IBM 公司推出第一台 IBM-PC 的同时，购买了 Microsoft 的 MS DOS 作为其操作系统，并取名为 PC DOS。由于 MS DOS 采取开放策略，吸引大量第三方用户加入 MS DOS 应用程序的开发行列中，使得其迅速占据了 PC 的主要市场份额，成为 PC 的主流操作系统。

DOS 系统目前已经退出个人用户的视野，但在工业领域仍然占有重要的位置。

2. Windows 操作系统

Windows 是 Microsoft 继成功开发了 MS DOS 之后，为高档 PC（32 位机）开发的又一个个人计算机系统。Windows 是一个多任务的操作系统，它采用图形窗口界面，用户对计算机的各种复杂的操作只需通过单击鼠标即可轻松地实现。

Windows 的系列产品，包括 Windows 3X、Windows 95、Windows 98、Windows NT、Windows 2000、Windows Me、Windows XP、Windows Vista、Windows 7、Windows 8、Windows 10 等。

Windows 操作环境诞生于 1983 年，1990 年推出 Windows 3.0，Windows 3X 还不是独立的操作系统，只是 MS DOS 的一个扩展。

Windows NT 是 1993 年推出的网络操作系统。它是一个独立的操作系统，可配置在大、中、小型企业网络中，用于管理整个网络中的资源和实现用户通信。

Windows 95 是 1995 年推出的基于视窗界面的操作系统。它的诞生是 Windows 发展史中的一个转折点，1998 年又推出 Windows 98，它的系统功能和性能又进一步提高。

Windows 2000 是将 Windows 98 和 Windows NT 的特性相结合发展而来的多用途操作系统，它比 Windows 9X 快 25%，并且安全、可靠性更高。

Windows Me 是 2001 年推出的、面向家庭用户的操作系统，是 Windows 98 的升级版。

Microsoft 为其定制的设计目标是：更强的稳定性、更简便的家庭网络功能、更好的多媒体工具、更简单的上网操作。

Windows XP 是为家庭用户和商业计算设计操作系统。发布于 2001 年 10 月。XP 是英文“体验”（eXPerience）的缩写。

Windows Vista 是继 Windows XP 之后在 2007 年 1 月推出的新一代操作系统。它包含了上百种新功能；其中较特别的是新版的图形用户界面和称为 Aero Glass 的全新界面风格、加强后的搜寻功能、新的多媒体创作工具（例如 Windows DVD Maker），以及重新设计的网络、音频、输出（打印）和显示子系统。Vista 也使用点对点技术（peer-to-peer）提升了计算机系统在家庭网络中的通信能力，将让在不同计算机或装置之间分享文件与多媒体内容变得更简单。

Windows 7 是 2009 年 10 月发布的新一代操作系统，是微软操作系统变革的标志。Windows 7 在快捷的响应速度、安全可靠特性、延长电池使用时间、应用程序兼容性、设备兼容性等方面的新特性较 Windows XP 和 Vista 具有革命性的变化。

Windows 8 于 2012 年 10 月发布，Windows 10 于 2015 年发布。

3. UNIX 操作系统

UNIX 操作系统是一个通用、交互性分时操作系统。1969 年，它由美国电报电话公司贝尔实验室在 DEC 公司的小型系列机 PDP-7 上开发成功。

UNIX 取得成功的最重要原因是系统的开放性和公开源代码，用户可以方便地向 UNIX 系统中一样逐步添加新功能和工具，能提供更多的服务，成为有效的程序开发的支撑平台。它是目前唯一可以安装和运行在包括微型机、工作站至大型机上的操作系统。

4. Linux 操作系统

Linux 是由芬兰籍科学家 Linus Torvalds 与 1991 年编写完成的一个操作系统内核，当时他还是芬兰首都赫尔辛基大学计算机系的学生，在学习操作系统课程中，自己动手编写了一个操作系统原型，从此，一个新的系统诞生了。Linus 把这个系统放在了 Internet 上，允许自由下载，许多人对这个系统进行改进、扩充、完善，做出了许多关键性贡献。

Linux 是一个开放源代码的操作系统。它除继承了历史悠久的技术成熟的 UNIX 操作系统的特点和优点外，还做了许多改进，成为一个真正的多用户、多任务的通用操作系统。

4.3 Windows 7 基本操作

Windows 7 是 Microsoft 公司推出的一种操作系统，是目前普遍采用的操作系统，Windows 7 功能强大，提供了图形化的操作界面，操作简单、便捷。

4.3.1 Windows 7 的桌面组成

1. Windows 7 的桌面元素

用户安装好中文版 Windows 7 登录系统后，可以看到一个非常简洁的屏幕画面，整个屏幕区域就是桌面，如图 4-2 所示。

图 4-2　Windows 7 的桌面

如果用户想恢复系统默认的图标，可执行下列操作：

① 右击桌面，在弹出的快捷菜单中选择“个性化”命令。

② 单击“更改桌面图标”按钮。

③ 在打开的“桌面图标设置”对话框中，选中“计算机”“网络”等复选框，单击“确定”按钮，这时便可看到系统默认的图标，这些图标称为桌面元素。

- “用户的文件”图标：用于管理“我的文档”下的文件和文件夹，可以保存信件、报告和其他文档，它是系统默认的文档保存位置。
- “计算机”图标：通过该图标可以实现对计算机硬盘驱动器、文件夹和文件的管理，也可以访问连接到计算机的照相机、扫描仪和其他硬件。
- “网络”图标：提供了访问网络上其他计算机上文件夹和文件访问以及有关信息，在双击展开的窗口中可以进行查看工作组中的计算机、查看网络位置及添加网络位置等工作。
- “回收站”图标：在回收站中暂时存放着已经删除的文件或文件夹等，当没有彻底清空回收站时，可以从中还原删除的文件或文件夹。
- Internet Explorer 图标：用于浏览互联网上的信息，通过双击该图标可以访问网络资源。

2. 任务栏

任务栏是位于桌面最下方的一个小长条，它显示了系统正在运行的程序、打开的窗口和当前时间等内容，用户通过任务栏可以完成许多操作，而且也可以对它进行一系列的设置。

任务栏可分为“开始”按钮、快速启动工具栏、窗口按钮栏和通知区域等几部分，如图 4-3 所示。

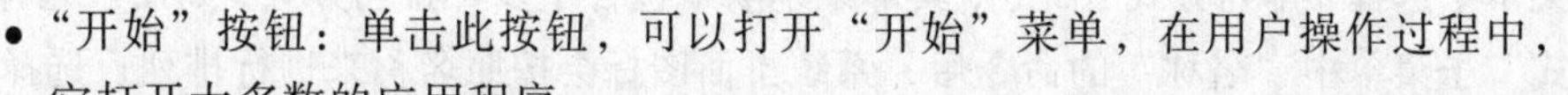

图 4-3　任务栏

- “开始”按钮：单击此按钮，可以打开“开始”菜单，在用户操作过程中，可用它打开大多数的应用程序。
- 快速启动工具栏：它由一些小型的按钮组成，单击这些按钮可以快速启动程序，一般情况下，有网上浏览工具 Internet Explorer 图标文件夹图标等。
- 语言栏：在此用户可以选择各种语言输入法，单击按钮，在弹出的菜单中进行选择可以切换为中文输入法，语言栏可以以最小化按钮的形式在任务栏中显示，单击右上角的“还原”按钮，它就可以独立于任务栏之外。如果需要添加某种语言，可在语言栏任意位置右击，在弹出的快捷菜单中选择“设置”命令，即可打开“文字服务和输入语言”对话框，可以设置默认输入语言，可对已安装的输入法进行删除操作；可以添加各种语言以及设置输入法切换的快捷键等。

- 音量控制器：即任务栏右侧小喇叭形状的按钮，单击它后会弹出“音量控制”对话框，通过拖动上面的小滑尺可以调整扬声器的音量。
- 日期指示器：在任务栏的最右侧，显示了当前的时间，鼠标指针在上面停留片刻，会出现当前的日期，双击后打开“日期和时间属性”对话框，可以完成时间和日期的调整。

3. 创建桌面图标

桌面上的图标实质上就是打开各种程序和文件的快捷方式，用户可以在桌面上创建自己经常使用的程序或文件的快捷方式，这样使用时直接在桌面上双击图标即可快速启动该项目。

创建桌面图标的操作步骤如下：

① 右击桌面上的空白处，在弹出的快捷菜单中选择“新建”命令。

② 选择“新建”命令下的子菜单命令，可以创建各种形式的图标，比如文件夹、快捷方式、文本文档等，如图 4-4 所示。

③ 当用户选择了所要创建的选项后，在桌面上会出现相应的图标，用户可以为它命名，以便识别。

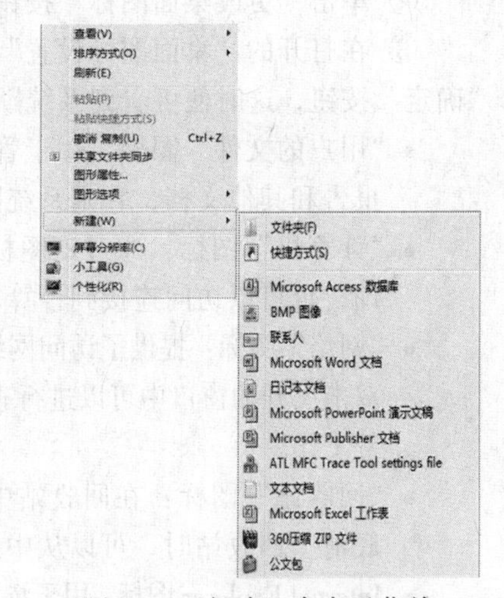

图 4-4 “新建”命令子菜单

当用户选择了“快捷方式”命令后，出现一个“创建快捷方式”向导，该向导会帮助用户创建本地或网络程序、文件、文件夹、计算机或 Internet 地址的快捷方式，可以手动输入项目的位置，也可以单击“浏览”按钮，弹出“浏览文件夹”对话框，在其中选择快捷方式的目标，确定后，即可在桌面上生成相应的快捷方式。

4. 排列图标

当用户在桌面上创建了多个图标时，如果不进行排列，会显得非常凌乱，不利于选择所需要的项目，而且影响视觉效果。使用“排列方式”命令，可以使桌面看上去整洁而富有条理。

用户需要对图标进行位置调整时，可在桌面或打开的文件夹空白处右击，在弹出的快捷菜单中选择“排列方式”命令，其子菜单项中包含了多种排列方式，如用户选择“排列方式”子菜单中“名称”的命令后，系统桌面图标会按照名称来进行排列；选择“大小”命令后，系统桌面图标会按照大小来进行排列；选择“项目类型”命令后，系统桌面图标会按照项目类型来进行排列；选择“修改日期”命令后，系统桌面图标会按照修改日期来进行排列。

5. “开始”菜单

中文版 Windows 7 系统中默认的“开始”菜单，设计风格清新、明朗，“开始”按钮为，打开后的显示区域比以往更大，而且布局结构也更利于用户使用，通过“开始”菜单可以方便地访问 Internet、收发电子邮件和启动常用的程序。

单击“开始”按钮，就可以打开“开始”菜单，如图 4-5 所示。

图 4-5 “开始”菜单

- “开始”菜单最右上方标明了当前登录计算机系统的用户，在图 4-5 中，当前是以用户身份（GMJ）登录的。
- “开始”菜单的中间部分左侧是用户常用的应用程序的快捷启动项，根据其内容的不同，中间用不很明显的分组线进行分类，通过这些快捷启动项，可以快速启动应用程序。
- 右侧是系统控制工具菜单区域，包括“文档”“图片”“音乐”等选项，用户可以通过这些菜单项实现对计算机的操作与管理。
- “所有程序”的子菜单中显示了计算机系统中安装的全部应用程序。
- “开始”菜单的最左下方是计算机搜索区域，可以快速找到应用程序。
- “开始”菜单的最右下方是计算机控制菜单区域，包括“关闭”计算机按钮，用户可以在此进行关闭计算机的操作。

4.3.2 窗口介绍

打开一个文件或者应用程序时，都会出现一个窗口，窗口是用户进行操作时的重要操作对象，熟练地对窗口进行操作，会提高用户的工作效率。

1. 窗口类型及组成

窗口是 Windows 系统中最常见的操作对象，它是屏幕上的一个矩形框。运行一个程序或打开一个文档，系统都会在桌面上打开一个相应的窗口，这也是 Windows 这个名称的来由。窗口按用途可分为应用程序窗口、文档窗口和对话框窗口 3 种类型。

应用程序窗口是应用程序面向用户的操作平台，通过该窗口可以完成应用程序的各项工作任务。例如，Word 文字处理程序是用于文字处理的应用程序、PowerPoint 是用于制作演示文稿的应用程序。在 Windows 7 中，一旦运行应用程序，就会打开一个对应的应用程序窗口。

文档窗口是某个文件夹面向用户的操作平台，通过该窗口可以对文件夹的各项内容进行操作；对话框窗口是系统或应用程序打开的、与用户进行信息交流的子窗口。

程序窗口和文档窗口功能虽然不同，但结构是相似的，以下介绍应用程序窗口的组成。

（1）应用程序窗口的基本组成

Windows 环境下的应用程序窗口结构大同小异，界面风格也基本相同，一般含有以下元素：

标题栏：位于窗口顶部，用于显示应用程序的名称。当标题栏呈高亮度显示（默认为蓝色）时，此窗口称为“当前窗口”（或称为“活动窗口”）。

控制菜单图标：位于窗口的左上角，单击该图标可打开相应窗口的“控制菜单”，控制菜单中的命令用于对窗口进行操作，包括移动窗口、改变窗口大小、最小化或最大化窗口、关闭窗口等命令。

“最小化”按钮▁：单击该按钮，窗口将最小化，并缩小在任务栏中。

“最大化”按钮□/“还原”按钮🗗：单击“最大化”按钮，程序窗口将最大化充满整个屏幕，当窗口最大化后，“最大化”按钮就变成了“还原”按钮；单击“还原”按钮，最大化窗口还原成原来的窗口，窗口大小和位置与原来的状态一致。

“关闭”按钮☒：单击该按钮，将关闭窗口及应用程序。

菜单栏：位于标题栏的下方，菜单栏提供了应用程序中大多数命令的访问途径。

工具栏：包含应用程序常用的若干工具按钮，使用工具栏可以简化操作。

工作空间：用以显示工作内容的区域。

滚动条：当要显示的内容不能全部显示于窗口中时，窗口的下方和右方会出现滚动条，即水平滚动条和垂直滚动条。使用滚动条可查看窗口中未显示的内容。

状态栏：显示窗口的状态和提示信息。

（2）窗口中的菜单操作

Windows 常以“菜单”的形式提供一系列操作命令。应用程序窗口中的菜单栏是由若干个菜单组成的，单击某个菜单名或同时按下【Alt】键和菜单名右侧带下画线的字母键，就能打开窗口或下拉菜单。关闭下拉菜单的方法有多种：单击菜单名；或鼠标移出菜单外单击；或按【Esc】键。

Windows 的菜单中常有一些特殊标记，这些特殊标记的含义如下：

灰色命令项：当菜单中的命令呈灰色（浅色）时，表明该命令当前不能使用。

省略号（…）：带有…的命令执行后，会打开一个对话框。

箭头朝右的黑色三角形（▸）：表示该命令项还有子菜单，当鼠标指向该命令时将自动显示其子菜单。

箭头朝下的黑色三角形（▾）：下拉菜单，当鼠标移到需要的命令项上单击时；或使用光标键移动光条至所需的命令项上按【Enter】键时，系统就执行该命令。

复选标记（√）：出现在命令项左侧的“√”符号，表示该命令是个开关式的命令，并且当前为有效状态（如☑标尺(R)表示显示标尺）。此时若单击该命令，就会去掉前面的“√”符号，表示无效状态。

点标记（●）：单选按钮，在一组命令中，只允许一个命令项前带有该标记，表示该命令项当前被选中。

»标记：当下拉菜单太长时，会出现该符号，当鼠标指针指向该符号时，菜单会自动伸长。

（3）对话框

当完成一个操作，需要向 Windows 进一步提供信息时，就会出现一个对话框，如图 4-6 所示为“打开”对话框。对话框是系统和用户之间的通信窗口，供用户从中阅读提示、选择选项、输入信息等。对话框的顶

图 4-6 “打开”对话框

部也有对话框标题（标题栏）和“关闭”按钮。但没有控制菜单图标，也没有“最大化”及“最小化”按钮，所以对话框的大小通常不能改变。但对话框可以移动（利用左键拖动标题栏即可），也可以关闭。

2. 窗口的基本操作

应用程序窗口和文档窗口的操作主要有移动、缩放、切换、排列、最小化、最大化、关闭等。

（1）移动窗口

移动窗口的方法有两种：

① 拖动窗口的标题栏，窗口将随之移动，到达需要位置后释放鼠标。

② 单击控制菜单图标，打开控制菜单，选择“移动”命令，鼠标指针变为✥样式后，可使用键盘的光标键移动窗口位置，按【Enter】键结束移动。

（2）缩放窗口

缩放窗口的方法有两种：

① 使鼠标指针指向窗口的边框，当指针变为双向箭头“↔”或“↕”的形状时，拖动边框可改变窗口的宽度或高度；使鼠标指针指向窗口的4个角，当指针变为双向箭头“↘”或“↗”的形状时，拖动角可同时改变窗口的宽度和高度。

② 打开控制菜单，选择“大小”命令，鼠标指针变为“✥”形状时，可使用键盘的光标键改变窗口大小，按【Enter】键结束。

（3）切换窗口

要在多个窗口间进行切换，选择某个窗口为当前窗口，最常用的方法有以下几种：

① 单击“任务栏”上的窗口图标按钮。

② 单击该窗口的可见部分。

③ 按【Alt+Tab】组合键切换应用程序窗口。

（4）排列窗口

窗口排列有层叠、堆叠显示和并排显示3种方式，右击任务栏空白处，在弹出快捷菜单中选择一种排列方式。层叠窗口是指活动窗口排在所有窗口的最前面，而其他窗口则逐个排在活动窗口的后面，它们的标题栏紧密排列在一起。堆叠显示窗口即按水平方式排列窗口；并排显示窗口即按垂直方式排列窗口。

4.4 运行应用程序

1. 启动应用程序

在Windows 7中，启动应用程序有多种方法。下面介绍几种常用的方法：

（1）通过“开始”菜单启动应用程序

操作步骤如下：

① 单击“开始”按钮，选择“所有程序”命令。

② 如果需要的应用程序不在“所有程序”菜单中，则指向包含该应用程序的文件夹。

③ 找到应用程序后，单击应用程序名称即可。

（2）通过“资源管理器”或“计算机”启动应用程序

在“资源管理器”或“计算机”窗口中，找到需启动的应用程序的执行文件，然后双击它。

（3）使用“开始”菜单中的“运行”命令

单击“开始”按钮，选择“所有程序”→“附件”→“运行”命令。在打开的对话框中，输入要打开程序的完整路径名，单击“确定”按钮即可，如果不清楚程序的路径名，可以通过“浏览”按钮，从弹出的对话框中找到相应的程序再运行。

（4）利用桌面快捷图标

若在桌面上放置了应用程序的快捷图标，则双击桌面上的相应快捷方式图标，即可以快速启动应用程序。

2. 退出应用程序

在 Windows 7 中，退出应用程序也有多种方法，主要有以下几种方法：

① 单击应用程序窗口右上角的“关闭”按钮。

② 单击应用程序窗口左上角的控制菜单图标，在弹出的控制菜单中，选择“关闭”命令。

③ 双击应用程序窗口左上角的控制菜单图标。

④ 选择应用程序“文件”菜单中的“退出”命令。

⑤ 按【Alt+F4】快捷键。

⑥ 当某个应用程序不再响应用户的操作时，可以按【Ctrl+Alt+Del】组合键，弹出“Windows 任务管理器”窗口，如图 4-7 所示。在“应用程序”选项卡中选择要结束的程序，单击“结束任务”按钮，即可关闭程序。

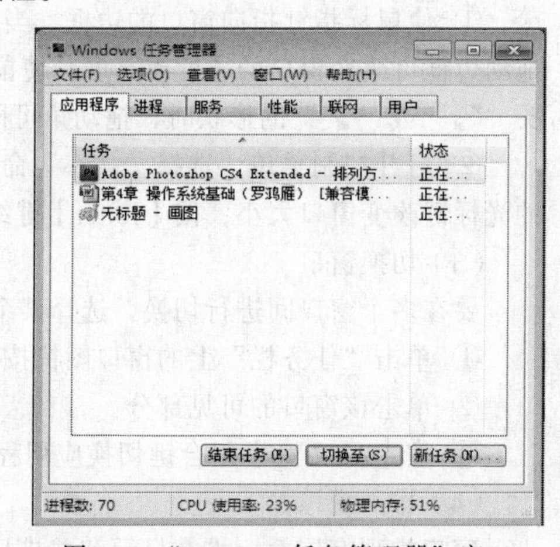

图 4-7 “Windows 任务管理器”窗口

3. 应用程序间的切换

Windows 具有多任务特性，可以同时运行多个应用程序。一旦打开一个应用程序，在任务栏上就会产生一个对应的图标按钮。同一时刻，只有一个应用程序处于“前台”，称为当前应用程序。它的窗口处于最前面，标题栏呈高亮度显示。切换当前应用程序的方法主要有以下 4 种：

① 单击任务栏中对应的图标按钮。

② 单击窗口中应用程序的可见部分。

③ 使用【Alt+Esc】组合键，循环切换应用程序。

④ 使用【Alt+Tab】组合键，弹出显示所有活动程序的图标和名称的窗口，按住【Alt】键不放，不断按【Tab】键选择所需程序图标，选中之后松开按键。

4.5 文件及文件夹管理

文件是存储在磁盘内的程序和数据信息的集合。文件可以是应用程序、文档、任何驱动程序或计算机上的其他数据。文件夹类似于传统意义上的目录，可以包含文档文件、应用程序、文件夹、磁盘驱动器等。

Windows 7 主要通过“计算机”和“资源管理器”来管理文件，本节将介绍文件和文件夹的基本操作，以及“计算机”“资源管理器”和“回收站”的使用。

4.5.1 文件及文件夹操作

用户通过“计算机”窗口和“资源管理器”窗口可以实现对计算机资源的绝大多数操作和管理，两者功能相似。资源管理器是 Windows 文件管理的核心，通过资源管理器可非常方便地完成对文件、文件夹和磁盘的各种操作，还可以作为启动平台去启动其他应用程序。

1.“计算机”窗口

“计算机”用于管理计算机中的所有资源。双击桌面上的“计算机”图标，打开如图 4-8 所示的“计算机”窗口。通过“计算机”窗口能够方便地访问计算机中的各种资源。

2. 资源管理器窗口

在 Windows 7 中，“资源管理器”可以显示计算机上的文件、文件夹和驱动器的分层结构，同时可以显示映射到本地计算机上的驱动器号的所有网络驱动器名称。使用“资源管理器”可以复制、移动、重新命名以及搜索、查找文件和文件夹，实现对计算机中所有资源的管理。

启动 Windows 7 的“资源管理器”有多种方法，常用方法如下：

① 单击“开始”按钮，选择 “所有程序”→“附件”→“Windows 资源管理器”命令。

② 右击“开始”按钮，在弹出的快捷菜单中选择“打开 Windows 资源管理器”命令。

启动资源管理器后，打开如图 4-9 所示的窗口，左边的窗格显示了所有磁盘和文件夹的列表，称为目录窗口；右边的窗格用于显示选定的磁盘或文件夹中的内容，称为内容窗口。

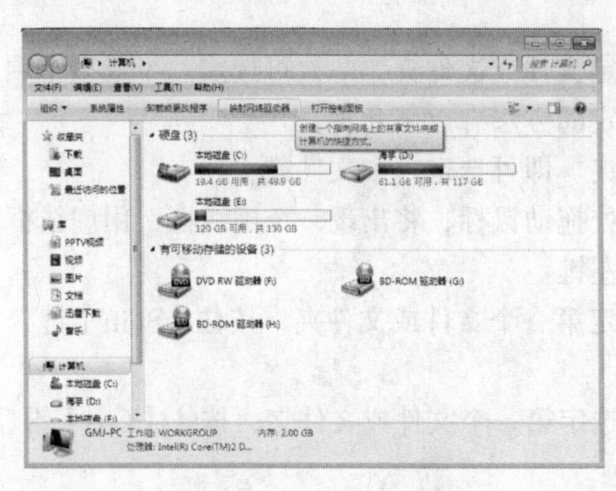

图 4-8 “计算机”窗口

图 4-9 资源管理器窗口

窗口左右两半部分可以通过拖动分界线改变大小。

在目录窗格中，文件夹图标前的“ ▷”结点表示该文件夹还包含子文件夹，单击“ ▷”结点可展开本层文件夹，同时“ ▷”结点变为“ ◢ ”结点；单击“ ◢ ”结点可折叠本层文件夹，并且“◢”结点变为“▷”结点。若本层文件夹中没有子文件夹，则该图标前没有“▷”结点也没有“◢”结点。

在目录窗口中选定一个文件夹，不管该文件夹是否已被展开，内容窗口中都将显示该文件夹的所有内容，包括其下一级子文件夹。在目录窗口中要选定某个文件夹，只需单击该文件夹图标或名称。

在目录窗口中，计算机的所有资源都被显示出来。位于目录树顶端的是桌面，接下来是放置在桌面上的资源，如“文档”“视频”“图片”等。打开“计算机”文件夹又能显示出硬盘、控制面板、打印机等资源，打开硬盘文件夹则能显示整个硬盘的目录结构。由此可以看出 Windows 7 采用以桌面（Desktop）为最高级别的树状目录结构，对计算机资源进行管理。

3. 文件及文件夹管理

对文件和文件夹进行管理，是 Windows 操作系统中的基本操作。上面介绍的“资源管理器”和“计算机”是对文件和文件夹进行管理的工具，现在介绍一些基本的文件与文件夹管理方法，它们都是在“资源管理器”或“计算机”窗口中进行的。

（1）创建新文件夹

从桌面开始的各级文件夹中，都可以创建新的文件夹。创建新文件夹之前，需确定新文件夹应置于什么地方，如果要将新文件夹建立在磁盘的根目录下，则右击该磁盘图标；如果将新文件夹作为某个文件夹的子文件夹，则应该先打开该文件夹，然后在文件夹中创建新文件夹。

在桌面上建立一个新文件夹：右击桌面空白处，在弹出的快捷菜单中选择“新建”→“文件夹”命令。

在窗口中建立新文件夹：选择“文件”→“新建”→“文件夹”命令。

选中新建的文件夹，再单击文件夹的名称“新建文件夹”，这时在名称区域出现闪动的光标，在此处可以给文件夹重命名。

在“新建文件夹”处输入具体名称即文件夹的新名称。Windows 操作系统接受的文件和文件夹的名称最长为 255 个字符。

（2）选定文件或文件夹

对文件或文件夹操作之前，一定要先选定文件或文件夹，一次可选定一个或多个项目，选定的文件或文件夹呈高亮度显示。选定的方法有以下几种：

单击选定：单击要选定的文件或者文件夹。即可选定一个文件或文件夹。

拖拉选定：在文件夹窗口中，单击空白处拖动鼠标，将出现一个虚线框，用虚线框框住要选定的文件或文件夹，然后释放鼠标左键。

多个连续文件或文件夹的选定：单击选定第一个文件或文件夹，按住【Shift】键，然后单击最后一个要选定的文件或文件夹。

多个不连续文件或文件夹的选定：单击选定第一个文件或文件夹，按住【Ctrl】键，然后分别单击需要选定的文件或文件夹。

选定所有文件或文件夹：选择“编辑”→“全部选定”命令，将选定文件夹中的所有文件或文件夹。

反向选定：选择“编辑”→“反向选定”命令，将选定文件夹中除已经选定项目之外的所有文件或文件夹。

撤销选定：撤销一项选定，先按住【Ctrl】键，然后单击要取消的项目。若要撤销所有选定，则单击窗口中其他区域。

（3）删除文件或文件夹

无用的文件或文件夹应及时删除，以便释放更多的可用存储空间。删除方法如下：

菜单法：选定需删除的文件或文件夹后，选择“文件”→“删除”命令。

快捷菜单法：在选中的待删除的文件或文件夹的图标上右击，在弹出的快捷菜单中选择“删除”命令。

键盘法：选定待删除的文件或文件夹后，直接按【Delete】键。

鼠标拖动法：用鼠标将待删除的文件或文件夹拖动到桌面上的回收站。

注 意

执行删除操作后，系统会弹出确认删除操作的对话框，若确认要删除，则单击“是”按钮，文件或文件夹被删除；否则单击“否”按钮，将放弃所做的删除操作。

另外，删除文件夹的操作将把该文件夹所包含的所有内容全部删除。从本地硬盘上删除的文件或文件夹将被放在回收站中，而且在回收站被清空之前一直保存在其中。如果要撤销对这些文件或文件夹的删除操作，可以到回收站中恢复文件或文件夹。方法是：在回收站中，选定需恢复的对象，选择“文件”→“还原”命令，或右击需恢复的文件或文件夹并在弹出的快捷菜单中选择“还原”命令。

（4）打开文件夹或文件

① 打开文件夹。在“资源管理器”左边的目录窗口中，单击文件夹图标；或在右边的内容窗口中，双击文件夹图标，可打开文件夹，内容窗口中显示被打开文件夹的内容。

② 打开文件。文件主要包括应用程序文件和文档文件两大类。在“资源管理器”或“计算机”窗口中打开文件的常用方法如下：

在“计算机”窗口或“资源管理器”窗口中双击文件图标，可打开相应的应用程序或文档文件。

选定需打开的文件后，选择“文件”→“打开”命令，可打开应用程序或文档文件。

右击需打开的文件，在弹出的快捷菜单中选择“打开”命令。

（5）重命名文件或文件夹

对文件或文件夹进行重命名的方法有多种，不论用哪种方法，都必须先选定需重命名的文件或文件夹，并且每次只能重命名一个文件或文件夹。操作方法有以下几种：

菜单法：选定文件或文件夹后，选择“文件”→“重命名”命令使所选文件或文件夹名称周围出现一个方框（重命名框），在重命名框中输入新名称。然后，按【Enter】键或用鼠标在其他地方单击加以确认。

快捷菜单法：右击需重命名的文件或文件夹，在弹出的快捷菜单中选择“重命名”命令，在该文件或文件夹名称周围出现一个重命名框，在重命名框中输入新名称，并加以确认。

鼠标法：先选中需重命名的文件或文件夹，稍作停顿后，再单击该文件或文件夹的名称处，出现重命名框，在其中输入新名称，并加以确认。

快捷键法：先单击需重命名的文件或文件夹，然后按【F2】键，出现重命名框，在其中输入新名称，并加以确认。

（6）移动文件或文件夹

移动文件或文件夹操作，是把选定的文件或文件夹从某个磁盘或文件夹中移动到另一个磁盘或文件夹，原来位置中不再包含被移走的文件或文件夹。操作方法有以下几种：

使用菜单命令进行移动：选定需移动的文件或文件夹；选择“编辑”→“剪切”命令，或右击选中的文件或文件夹，在弹出的快捷菜单中选择“剪切”命令；单击目标盘或文件夹，选择“编辑”→“粘贴”命令，或右击目标盘或文件夹图标，在弹出的快捷菜单中选择“粘贴”命令，即可完成移动操作。

用拖动的方式进行移动：选定需移动的文件或文件夹；按下【Shift】键的同时，用鼠标拖动选中的文件或文件夹，至目标磁盘或文件夹图标上（如果在同一个磁盘的不同文件夹之间进行移动操作，则可以直接用鼠标拖动进行移动，而不必按下【Shift】键）；释放鼠标和【Shift】键，完成移动操作。

用快捷键进行移动：选定需移动的文件或文件夹；按【Ctrl+X】组合键；单击目标磁盘或文件夹；按【Ctrl+V】组合键，完成移动。

（7）复制文件或文件夹

复制是指在指定的磁盘和文件夹中，产生一个与当前选定的文件或文件夹完全相同的副本。复制操作完成以后，原来的文件或文件夹仍保留在原位置，而且在指定的目标磁盘或文件夹中多了一个副本。复制文件或文件夹的方法有以下几种：

使用菜单命令进行复制：选定需复制的文件或文件夹；选择“编辑”→“复制”命令，或右击选定的文件或文件夹，在弹出的快捷菜单中选择“复制”命令；单击目标盘或文件夹；选择“编辑”→“粘贴”命令，或右击目标盘或文件夹图标，在弹出的快捷菜单中选择“粘贴”命令，完成复制。

用拖动方式进行复制：在确保能看到待复制的文件或文件夹，并且能看到目标盘和文件夹图标的情况下，选定要复制的文件或文件夹；按下【Ctrl】键的同时，用鼠标拖动选中的文件或文件夹，至目标盘和文件夹图标上（如果在两个不同的盘之间进行复制，则可以直接用鼠标拖动进行复制，而不必按下【Ctrl】键）；释放鼠标和【Ctrl】键，完成复制操作。

用快捷键进行复制：选定需移动的文件或文件夹；按【Ctrl+C】组合键；单击目标盘或文件夹；按【Ctrl+V】组合键，完成复制。

（8）查找文件或文件夹

要查找一个文件或文件夹时，具体操作如下：单击“开始”按钮，在“搜索”文本框中输入搜索内容，得到“搜索结果”窗口，如图 4-10 所示，在左边目录框中选中要搜索的磁盘或者文件夹，在右上边的搜索框内输入要搜索的内容即可进行搜索，搜索结束后，搜索结果出现在右边的内容框中。

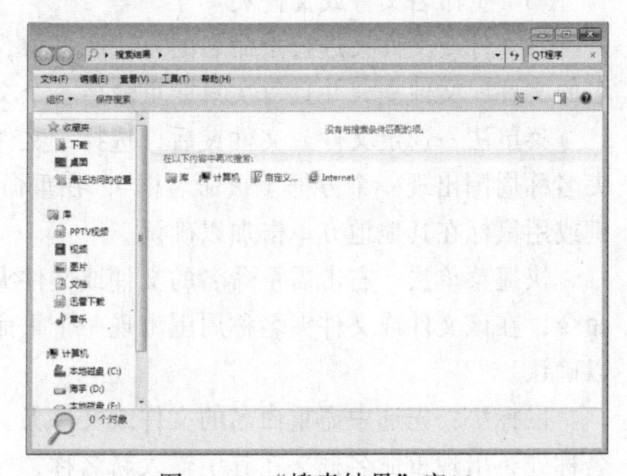

图 4-10 “搜索结果”窗口

4.5.2 建立快捷方式

快捷方式是指向某个程序的“链接”，只记录了程序的位置及运行时的一些参数。使用快捷方式，可以迅速地访问程序，而不必打开多个文件夹窗口来查找。桌面上一些程序的图标其实就是这些程序的快捷方式。Windows 允许用户在桌面上创建快捷方式。在桌面上创建快捷方式的方法有多种，其中常用的有以下 3 种（以在桌面上创建 Word 的快捷方式为例）：

1. 通过快捷菜单创建快捷方式

操作步骤如下：

① 右击桌面空白处，在弹出的快捷菜单中选择“新建”→“快捷方式”命令，打开“创建快捷方式”对话框，如图 4-11 所示。

② 在对象的位置框中，输入 C:\ProgramFiles\Microsoft Office\Office 10\Winword.exe。也可以单击“浏览”按钮，在打开的对话框中依次选择盘符、路径、文件名，再单击“下一步”按钮，打开如图 4-12 所示的命名快捷方式对话框。

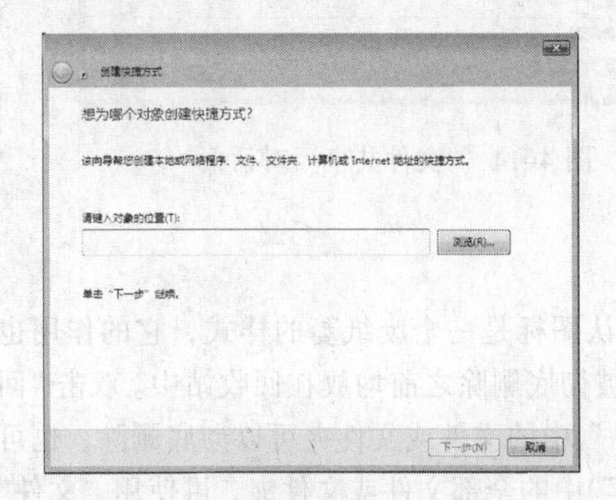

图 4-11 “创建快捷方式”对话框

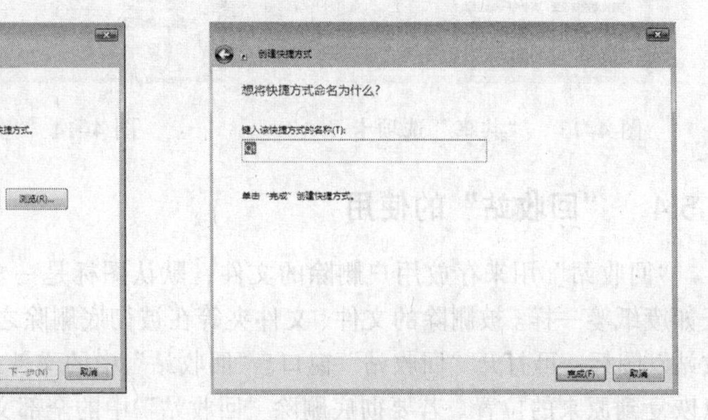

图 4-12 命名快捷方式对话框

③ 输入快捷方式的名称（或使用默认名称）。

④ 单击“完成”按钮。

2. 利用“计算机”创建快捷方式

在“计算机”（或“资源管理器”）窗口中找到 Winword.exe 文件，用鼠标拖动该图标到桌面的空白处，释放鼠标后就在桌面上创建了 Winword 的快捷图标。

3. 利用“开始”菜单创建快捷方式

单击“开始”按钮，选择“所有程序”命令，指向其子菜单中的 Word 命令，右击该命令，从弹出的快捷菜单中选择“发送到”→“桌面快捷方式”命令即可。

4.5.3 共享文件夹

Windows 7 系统提供的共享文件夹被命名为 Shared Documents，双击“计算机”图标，在“计算机”窗口中可看到该共享文件夹。有访问该计算机权限的其他用户可以访问共享文件夹，并对文件夹中的文档进行操作。若用户想将某个文件或文件夹设置为共享，可选定该文件或文件夹，再将其拖动到 Shared Documents 共享文件夹中即可。

设置用户自己的共享文件夹的操作步骤如下：

① 选定要设置共享的文件夹。

② 选择“文件”→“共享”命令，或右击要共享的文件夹，在弹出的快捷菜单中选择“共享”命令；弹出“属性”对话框中，切换到“共享”选项卡，如图4-13所示。

③ 单击“共享”按钮，弹出“文件共享”对话框，如图4-14所示。

④ 设置完毕后，单击“共享”按钮即可。

⑤ 设置完毕后，单击“共享”按钮，弹出“文件已共享”对话框，单击“完成”按钮即可。

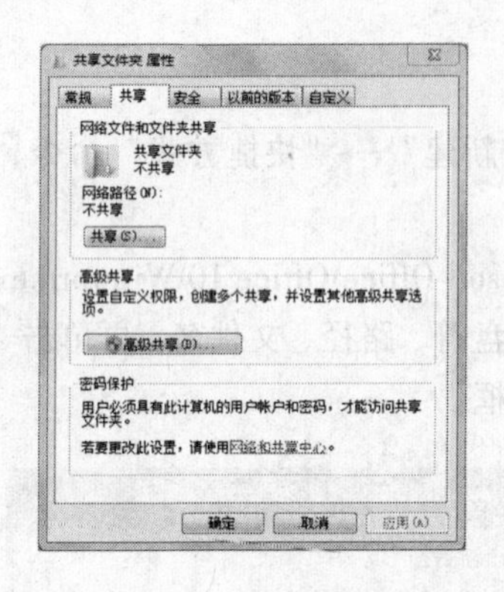

图4-13 “共享”选项卡

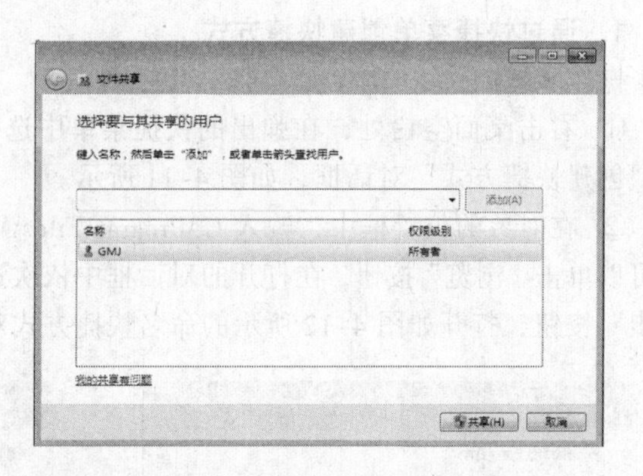

图4-14 “文件共享”对话框

4.5.4 “回收站”的使用

“回收站”用来存放用户删除的文件，默认图标是一个废纸篓的样式，它的作用也正如废纸篓一样。被删除的文件、文件夹等在被彻底删除之前均放在回收站中。双击“回收站”图标，可打开“回收站”窗口。“回收站”中的文件或文件夹可以彻底删除，也可以恢复到原来的位置。若要彻底删除“回收站”中的全部文件或文件夹，可使用“文件”→“清空回收站”命令或单击窗口中的“清空回收站”超链接；若要删除某些对象，应在选定对象后，选择“文件”→“删除”命令，或右击要删除的文件或文件夹并在弹出的快捷菜单中选择“删除”命令。若要对回收站中的某些对象进行还原，应在选定这些对象后，选择“文件”→“还原”命令即可。

4.6 控制面板

控制面板是用来对Windows系统进行设置的工具集，可以根据个人的爱好更改显示器、鼠标、桌面等设置。

4.6.1 调整鼠标和键盘

在安装Windows 7时，系统已自动对鼠标和键盘进行过设置，但默认的设置不一定符合用户的使用习惯，这时可以按个人的喜好进行一些调整。

调整鼠标的具体操作步骤如下：

① 单击“开始”按钮，选择“控制面板”命令，打开“控制面板”窗口。

② 双击“外观和个性化”图标，打开“个性化”对话框，切换到“鼠标键”选项卡，如图 4-15 所示。

在“鼠标键配置”选项组中，系统默认左边的键为主要键，若选中“切换主要和次要的按钮”复选框，则设置右边的键为主要键；在“双击速度”选项组中拖动滑尺可调整鼠标的双击速度，双击旁边的文件夹可检验设置的速度；在“单击锁定”选项组中，若选中“启用单击锁定”复选框，则可以在移动项目时不用一直按着鼠标键就可实现，单击“设置”按钮，在弹出的单击锁定的设置对话框中可调整实现单击锁定需要按鼠标键或轨迹球按钮的时间，如图 4-16 所示。

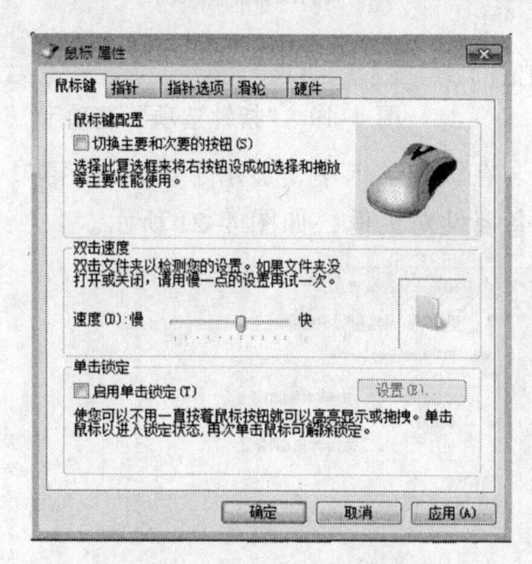

图 4-15 “鼠标键”选项卡

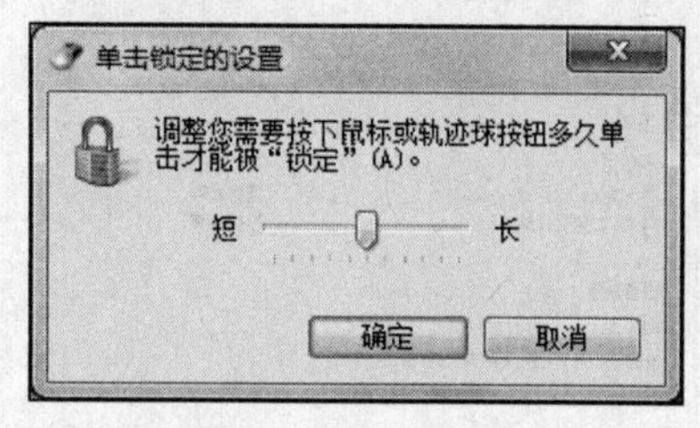

图 4-16 “单击锁定的设置”对话框

③ 切换到“指针”选项卡，如图 4-17 所示。在该选项卡中，“方案”下拉列表框中提供了多种鼠标指针显示方案，用户可以从中选择一种喜欢的方案；在“自定义”列表框中显示了该方案中鼠标指针在各种状态下显示的样式，若用户对某种样式不满意，可选中该样式，单击“浏览”按钮，弹出“浏览”对话框，如图 4-18 所示。

图 4-17 “指针”选项卡

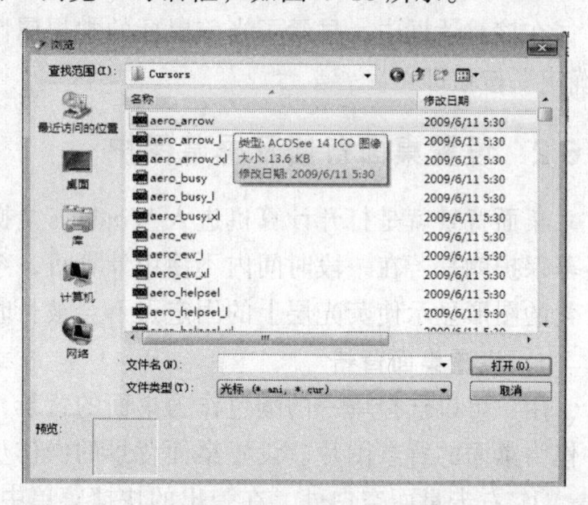

图 4-18 “浏览”对话框

在对话框中选择一种喜欢的鼠标指针样式，在预览框中可看到具体的样式，单击“打开”按钮，即可将所选样式应用到所选鼠标指针方案中。如果希望鼠标指针带阴影，可选择“启用指针阴影”复选框。

④ 切换到“指针选项”选项卡，如图 4–19 所示。

在“移动”选项组中，可拖动滑尺调整鼠标指针的移动速度；在“对齐”选项组中，选中“自动将指针移动到对话框中的默认按钮”复选框，则在打开对话框时，鼠标指针会自动定位在默认按钮上；在“可见性”选项组中，若选择“显示指针轨迹”复选框，则在移动鼠标指针时会显示指针的移动轨迹，拖动滑尺可调整轨迹的长短；若选中“在打字时隐藏指针”复选框，则在输入文字时将隐藏鼠标指针，若选中“当按 CTRL 键时显示指针的位置”复选框，则按【Ctrl】键时，会以同心圆的形式显示指针的位置。

图 4–19 “指针选项”选项卡

⑤ 切换到“硬件”选项卡，如图 4–20 所示。在该选项卡中，显示了设备的名称、类型及属性。单击“属性”按钮，可打开鼠标设备属性对话框，如图 4–21 所示。

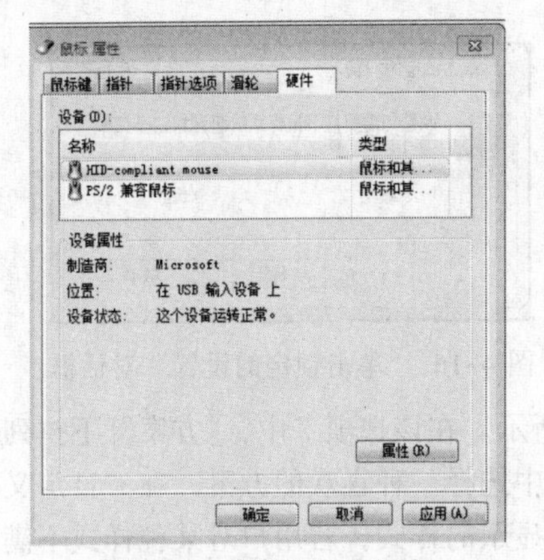

图 4–20 “硬件”选项卡

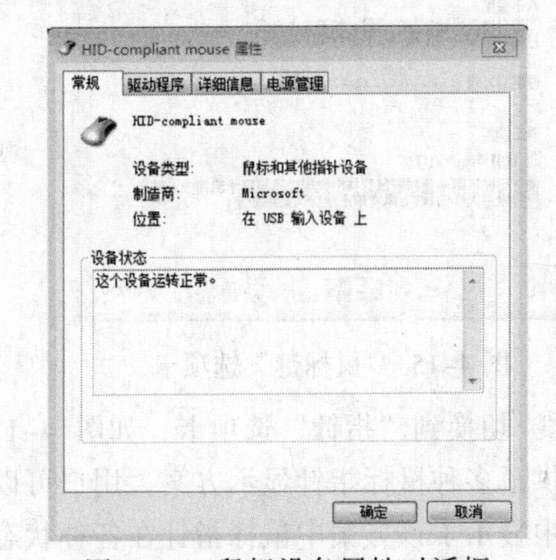

图 4–21 鼠标设备属性对话框

在该对话框中，显示了当前鼠标的常规属性和驱动程序等信息。设置完毕后，单击“确定”按钮即可。

4.6.2 设置桌面背景及屏幕保护

桌面背景就是打开计算机进入 Windows 7 操作系统后出现的桌面背景颜色或图片。屏幕保护就是若在一段时间内不使用计算机，系统会自动启动屏幕保护程序，通过不断变化的图形显示使荧光层上的固定点不会被长时间轰击，从而避免了屏幕的损坏。

1. 设置桌面背景

用户可以选择单一的颜色作为桌面的背景，也可以选择类型为 BMP、JPG 等位图文件作为桌面的背景图片。设置桌面背景的操作步骤如下：

① 右击桌面空白处，在弹出的快捷菜单中选择“个性化”命令，打开“桌面背景”窗口，如图 4–22 所示。

② 在“背景”列表框中，选择一幅喜欢的背景图片，在选项卡中的显示器图案中将显示该图片作为背景图片的效果，也可以单击“浏览”按钮，在本地磁盘或网络中选择其他图片作为桌面背景。在“图片位置”栏中“填充”下拉列表框中有“居中”“适应”

"填充""平铺"和"拉伸"5 种选项，可调整背景图片在桌面上的位置。若用户想用纯色作为桌面背景颜色，可在"背景"列表中选择"纯色"选项，在"颜色"下拉列表框中选择喜欢的颜色，单击"保存修改"按钮即可。

2. 设置屏幕保护

当用户停止对计算机进行操作时，屏幕显示就会始终固定在同一个画面上，即电子束长期轰击荧光层的相同区域，长时间下去，会因为显示屏荧光层的疲劳效应导致屏幕老化，甚至导致显像管被击穿。因此，若在一段时间内不用计算机，可设置屏幕保护程序，以动态的画面显示在屏幕上，以保护屏幕不受损坏。

设置屏幕保护的操作步骤如下：

① 打开"屏幕保护程序设置"对话框，如图 4-23 所示。

② 在"屏幕保护程序"下拉列表框中选择一种屏幕保护程序，在选项卡的显示器中即可看到该屏幕保护程序的显示效果。单击"设置"按钮，可对该屏幕保护程序进行一些设置；单击"预览"按钮，可预览该屏幕保护程序的效果，移动鼠标或操作键盘即可结束屏幕保护程序；在"等待"文本框中可输入或单击调节微调按钮确定等待时间，即计算机多长时间无人使用则启动该屏幕保护程序。

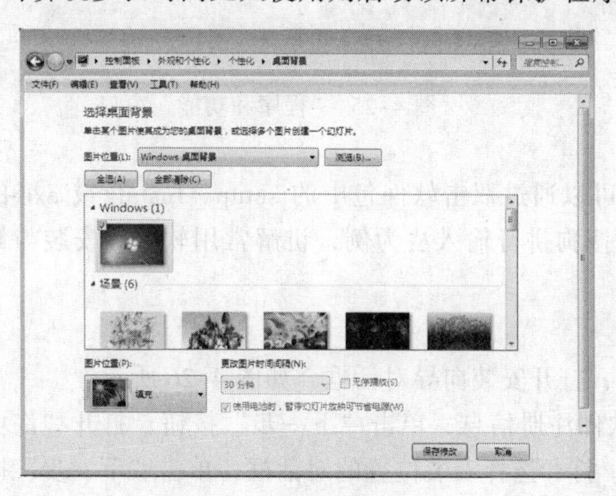

图 4-22 "桌面背景"窗口

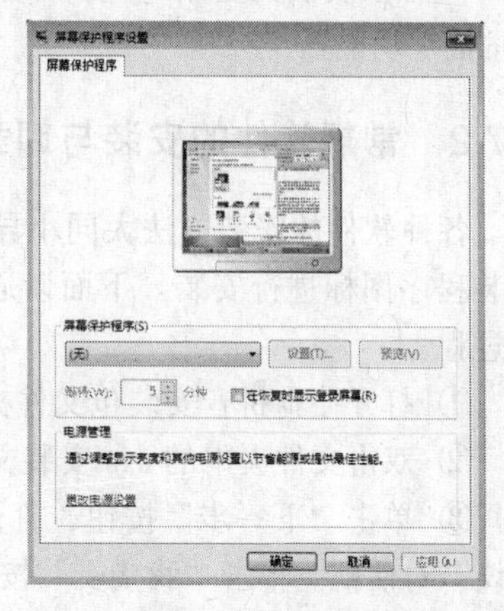

图 4-23 "屏幕保护程序设置"对话框

3. 更改显示外观

更改显示外观就是更改桌面、消息框、活动窗口和非活动窗口等的颜色、大小、字体等。在默认状态下，系统使用的是"Windows 标准"的颜色、大小、字体等设置。用户也可以根据自己的喜好设计自己的关于这些项目的颜色、大小和字体等显示方案。

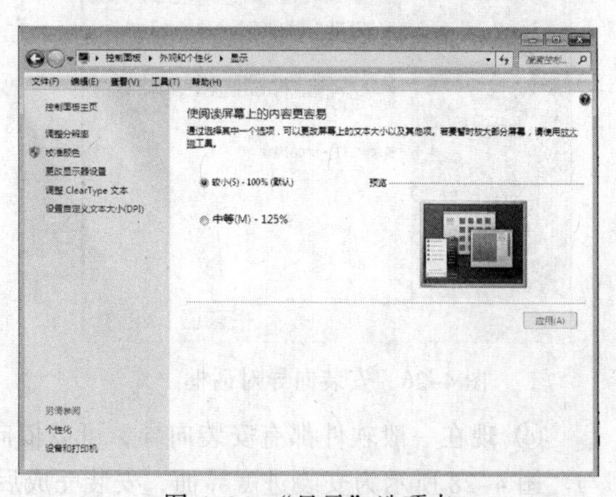

图 4-24 "显示"选项卡

更改显示外观的操作步骤如下：

① 打开"显示"窗口，如图 4-24 所示。

② 在"显示"窗口中进行设置后，单击"应用"按钮。

4.7 软件的安装与删除

各种应用软件，比如办公自动化系列 Office、图像处理软件 Photoshop 等，这些应用软件并不包含在 Windows 系统内，要使用它们，就必须进行安装。当不需要时，也可以将其从系统中卸载，以节省系统资源。

4.7.1 添加或删除程序

在 Windows 7 中，软件的安装和卸载可通过“卸载或更改程序”工具来实现，该工具可以帮助用户管理系统中的程序。在“控制面板”窗口中，双击“程序”图标，打开“程序和功能”窗口，如图 4-25 所示。该窗口左侧的按钮包括“查看已安装的更新”“打开或关闭 Windows 功能”。

图 4-25 “程序和功能”窗口

4.7.2 常规软件的安装与卸载

各种软件的安装方法大同小异，可以通过双击软件包中的 setup、Install 或 exe 的安装程序图标进行安装。下面以通过搜狗拼音输入法为例，讲解常用软件的安装与卸载过程。

① 打开搜狗拼音安装包文件夹。

② 双击文件夹中的 exe 安装文件，打开安装向导对话框，如图 4-26 所示。

③ 单击“下一步”按钮，打开软件注册信息，单击“下一步”按钮，打开“许可协议”对话框。单击“我接受”按钮，打开选择安装位置的对话框，单击“下一步”按钮，开始安装，如图 4-27 所示。

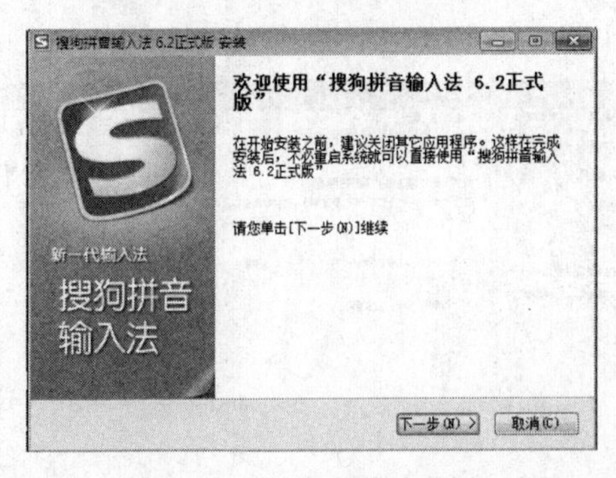

图 4-26 安装向导对话框

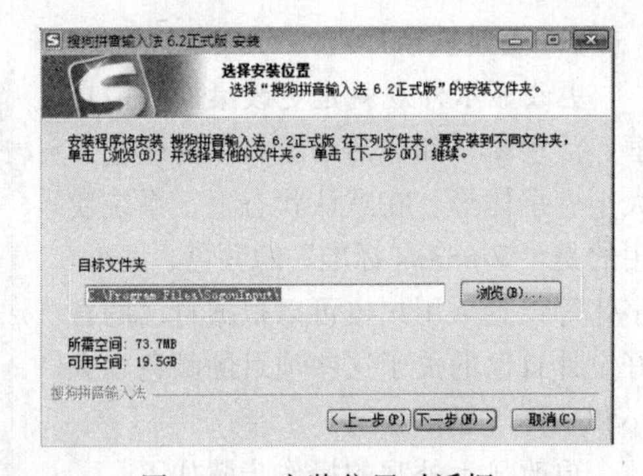

图 4-27 安装位置对话框

④ 现在一般软件都有安装向导，可以依向导完成安装，不需要用户进行太多的参与。图 4-28 所示为安装进度界面，安装完成后对话框如图 4-29 所示，单击“完成”按钮，即可完成安装。

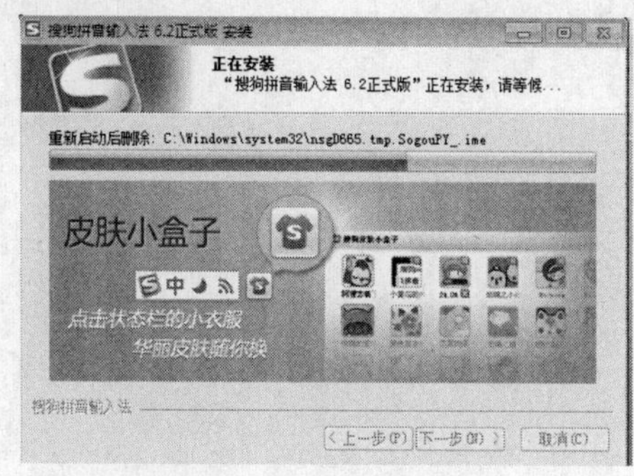

图 4-28　安装进度条

图 4-29　安装完成界面

在 Windows 7 中安装一些小的程序，一般不需要重新启动计算机，而有些软件安装完毕后，会要求重新启动。在安装一些应用软件时，有时需要填写软件注册信息，一般在软件的外包装上或在安装包文件夹中，能够找到有关注册码信息（CD-KEY、Serial number 或 ID），有的在文件夹里面的 Read Me 文件中，只要按照规定填写即可。

本 章 小 结

操作系统是计算机软件系统的重要组成部分，是软件的核心，具有处理器管理、存储器管理、设备管理、文件管理和作业管理等基本功能。操作系统通常分成批处理操作系统，分时操作系统和实时操作系统三类。随着计算机体系结构的发展，又出现了嵌入式操作系统、分布式操作系统和网络操作系统。本章重点学习操作系统的使用，要熟练掌握桌面、窗口、对话框等基本概念和基本操作；掌握文件的概念，使用“资源管理器”和“计算机”来进行文件管理操作，使用“控制面板”进行系统设置和系统帮助，能独立解决操作中的问题。

应　用　篇

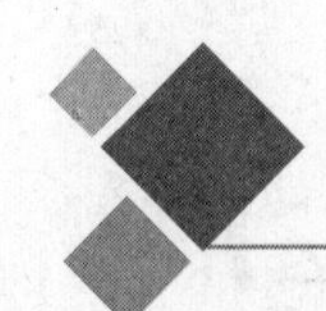

第5章　计算机网络技术

学习目标：

- 了解计算机网络的产生、发展和功能；
- 掌握计算机网络的基本概念、分类和拓扑结构；
- 掌握 IPv4，了解 IPv6；
- 了解网卡、常用传输介质及网络操作系统；
- 掌握 Internet 的各种服务；
- 了解物联网。

计算机网络是计算机技术与通信技术相结合的产物，是目前计算机应用技术中最为活跃的分支。其发展水平成为衡量一个国家国力和现代化程度的重要标志，在社会的各个领域中发挥着越来越重要的作用，甚至影响和改变着人们的工作和生活方式。

5.1　计算机网络概述

计算机网络是计算机技术、通信技术相互渗透、相互结合的产物，它形成于20世纪60年代，历史虽然不长，但发展很快，整个过程经历了一个从简单到复杂、从小到大的演变过程。大致可以归纳为4个阶段：第一个阶段是面向终端的计算机网络，第二个阶段是计算机到计算机的简单网络，第三个阶段是开放式标准化的网络，第四个阶段是网络的高速化发展阶段。

5.1.1　计算机网络的定义

计算机网络是指将在不同地理位置上分散的具有独立处理能力的多台计算机经过传输介质和通信设备相互连接起来，在网络操作系统和网络通信软件的控制下，按照统一的协议进行协同工作，达到资源共享目的的计算机系统。

计算机网络首先是包括计算机的一个集合体，是由多台计算机及互连设备组成的；其次这些计算机之间的互连是指它们彼此之间能够交换信息。互连通常是指通过有形的通信介质或通过卫星等无形的通信介质相互连接。

独立功能是指每台计算机都能独立工作，任何一台计算机均具有较完善的软、硬件配置，能独立地执行程序，具有计算和存储能力。

协议可理解成通信的各个方面之间所达成的一致的、共同遵守和执行的约定。概括地讲，在相互通信的不同计算机进程之间，存在有一定次序、相互理解和相互作用的过程，协议规定了这一过程应实现的功能和应满足的要求。

5.1.2 计算机网络的功能

计算机网络的功能如下：

1. 资源共享

充分利用计算机系统软、硬件资源是组建计算机网络的主要目的之一。进入网络的用户可以方便地使用网络中的共享资源，包括硬件资源、软件资源和信息资源。网络用户可以访问或共享计算机网络上分散在不同区域、不同部门的各种信息，也可以访问或共享网络上的计算机、外围设备、通信线路、系统软件、应用软件等软、硬件资源。

2. 数据通信

分布在不同区域的计算机系统通过网络进行数据传输是网络最基本的功能。本地计算机要访问网络上另一台计算机中的资源就是通过数据传输来实现的。

3. 信息的集中和综合处理

通过网络系统可以将分散在各地计算机系统中的各种数据进行集中或分级管理，经过综合处理形成各种图表、情报，提供给各种用户使用。通过计算机网络向全社会提供各种科技、经济和社会情报及各种咨询服务，在国内外已越来越普及。

4. 负载均衡

对于许多综合性的大问题，可以采用适当的算法，通过计算机网络，将任务分散到网络上不同的计算机中进行分布式处理。通过计算机网络可以合理调节网络中各种资源的负荷，以均衡负荷，减轻局部负担，缓解用户资源缺乏与工作任务过重的矛盾，从而提高设备的利用率。

5. 提高系统可靠性和性能价格比

在计算机网络中，即使一台计算机发生了故障，也并不会影响网络中其他计算机的运行，将网络中的计算机相互备份，可以提高计算机系统的可靠性。另外，由多台廉价的个人计算机组成的计算机网络系统，采用适当的算法，运行速度可大大超过一般的小型机，且价格又比大型机便宜很多，因此具有较高的性能价格比。

5.1.3 计算机网络的分类

计算机网络的分类方法很多，按照不同的分类标准，可以将计算机网络分为多种不同的类型。常见的分类方法有以下几种：

1. 按地理覆盖范围分类

计算机网络按照地理覆盖范围的大小，可以划分为局域网、城域网和广域网3种。

① 局域网（Local Area Network，LAN）：指位于相对有限区域内的一组计算机和其他设备连接起来的通信网络。物理连接的范围较小，一般为几米到几千米，常用于办公大楼或者邻近的建筑群之间，也可以小到一间办公室或者几间办公室，甚至一个家庭。

② 城域网（Metropolitan Area Network，MAN）：顾名思义就是一个城市或者地区的

主干网络。城域网的地理覆盖范围为几千米至几十千米，是介于广域网和局域网之间的网络系统。

③ 广域网（Wide Area Network，WAN）：是一种可跨越国家及地区的遍布全球的计算机网络。网络距离可以达到上万千米，网络可以跨越国界、洲界，甚至全球，如 Internet。

2. 按传输介质分类

根据传输介质的不同，可以将网络划分为以下两种类型：

（1）有线网

采用同轴电缆、双绞线、光纤等物理介质来传输数据的网络。

同轴电缆网是常见的一种联网方式，比较经济，安装也较为便利，但传输率和抗干扰能力一般，传输距离较短。双绞线网是目前最常见的联网方式，价格便宜，安装方便，但易受干扰，传输率较低，传输距离比同轴电缆要短。光纤网采用光导纤维作为传输介质。光纤传输距离长；传输率高；抗干扰性强，不会受到电子监听设备的监听，是高安全性网络的理想选择。光纤网价格较高，且需要高水平的安装技术，现在正在逐渐普及。

（2）无线网

无线网采用电磁波作为载体来传输数据，目前无线网联网费用较高，还不太普及，但由于联网方式灵活方便，因而是一种很有前途的联网方式。

有线网络和无线网络之间的差异主要体现在传输带宽、传输距离、抗干扰能力、安全性能等方面。总的来说，无线局域网具有安装便捷、使用灵活、经济节约、易于扩展等优点，但存在传输速率低、通信盲点等缺点。无线局域网更便于移动特征较明显的网络系统，而有线网络则更适用于固定的、对带宽需求较高的网络系统。

3. 按网络的拓扑结构分类

网络拓扑结构是指将计算机网络中的主机、网络设备等当做结点，不考虑结点的功能、大小、形状，只考虑结点间的连接关系，这种结点间的连接结构称为网络的拓扑结构。根据拓扑结构的不同，计算机网络可分为星状拓扑结构、总线状拓扑结构、环状拓扑结构、树状拓扑结构和网状拓扑结构，随着无线网络的应用，又多了一种蜂窝状拓扑结构。

5.1.4 计算机网络的体系结构

计算机网络的体系结构是从功能的角度描述计算机网络的层次结构，是对计算机网络及其组成部分所完成功能的抽象定义，即从功能的角度描述计算机网络的体系组成，是层次和协议的集合。

1. 网络体系结构的含义

将计算机网络按照功能划分层次，规定相邻层间的接口和提供的服务，以及对等层之间的通信协议，这些层次、接口、服务和通信协议称之为层次化的网络体系结构。现代计算机网络都采用层次化的体系结构。

2. ISO/OSI 体系结构标准

国际标准化组织 ISO 于 1981 年正式推荐了一个网络系统结构，即 ISO/OSI 7 层参考模型。该标准模型的建立，使得各种计算机网络向它靠拢，大大推动了网络通信的发展。

OSI 参考模型如图 5-1 所示。它采用分层结构化技术，将整个网络按照功能划分为 7 层。由低至高分别是物理层、数据链路层、网络层、传输层、会话层、表示层和应用层。每一层都有特定的功能，并且上一层需利用下一层的功能所提供的服务。

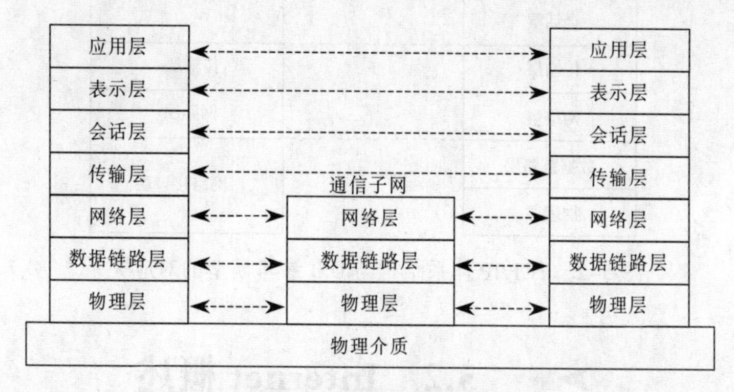

图 5-1　OSI 参考模型

在 OSI 参考模型中，各层的数据并不是从一端的第 n 层直接送到另一端的，第 n 层的数据在垂直的层次中自上而下地逐层传递直到物理层，在物理层的两个端点进行物理通信，这种通信称为实通信。而对等层之间由于通信并不是直接进行的，因而称为虚拟通信。

应该指出的是：OSI 参考模型只是提供了一个抽象的体系结构，根据它研究各项标准，并在这些标准的基础上设计系统。开放系统的外部特性必须符合 OSI 参考模型，而各个系统的内部功能并不受限制。

从 7 层的功能可见，1 ~ 3 层主要是完成数据交换和数据传输，称为网络低层，即通信子网；5 ~ 7 层主要是完成信息处理服务的功能，称为网络高层，即资源子网；低层与高层之间由第 4 层衔接。

3. TCP/IP 体系结构标准

虽然 ISO 提出了开放式系统互连参考模型 OSI/RM，但它只是一个理论上的模型，由于其结构的复杂性和过多地从电信角度考虑，因而一直未能在市场上得到较好的应用，而 TCP/IP 却获得了广泛的实际应用。TCP/IP 是由美国国防部高级研究计划局 DARPA 开发，在 ARPANet 上采用的一个协议。后来随着 ARPANet 发展成为 Internet，TCP/IP 也就成了事实上的工业标准。TCP/IP 实际上是由以传输控制协议（Transmission Control Protocol，TCP）和网际协议（Internet Protocol，IP）为代表的许多协议组成的协议簇，简称 TCP/IP。

TCP/IP 体系结构分为 4 个层次，如图 5-2 所示为 TCP/IP 的分层结构及其与 OSI 7 层协议模型的对应关系。

在 TCP/IP 体系结构的网际层运行的主要协议是 IP 协议。IP 协议是一种无连接的协议，主要用于负责 IP 寻址、路由选择和 IP 数据包的分割和组装。通常所说的 IP 地址可以理解为符合 IP 协议的地址。目前，常用的 IP 是 IP 的第四版本，即 IPv4，是互联网中最基础的协议。

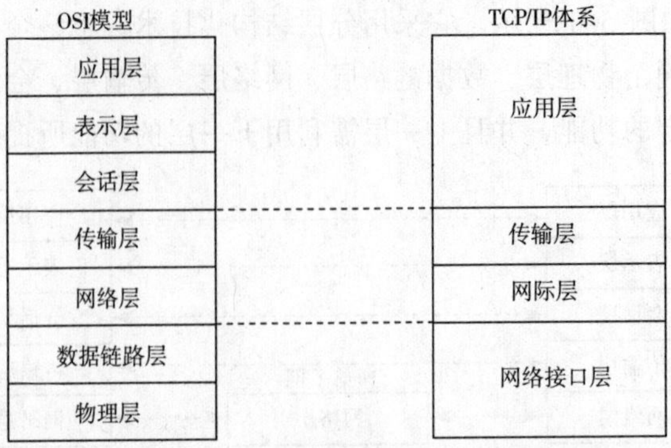

OSI模型	TCP/IP体系
应用层	应用层
表示层	
会话层	
传输层	传输层
网络层	网际层
数据链路层	网络接口层
物理层	

图 5-2　TCP/IP 体系结构与 OSI 参考模型的对应关系

5.2　Internet 概述

Internet 起源于 ARPA，并已从当初面向研究之用的网络发展起来。由于对一般的计算机用户而言它也有很大的利用价值，因此，Internet 面向社会开放，演变成向非研究人员提供服务的商业网络。

今天，Internet 已经渗透到社会生活的各个方面。人们通过 Internet 阅读信息、查阅资料、了解时事；在家里购物、工作、订机票、订旅馆、租车；从银行汇款、转账，享受远程教学、远程医疗等。这些丰富的资源和获取资源的信息交流手段为人们的工作、学习和生活带来了巨大的好处和便利。

5.2.1　Internet 提供的主要服务

Internet 是一个全球性的计算机互联网络，中文名称为“国际互联网”“因特网”“网际网”或“信息高速公路”等，它是将不同地区规模大小不一的网络互相连接起来而组成的。Internet 中有各种各样的信息，所有人都可以通过网络的连接来共享和使用。Internet 实际上是一个应用平台，在这个平台上可以开展很多种应用，主要功能包含以下几个方面：

1. 获取和发布信息

Internet 是一个信息的海洋，通过它可以得到无穷无尽的信息，其中有各种不同类型的书库和图书馆、杂志期刊和报纸。网络还可以提供政府、学校、公司、企业等机构的详细信息和各种不同的社会信息。这些信息的内容涉及社会的各个方面，几乎无所不有。网络用户可以坐在家里，了解全世界正在发生的事情，也可以将自己的信息发布到 Internet 上。

2. 电子邮件

传统的邮件一般是通过邮局传递的，收信人要等几天（甚至更长时间）才能收到信件。电子邮件和传统的邮件有很大的不同，电子邮件的写信、收信、发信过程都是在计算机网络上完成的，从发信到收信的时间以秒来计算，而且电子邮件几乎是免费的。同时，在世界上只要可以上网的地方，都可以收到别人发来的邮件。

3. 网上交际

网络可以看成是一个虚拟的社会空间，每个人都可以在这个网络社会中充当一个角色。Internet 已经渗透到大家的日常生活中，人们可以在网上与别人聊天、交朋友、玩网络游戏。网上交际已经完全突破传统的交友方式，不同性别、年龄、身份、职业、国籍、肤色的人，都可以通过 Internet 结为好朋友，不用见面就可以进行各种各样的交流。

4. 电子商务

在互联网上进行商业贸易已经成为现实，而且发展得如火如荼，可以利用网络开展网上购物、网上销售、网上拍卖、网上货币支付等活动。电子商务已经在海关、外贸、金融、税收、销售、运输等方面得到广泛的应用，现在正向一个更加纵深的方向发展，随着社会金融基础设施及网络安全设施的进一步健全，电子商务将在世界上引起一场新的革命。现在人们已可以利用互联网进行各种各样的商务活动。

5. 网上办公

Internet 的出现改变了传统的办公模式，人们可以坐在家里上班，然后通过网络将工作结果传回公司；出差时也不用带很多的资料，因为随时都可以通过网络向公司提取需要的信息，Internet 使全世界都可以成为办公地点。

Internet 还应用于远程教育、远程医疗、远程主机登录、远程文件传输等方面。

5.2.2 IPv4

目前的全球因特网所采用的协议簇是 TCP/IP 协议簇。IP 是 TCP/IP 协议簇中网络层的协议，是 TCP/IP 协议簇的核心协议。目前 IP 协议的版本号是 4（简称为 IPv4），是第一个被广泛使用，构成现今互联网技术的协议。它的下一个版本就是 IPv6。

IPv4 地址是一个 32 位的二进制数值（4 个字节），但为了方便理解和记忆，通常采用十进制标记法。即将 4 个字节的二进制数值转换成 4 个十进制数值来表示，数值中间用“.”隔开，例如 10000000 00001010 00000010 00011110 可以表示为 128.10.2.30。

为了避免自己使用的 IP 地址与其他用户的 IP 地址发生冲突，所有的网络号都必须向 Inter NIC（Internet Network Information Center）组织申请，在给网络中的每一台主机分配唯一的主机号后，所有的主机就拥有了唯一的 IP 地址。

当然，如果使用的是局域网，不需要和其他网络通信，这时就可以随便指定主机的 IP 地址了，没有任何约束，只要不和局域网中的其他主机相同即可，也不需要向 Inter NIC 申请网络号。

IPv4 地址可以分为 5 类，分别用 A、B、C、D、E 表示，但是主机只能使用前 3 类 IP 地址。这 5 类 IP 地址的分配方法如表 5-1 所示。

表 5-1 IPv4 地址的分配

类　别	IP 地址的分配	IP 地址的范围
A	0+网络地址（7 bit）+主机地址（24 bit）	1.0.0.0～127.255.255.255
B	10+网络地址（14 bit）+主机地址（16 bit）	128.0.0.0～191.255.255.255
C	110+网络地址（21 bit）+主机地址（8 bit）	192.0.0.0～223.255.255.255
D	1110+广播地址（28 bit）	224.0.0.0～239.255.255.255
E	11110+保留地址（27 bit）	240.0.0.0～254.255.255.255

对于任意一个 IP 地址，根据最高 3 位，就可以确定 IP 地址的类型。A、B 和 C 这 3 类地址是常用地址，D 类为多点广播地址，E 类保留。IP 地址的编码规定：全 0 地址表示本地网络或本地主机，全 1 地址表示广播地址。因此，一般网络中分配给主机的地址不能为全 0 地址或全 1 地址。

（1）A 类 IP 地址

只有大型网络才需要使用 A 类 IP 地址，也只有大型网络才被允许使用 A 类 IP 地址。对 A 类 IP 地址而言，网络号虽然占用了 8 位，但是由于第一位必须为 0，因此，只可以使用 1 ~ 126 这 126 个数值，也就是只能提供 126 个 A 类型的网络。但是它的主机号占用其余的 24 位，可以提供 $2^{24}-2$ 共计 16 777 214 个主机号。由于 A 类型的 IP 地址支持的网络数很少，所以现在已经无法申请到这一类网络号。

（2）B 类 IP 地址

中型网络可以使用 B 类 IP 地址。B 类 IP 地址的网络号占用了两位十进制数字，但是第一位只可以使用其中的 128 ~ 191 这 64 个数值，因此，它一共可以提供 16 382 个 B 类型的网络，而每一个网络可以支持 $2^{16}-2=65\ 534$ 个主机号。

（3）C 类 IP 地址

一般的小型网络使用的是 C 类 IP 地址。C 类 IP 地址网络号的第一位为 192 ~ 223，因此，可以支持 2 097 152 个网络号，但是每一个网络最大只能支持 $2^{8}-2=254$ 个主机号。一个 C 类 IP 地址如果是 202.200.84.157，则其网络号是 202.200.84，主机号是 157。

5.2.3 IPv6

IPv6 是新一版本的互联网协议，它的提出最初是因为随着互联网的迅速发展，IPv4 定义的有限地址空间将被耗尽，地址空间的不足必将影响互联网的进一步发展。

为了扩大地址空间，拟通过 IPv6 重新定义地址空间。IPv4 采用 32 位地址长度，只有大约 43 亿个地址，而 IPv6 地址长度由 IPv4 的 32 位扩大到 128 位，2^{128} 形成了一个巨大的地址空间。按保守方法估算 IPv6 实际可分配的地址，整个地球每平方米面积上可分配 1000 多个地址。

在 IPv6 的设计过程中除了一劳永逸地解决地址短缺问题以外，还考虑了解决 IPv4 中的其他问题。IPv6 的主要优势体现在：扩大地址空间、提高网络的整体吞吐量、改善服务质量、安全性有更好的保证、支持即插即用和移动性、更好地实现多播功能等几个方面。

将 IPv6 地址表示为文本字符串的常规形式为：冒号十六进制形式 n:n:n:n:n:n:n:n。每个 n 都表示 8 个 16 位地址元素之一的十六进制值。例如：

3FFE:FFFF:7654:FEDA:1245:BA98:3210:4562

5.2.4 域名地址

为方便记忆、维护和管理，网络上的每台计算机都有一个直观的唯一标识名称，称为域名。其基本结构为：主机名.单位名.类型名.国家或地区代码，例如，IP 地址为 202.117.24.24 的 Internet 域名是 lib.xatu.edu.cn，其中 lib 表示图书馆服务器（主机名），xatu 表示西安工业大学（单位名），edu 表示教育机构（类型名），cn 表示中国（国家或地区代码）。在浏览器的地址栏中，也可以直接输入IP地址来打开网页。

国家或地区代码属于顶级域名，由ISO3166规定，常见国家或地区顶级域名如表5-2所示。常见的域名类型如表5-3所示。

表5-2 常见国家或地区顶级域名表

域　名	国家或地区	域　名	国家或地区	域　名	国家或地区
cn	中国	de	德国	nz	新西兰
kr	韩国	fr	法国	sg	新加坡
us	美国	ca	加拿大	it	意大利
au	澳大利亚	in	印度	jp	日本

表5-3 域名类型表

域　名	类　型	域　名	类　型	域　名	类　型
com	商业	org	非营利组织	net	网络机构
edu	教育	info	信息服务	mil	军事机构
gov	政府	int	国际机构	fir	公司企业

人们习惯记忆域名，但机器间只识别IP地址，所以必须进行域名转换，域名与IP地址之间是一一对应的，它们之间的转换工作称为域名解析，域名解析需要由专门的域名解析服务器来完成，整个过程自动进行。例如，上网时输入的www.sohu.com将由域名解析系统自动转换成搜狐网站的Web服务器IP地址61.135.133.103。

大型的网络运营商一般都提供域名解析服务。域名解析实质上就是域名和IP地址的翻译，用户在进行网络设置时可以随意选择域名解析服务器。

5.3 计算机网络组成

计算机网络的组成可分为硬件与软件两大部分，硬件部分包括网络接口卡、传输介质、接头、网络中的设备、不间断电源系统（UPS）、光盘驱动器，打印机、扫描仪等；软件部分则包括网络操作系统（如Windows Server 2012等）、网络管理系统和应用软件系统。

5.3.1 网络适配器

网络适配器（Network Interface Card，NIC）也就是俗称的网卡，是构成计算机局域网络系统中最基本的、最重要的和必不可少的连接设备，计算机主要通过网卡接入局域网络。网卡的工作是双重的，除了起到物理接口作用外，还有控制数据传送的功能。网卡一方面负责接收网络上传过来的数据包，解包后，将数据通过主板上的总线传输给本地计算机；另一方面它将本地计算机上的数据打包后送入网络。网卡一般插在每台工作站和文件服务器主板的扩展槽里。另外，由于计算机内部的数据是并行数据，而一般在网上传输的是串行比特流信息，故网卡还有串/并转换功能。为防止数据在传输中出现丢失的情况，在网卡上还需配有数据缓冲器，以实现不同设备间的缓冲。在网卡的 ROM 上固化有通信控制软件，用来实现上述功能。

1. 网卡的硬件地址

在每一块网卡出厂时，厂家都会按照一定的标准给它分配一个号码，这个号码是通过硬件的方法写入到网卡中的，一般来说无法改动，而且该号码是全球唯一的（就如同人类的指纹一样），它是网卡最根本的标志。这个号码就称为网卡的硬件地址，又称 MAC（Media Access Control）地址。

关于网卡的 MAC 地址有特殊的规定，所有网卡的 MAC 地址都由 6 个字节（48 位）组成，前 3 个字节是厂商的编号，后 3 个字节是网卡的编号。可见 MAC 地址是不可能重复的，因为所有的厂商编号都是经过特定的组织注册后才能够取得的，因此厂商的编号是不可能相同的。而每一个厂商可以设定的网卡编号由 3 位十六进制数组成，可供生产 1600 多万块网卡，这样的产量一般也是不可能达到的，因此同样不可能重复。网卡的 MAC 地址就像电话号码，每一个城市都拥有自己的区号，城市内的电话号码是不会重复的，因此加上区号的电话号码在全国范围内是不可能重复的。

2. 网卡的安装与 IP 地址的设置

把网卡安装到计算机上的操作步骤如下：

① 关闭计算机，切断电源（拔下计算机与交流电源相连的插头）。

② 打开主机的机箱。

③ 在主板上找到一个适合所购买网卡的总线插槽。

④ 用螺丝刀把该插槽后的挡板去掉。

注 意

螺丝刀在使用前最好在其他金属上擦几下，以防止静电对计算机中的电子芯片造成不必要的损坏。

⑤ 将网卡插入该总线插槽。

要将网卡的引脚全部压入插槽中，否则会造成计算机因自检不通过而死机。

⑥ 用螺钉将网卡固定好。

⑦ 把机箱重新盖好，插上与网络相连的电缆，接上交流电源。

网卡安装结束后，还要进行相应的驱动程序的安装，安装成功后，在桌面上会出现"网上邻居"的图标。

注 意

在 Windows 7、Windows XP 等操作系统下，一般能够自动识别和安装网卡的驱动程序，无须用户安装。

⑧ 右击"网上邻居"图标，在弹出的快捷菜单中选择"属性"命令，弹出"网络连接"窗口，或单击"控制面板"窗口中的"网络和共享中心"链接，进入"网络连接"窗口，如图 5-3 所示。

⑨ 在"本地连接"图标上右击，在弹出的快捷菜单中选择"属性"命令，弹出"本地连接 属性"对话框，如图 5-4 所示。

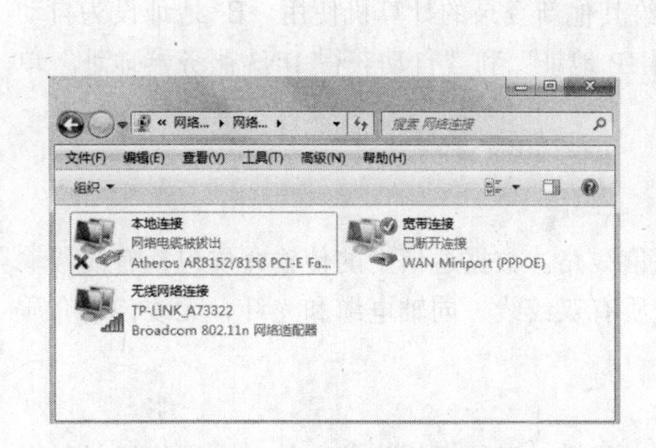

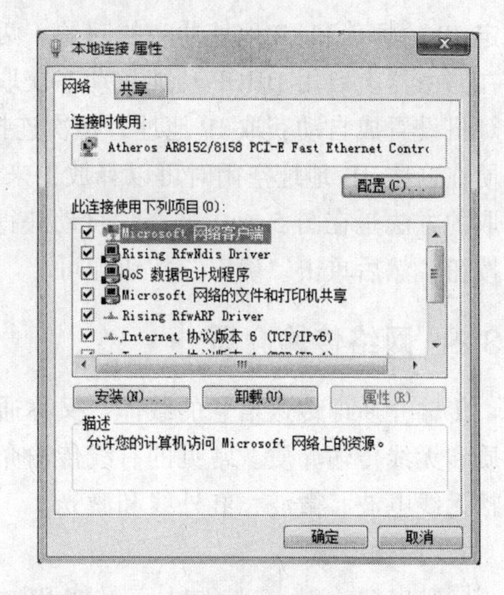

图 5-3 “网络连接”窗口　　　　图 5-4 “本地连接 属性”对话框

⑩ 选择“Internet 协议版本 4（TCP/IPv4）”复选框，如图 5-5 所示，单击“属性”按钮，弹出“Internet 协议版本 4（TCP/IPv4）属性”对话框。

⑪ 选择“使用下面的 IP 地址”单选按钮，分别填写“IP 地址”“子网掩码”和“默认网关”。选择“使用下面的 DNS 服务器地址”单选按钮，分别填写“首选 DNS 服务器”和“备用 DNS 服务器”，如图 5-6 所示。

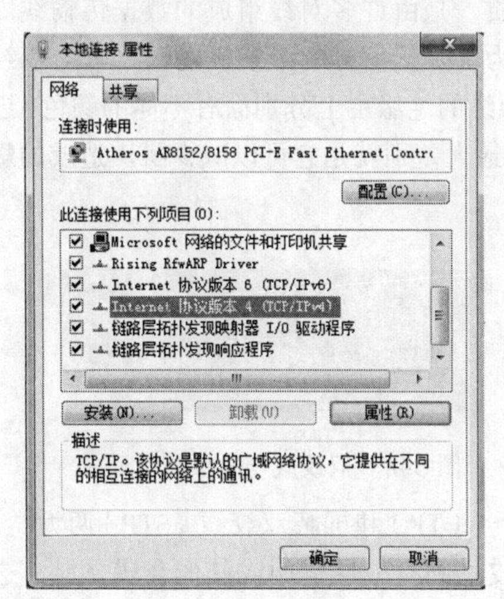

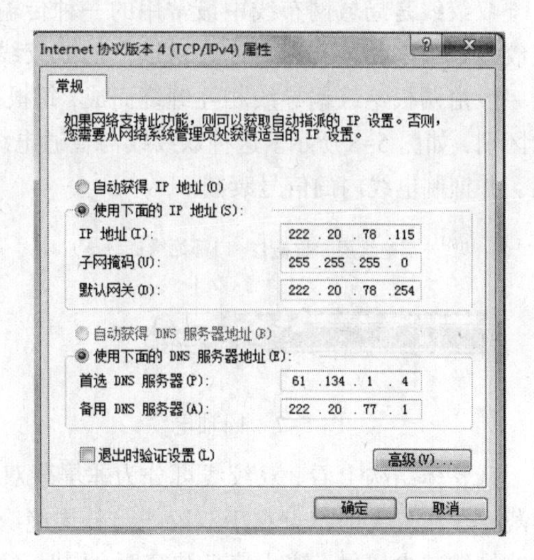

图 5-5 选择“Internet 协议版本 4”选项　　　　图 5-6 IP 地址配置

⑫ 单击“开始”按钮，在“开始”菜单中选择“运行”命令，弹出“运行”对话框，在“运行”文本框中输入“ping 所设置的 IP 地址”，如 ping 222.20.78.115。如果能够通过，说明网卡安装没有问题。

⑬ 单击“开始”按钮，在“开始”菜单中选择“运行”命令，弹出“运行”对话框，在“运行”文本框中输入“ping 所设置的网关地址”，如 ping 222.20.78.254。如果能够通过，说明从本机到网关之间的线路没有问题，一般情况下即可上网。

当所在的局域网机器比较多，都与一个路由器相连接时，为了省去每台机器都设置固定 IP 的烦琐和 IP 地址冲突的问题（两台机器设置了同一网段的同一个 IP 地址），可以在路由器上启用 DHCP 功能（动态获取 IP 地址），这样局域网内其他每台计算机都把计算机设置成自动获取 IP 地址；每次连接都会自动从 DNS 服务器下获取新的 IP 地址，以便在这些 IP 地址空闲时可以释放出来给其他新登录的计算机使用。IP 地址设为自动获取的方法是在图 5-6 中选择“自动获得 IP 地址”和“自动获得 DNS 服务器地址”单选按钮，然后单击“确定”按钮即可。

5.3.2 网络传输介质

传输介质即传送信息的载体，又称通信线路。数据通信中的传输介质包括有线传输介质和无线传输介质。常见的有线传输介质有双绞线、同轴电缆和光纤，无线传输介质包括无线电波、微波、红外线和激光。

1. 同轴电缆

同轴电缆（Coaxial Cable）又称 RG-58 线缆，以硬铜线为芯，外包一层绝缘材料。这层绝缘材料外用密织的网状屏蔽导体环绕，网外又覆盖一层保护性材料，如图 5-7 所示。同轴电缆的网状屏蔽层可防止中心导体向外辐射电磁场，也可用来防止外界电磁场干扰中心导体的信号，它比双绞线有更高的传输速度和更长的使用距离。

目前，由于受到双绞线的冲击，同轴电缆基本上退出了计算机网络。

2. 双绞线

双绞线是局域网布线中最常用的一种传输介质，是由许多对线组成的数据传输线。双绞线电缆中封装有一对或一对以上的双绞线，为了降低信号的干扰程度，每一对双绞线一般由两根绝缘铜导线相互缠绕而成，每根铜导线的绝缘层上分别涂有不同的颜色，以示区别，如图 5-8 所示。这种双绞线与普通电线的最大差别就是它可以减少噪声造成的影响，并抑制电线内的信号衰减。

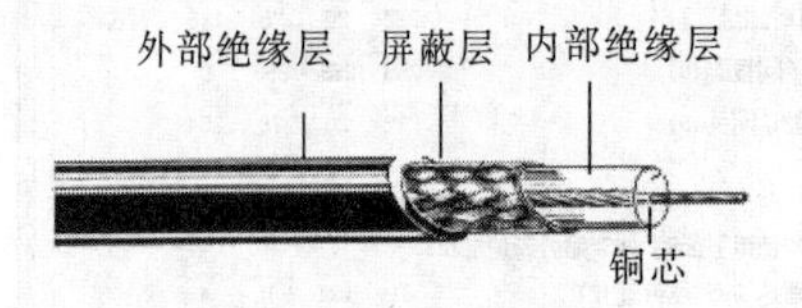

图 5-7 同轴电缆

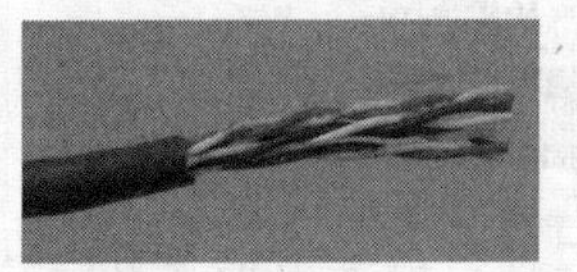
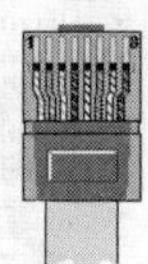

图 5-8 双绞线与 RJ-45 水晶头

从整体结构上看，双绞线可分为非屏蔽双绞线（UTP）和屏蔽双绞线（STP）两大类。屏蔽双绞线最大的特点在于双绞线与外层绝缘胶皮之间有一层铜网或其他金属材料，这种结构能减少辐射，防止信息被窃听，同时还具有较高的数据传输率（5 类 STP 在 100 m 内可达到 155 Mbit/s，而 UTP 只能达到 100 Mbit/s）。但屏蔽双绞线电缆的价格相对较贵，安装时要比非屏蔽双绞线困难，必须使用特殊的连接器，技术要求也比非屏蔽双绞线电缆高。与屏蔽双绞线相比，非屏蔽双绞线电缆外面只有一层绝缘胶皮，内部是 4 对双绞线的铜线，没有金属层，因而重量轻、易弯曲、易安装、组网灵活，非常适用于结构化布线。但是抗干扰的能力差。所以，在无特殊要求的计算机网络布线中，常使用非屏蔽双绞线电缆。

3. 光纤

光纤即光导纤维，是一种细小、柔韧并能传输光信号的介质，一根光缆中包含有多条光纤。20 世纪 80 年代初期，光缆开始应用于网络布线。与铜缆（双绞线和同轴电缆）相比较，光缆适应了目前利用网络长距离传输大容量信息的要求，在计算机网络中发挥着十分重要的作用，成为传输介质中的佼佼者。

光纤的构造与同轴电缆相似，只是没有网状屏蔽层，如图 5-9 所示，是由许多根细如发丝的玻璃纤维外加绝缘套组成的。

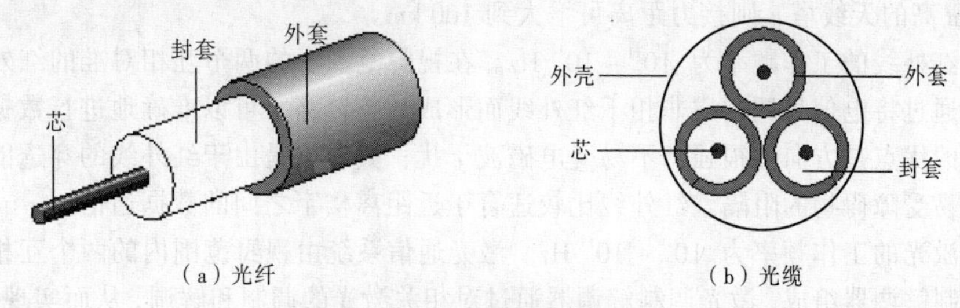

图 5-9　光纤和光缆的结构

光纤通信的主要组成部件有光发送机、光接收机和光纤，在进行长距离信息传输时还需要中继机。通信中，由光发送机产生光束，将表示数字代码的电信号转变成光信号；并将光信号导入光纤，光信号在光纤中传播，在另一端由光接收机负责接收光纤上传出的光信号，并进一步将其还原成为发送前的电信号。为了防止长距离传输而引起的光能衰减，在大容量、远距离的光纤通信中每隔一定的距离需设置一个中继器。在实际应用中，光缆的两端都应安装有光纤收发器，光纤收发器集合了光发送机和光接收机的功能，既负责光的发送，又负责光的接收。

与铜质电缆相比较，光纤通信明显具有其他传输介质所无法比拟的优点：

① 传输信号的频带宽，通信容量大。

② 信号衰减小，传输距离长。

③ 抗干扰能力强，保密性好，无串音干扰。

④ 抗化学腐蚀能力强，适用于一些特殊环境下的布线。

⑤ 原材料资源丰富。

正是由于光纤的数据传输率高（目前已达到 1 Gbit/s），传输距离远（无中继传输距离达几十至上百千米）的特点，所以在计算机网络布线中得到广泛的应用。目前光缆主要用于交换机之间、集线器之间的连接，但随着吉位局域网络应用的不断普及和光纤产品及其设备价格的不断下降，光纤连接到桌面也将成为网络发展的一个趋势。

当然，光纤也存在着一些缺点：如质地脆、机械强度低、切断和连接技术要求较高、价格相对较贵等，这些缺点也限制了目前光纤的普及应用。

4．无线传输介质

在一些电缆、光纤难于通过施工困难的场合，如高山、湖泊或岛屿等，即使在城市中挖开马路铺设电缆有时也很不划算，特别是在通信距离很远，对通信安全性要求不高的情况下，铺设电缆或光纤既昂贵又费时，若利用无线电波等无线传输介质在自由空间中传播，就会有较大的机动灵活性，可以轻松实现多种通信，抗自然灾害能力和可靠性也较高。

无线电数字微波通信系统在长途大容量的数据通信中占有极其重要的地位，其频率范围为 300 MHz ~ 300 GHz。微波通信主要有两种方式：地面微波接力通信和卫星通信。微波在空间里主要是直线传播，并且能穿透电离层进入宇宙空间，它不像短波那样可以经电离层反射传播到地面上其他很远的地方，由于地球表面是个曲面，因此其传播距离受到限制且与天线的高度有关，一般只有 50 km 左右，长途通信时必须建立多个中继站，中继站把前一站发来的信号经过放大后再发往下一站，类似于“接力”，如果中继站采用 100 m 高的天线塔，则接力距离可增大到 100 km。

红外线的工作频率为 $10^{11} \sim 10^{14}$ Hz。在视野范围内的两个互相对准的红外线收发器之间通过将电信号调制成非相干红外线而形成通信链路，可以准确地进行数据通信。红外线的优点是方向性很强，不易受电磁波干扰；其缺点是由于红外线的穿透能力较差，因此易受障碍物的阻隔。红外线比较适合于近距离楼宇之间的数据通信。

激光的工作频率为 $10^{14} \sim 10^{15}$ Hz。激光通信系统由视野范围内的两个互相对准的激光调制解调器组成，激光调制解调器通过对相关激光的调制和解调，从而实现激光通信。激光的优点是方向性很强，不易受电磁波干扰；其缺点是外界气候条件对激光通信的影响较大，如在空气污染、雨雾天气以及能见度较差的情况下可能导致通信的中断。

5.3.3 网络操作系统

网络操作系统（Network Operation System，NOS）是指能使网络上多台计算机方便而有效地共享网络资源，为用户提供所需各种服务的操作系统软件。NOS 管理计算机网络资源的系统软件，是网络用户与计算机网络之间的接口。网络操作系统除了具备单机操作系统所需的功能外，还应提供高效可靠的网络通信能力和提供多项网络服务功能，如远程管理、文件传输、电子邮件、远程打印等。

目前最为流行的网络操作系统为 Windows NT/Server、UNIX、Linux 等。

网络操作系统的主要功能：

① 资源管理：对网络中的共享资源进行集中管理，如硬盘、打印机和文件等。

② 通信服务：操作系统在源端主机和目的端主机之间建立一条暂时性的通信链路，在数据传递期间进行必要的控制，如数据检验纠错和数据流量控制等。

③ 信息服务：E-mail 服务、文件传输、Web 信息发布及数据库共享等。

④ 网络管理：存取权限控制、网络性能分析和监控、存储管理等。

⑤ 互操作能力：不同物理网络和装有不同操作系统的主机之间能够以透明的方式访问对方的系统。

5.4 Internet 服务

Internet 为网络用户提供了许多应用服务，用户利用这些服务可以共享网络资源。本节主要介绍两种基本的服务：WWW 服务和 E-mail 服务。

5.4.1 WWW 服务和 IE 浏览器简介

WWW（World Wide Web）又称 Web 或万维网，是 Internet 上集文本、声音、动画、视频等多种媒体信息于一体的信息服务系统，整个系统由 Web 服务器、浏览器（browser）

及通信协议3部分组成。WWW采用的通信协议是超文本传输协议（Hyper Text Transfer Protocol，HTTP），它可以传输任意类型的数据对象，是Internet发布多媒体信息的主要协议。

WWW中的信息资源主要由一个个的网页为基本元素构成，所有网页采用超文本置标语言（HyperText Markup Language，HTML）来编写，HTML对Web页的内容、格式及Web页中的超链接进行描述。Web页间采用超文本的格式互相链接，单击这些链接即可从这一网页跳转到另一网页上，这也就是所谓的超链接。

Internet中的网站成千上万，为了准确查找，人们采用了统一资源定位器（Uniform Resource Locator，URL）在全球范围内唯一标识某个网络资源。其描述格式为：

协议://主机名称.路径名.文件名:端口号

例如，http://www.xatu.edu.cn，客户程序首先看到http，处理的是HTML链接，后面是www.xatu.edu.cn站点地址（对应特定的IP地址），文件名使用站点默认的首页文件，端口号是HTTP默认使用的TCP端口80，可省略不写。

Internet Explorer（简称IE）是微软公司推出的一款网页浏览器。利用它，网络用户可以搜索、查看和下载Internet上的各种信息。除了IE，还有火狐、傲游和360安全浏览器等。

可以用以下3种方法启动IE浏览器：

① 双击桌面上的Internet Explorer快捷方式图标。

② 单击“开始”按钮，在“开始”菜单中选择Internet Explorer命令。

③ 单击任务栏中的IE图标。

启动后的IE界面如图5-10所示。

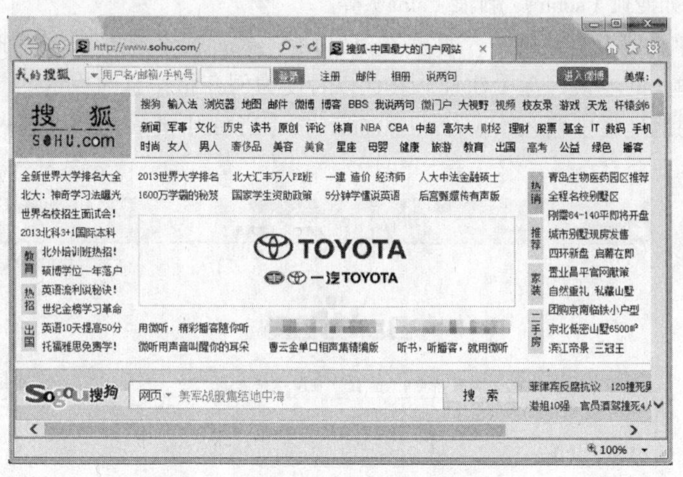

图5-10　IE界面

5.4.2　信息的浏览、搜索和获取

1. 网页浏览

在IE地址栏中输入网址即可浏览指定网页，如浏览网易网站，应在地址栏输入www.163.com，按【Enter】键后即可显示网易网站的主页，如图5-11所示，然后使用主页的超链接功能浏览网站中的其他资源。

图 5-11　网易网站的主页

如果需要将网页的内容保存下来，可以选择“文件”→“另存为”命令；如果需要打印该网页，可以选择“文件”→“打印”命令。

2. 使用搜索引擎搜索互联网信息

搜索引擎是一种专门用来查找互联网网址和相关信息的网站，它给上网者带来了很大的方便。搜索引擎将互联网上的网页检索信息保存在专用的数据库中，并不断更新。通过搜索引擎提供的访问主页，输入和提交有关查找信息的关键字后，在数据库中进行检索并返回查询结果，结果网页可能包含要查找的内容。

专用搜索引擎网站较多，如百度（www.baidu.com）等，另有一些门户网站也提供了信息检索的功能，如搜狐（sohu）、新浪（sina）等。

国内的专业搜索引擎网站“百度”，它功能强大，搜索速度快，特别是内容的组织形式符合中国人的习惯，深受欢迎。在此以百度为例介绍信息的检索。

在 IE 的地址栏中输入 www.baidu.com，按【Enter】键后，即可进入百度首页，如图 5-12 所示。

图 5-12　百度首页

百度的搜索界面非常简单，第一行是搜索类别，分新闻、网页、贴吧、知道、音乐、图片，可以根据需要进行选择。第二行是关键字输入框和搜索选择按钮，可输入要搜索信息的关键字，为了缩小搜索范围，可适当增加关键字的数量，输入时关键词用空格分开，如“软件 杀毒软件”，内容描述的越准确，搜索命中率就越高。

在关键字输入框中输入“软件”，页面中显示的相关网页近亿篇，数量庞大。当输入“软件 杀毒软件”时，搜索结果立刻减少。因此，在可能的情况下，可以增加关键字的数量来缩小搜索范围，提高搜索的命中率，关键字之间要用空格、逗号或分号分开。

除简单的关键字搜索外，还可通过百度的“高级搜索”功能，对搜索的目标信息做条件限制，使搜索结果更准确。打开“高级搜索”窗口，如图 5-13 所示，可以参照输入框选择使用。

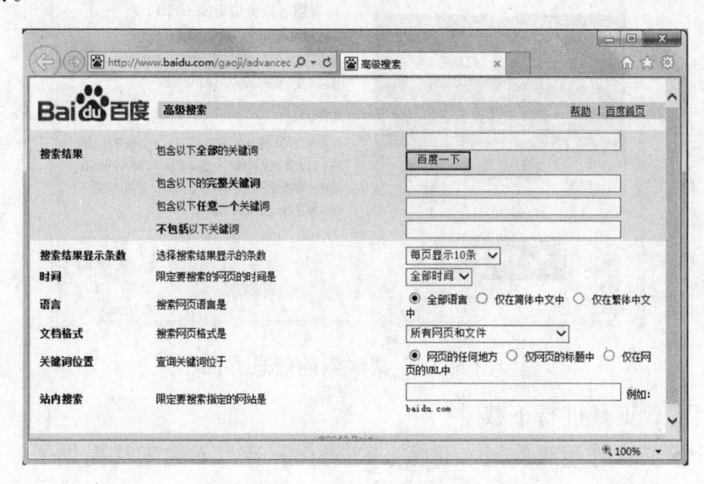

图 5-13　百度的高级搜索网页

3. 信息的下载

（1）利用 IE 提供的功能进行下载

IE 本身提供了信息下载的功能，下面以下载金山毒霸 2007 杀毒软件为例。

① 在关键字输入框中输入“金山毒霸下载”，按【Enter】键，可得到如图 5-14 所示的相关的超链接信息。

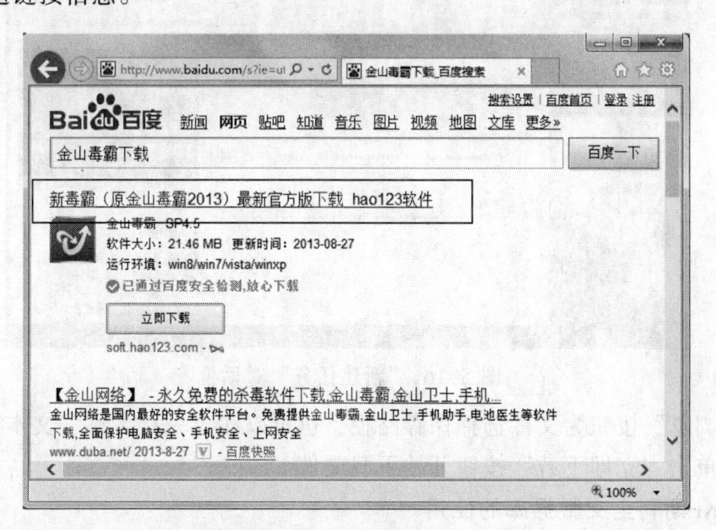

图 5-14 相关的超链接信息

② 单击图 5-14 中框住的超链接，可以看到如图 5-15 所示的金山毒霸杀毒软件的有关信息界面。

③ 右击图 5-15 中的“立即下载”按钮，在弹出的快捷菜单中选择“目标另存为”命令，弹出“另存为”对话框，提示用户选择保存文件的路径，以及为文件重命名的操作，选择好路径并命名后，单击“确定”按钮即可开始文件的下载。

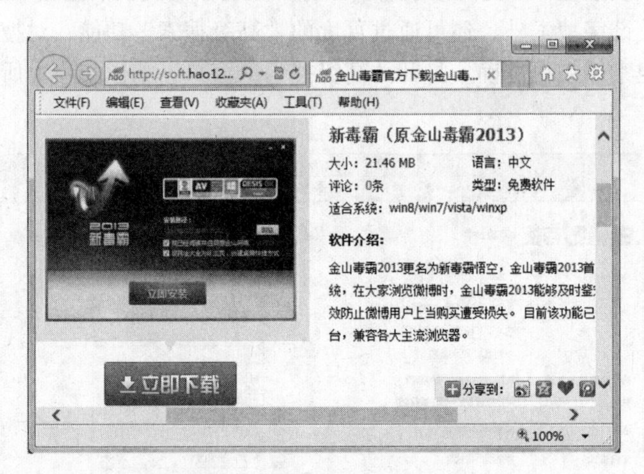

图 5-15　搜索到的信息界面

（2）利用下载工具进行下载

常用的下载工具有超级旋风、迅雷、FlashGet 等，下载工具提供了一个方便快捷而且高速的下载通道。

下面以迅雷为例（假设已经安装了迅雷 7）来介绍使用下载工具进行信息的下载过程。右击如图 5-15 所示的“立即下载”按钮，在弹出的快捷菜单中选择“使用迅雷下载”命令，弹出如图 5-16 所示的“新建任务”对话框。

图 5-16　“新建任务”对话框

单击“浏览”按钮为文件选择保存路径，也可以在“另存名称”文本框中为文件重命名，最后单击“立即下载”按钮开始下载文件。

4. CNKI 期刊全文数据库的使用

输入 http://www.cnki.net/并按【Enter】键，进入中国期刊网 CNKI 数字图书馆主页，利用期刊网进行信息检索，需要有效的账号和密码，很多高校均有公共的账号和密码。输入账号和密码，选中“中国期刊全文数据库”选项，单击“登录”按钮，进入图 5-17 所示的中国期刊全文数据库检索界面。

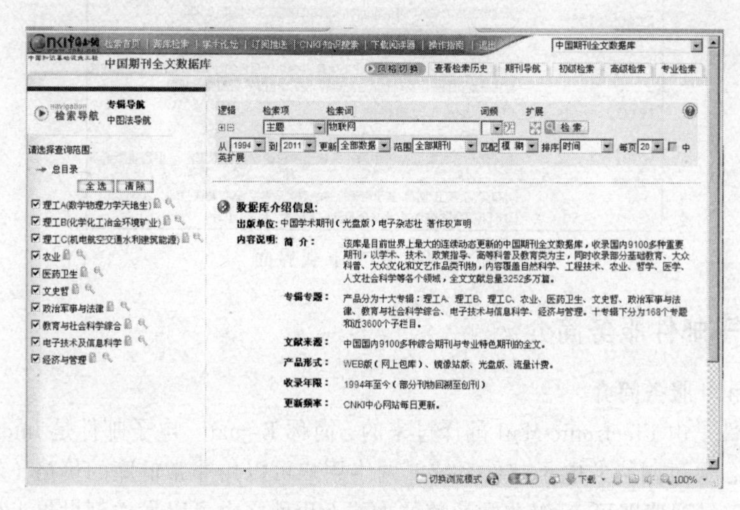

图 5-17　中国期刊全文数据库检索界面

根据所要查询的内容选择合适的导航分类及选项，可以更快、更精确地查找信息。选择完导航选项后，开始输入基本的检索条件信息，单击“检索”按钮后弹出如图 5-18 所示的界面。

共有记录3923条　首页 上页 下页 末页 1 /197 转页　全选 清除 存盘

序号	篇名	作者	刊名	年/期
1	分组通信网的同步与定时技术2	王文鼎	中兴通讯技术	2011/02
2	电信运营商的云计算与物联网发展策略	唐雄燕	中兴通讯技术	2011/02
3	北京快速公交智能化设计	张春焱	科技资讯	2011/04
4	信息类高职院校物联网专业建设刍议	杨柳	科技创新导报	2011/07
5	对浙江物联网产业发展的思考	陶冶	中外企业家	2011/03
6	物联网在现代农业中的应用	闫敏杰	中国农学通报	2011/08
7	物联网背景下集成化粮食供应链管理构建的研究	孙宏岭	中国粮油学报	2011/03

图 5-18　检索界面

选择需要的文章，如图 5-19 所示，单击“下载阅读 CAJ 格式全文”或“下载阅读 PDF 格式全文”超链接，如图 5-20 所示，即可浏览全文。

序号	篇名	作者
37	宁波规划2015年有线电视双向数字化率达到100%	
38	物联网综述(3)	吴德本
39	有线电视网络数据传输设备的重大贡献——MAU综合接入单元	付敏

图 5-19　选中所需文章界面

图 5-20　正文下载界面

5.4.3　电子邮件服务简介

1. E-mail 服务简介

电子邮件是由 Electronic Mail 翻译过来的，简称 E-mail。电子邮件是 Internet 中应用最广的服务，通过网络的电子邮件系统，网络用户可以用非常低廉的价格（无论发送到何处，只需支付网费即可），以非常快速的方式（几秒之内可以发送到世界上任何指定的目的地），与世界上任何一个角落的网络用户联络，邮件内容可以是文字、图像、声音等。正是由于电子邮件的使用简易、投递迅速、收费低廉，易于保存、全球畅通无阻等特点，使得电子邮件被广泛地应用，并改变了人们的交流方式。

2. 电子邮件系统中的协议

在电子邮件系统中收发邮件涉及 SMTP 和 POP3 两种协议。

SMTP（Simple Mail Transfer Protocol）即简单邮件传输协议，是一组用于由源地址到目的地址传送邮件的规则，由它来控制信件的中转方式。SMTP 属于 TCP/IP 簇，它帮助每台计算机在发送或中转信件时找到下一个目的地。通过 SMTP 所指定的服务器，网络用户就可以把 E-mail 寄到收信人的服务器上，整个过程只要几秒。SMTP 服务器是遵循 SMTP 的发送邮件服务器，用来发送电子邮件。

POP3（Post Office Protocol 3），邮局协议的第 3 个版本，是规定怎样将个人计算机连接到 Internet 的邮件服务器和下载电子邮件的协议，是 Internet 电子邮件的第一个离线协议标准，POP3 允许用户从服务器上把邮件存储到本地主机（即自己的计算机）上，同时删除保存在邮件服务器上的邮件。POP3 服务器则是遵循 POP3 的接收邮件服务器，用来接收电子邮件。

3. 电子邮件的地址

电子邮件地址的典型格式为：用户名@计算机名.组织机构名.网络名.最高层域名。@表示 at（中文“在”的意思），@之前是邮箱的用户名，@后是提供电子邮件服务的服务商名称。例如，user@ sohu.com，表示用户 user 在搜狐网站的免费邮箱。

5.5　物联网技术介绍

物联网（the Internet Of Things）是指通过各种信息传感设备，如传感器、射频识别

（RFID）技术、全球定位系统、红外感应器、激光扫描器、气体感应器等各种装置与技术，实时采集任何需要监控、连接、互动的物体或过程，按约定的协议，把任何物品与互联网相连接，进行信息交换和通信，以实现智能化识别、定位、跟踪、监控和管理的一种网络，如图 5-21 所示。

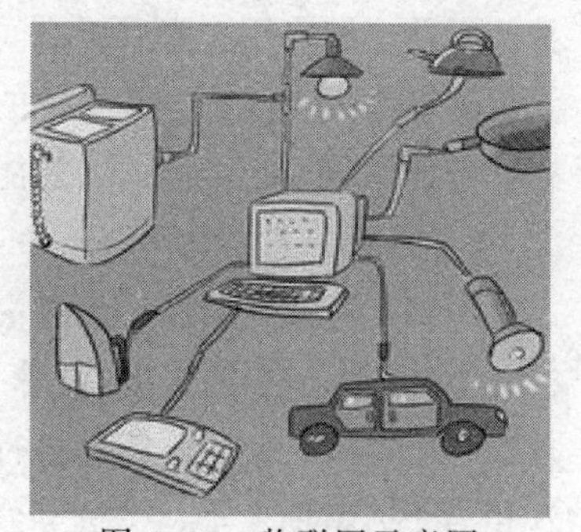

图 5-21　物联网示意图

一般来讲，物联网的开展步骤如下：

① 对物体属性进行标识，属性包括静态和动态的属性，静态属性可以直接存储在标签中，动态属性需要先由传感器实时探测。

② 需要识别设备完成对物体属性的读取，并将信息转换为适合网络传输的数据格式。

③ 将物体的信息通过网络传输到信息处理中心（处理中心可能是分布式的，如家里的计算机或者手机，也可能是集中式的，如中国移动的 IDC），由处理中心完成物体通信的相关计算。

物联网的技术体系结构可分为感知层、网络层、应用层 3 个层次，如图 5-22 所示。

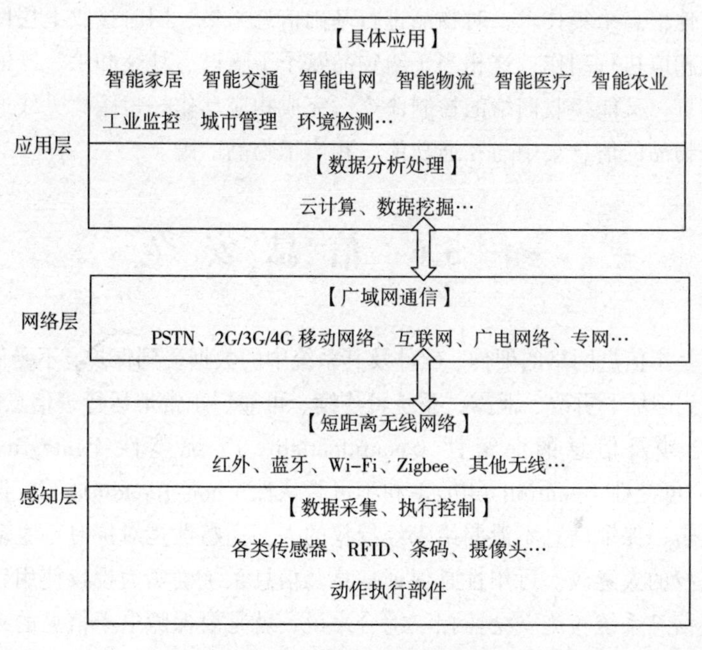

图 5-22　物联网体系结构

（1）应用层

应用层完成物品信息的汇总、协同、共享、互通、分析、决策等功能，相当于物联网的控制层、决策层。物联网的根本还是为人服务，应用层完成物品与人的最终交互，前面两层将物品的信息大范围地收集起来，汇总在应用层进行统一分析、决策，用于支撑跨行业、跨应用、跨系统之间的信息协同、共享、互通，提高信息的综合利用度，最大程度地为人类服务。其具体的应用服务又回归到前面提到的各个行业应用，如智能交通、智能医疗、智能家居、智能物流、智能电力等。

（2）网络层

网络层完成大范围的信息沟通，主要借助于已有的广域网通信系统（如 PSTN 网络、2G/3G/4G 移动网络、互联网等），把感知层感知到的信息快速、可靠、安全地传送到地球的各个地方，使物品能够进行远距离、大范围的通信，以实现在地球范围内的通信。这相当于人借助火车、飞机等公众交通系统在地球范围内的交流。当然，现有的公众网络是针对人的应用而设计的，当物联网大规模发展之后，能否完全满足物联网数据通信的要求还有待验证。即便如此，在物联网的初期，借助已有公众网络进行广域网通信也是必然的选择，如同 20 世纪 90 年代中期在 ADSL 与小区宽带发展起来之前，用电话线进行拨号上网一样，它也发挥了巨大的作用，完成了其应有的阶段性历史任务。

（3）感知层

感知层是让物品说话的先决条件，主要用于采集物理世界中发生的物理事件和数据，包括各类物理量、身份标识、位置信息、音频、视频数据等。物联网的数据采集涉及传感器、射频识别、多媒体信息采集、二维码和实时定位等技术。感知层又分数据采集与执行、短距离无线通信两个部分。数据采集与执行主要是运用智能传感器技术、身份识别以及其他信息采集技术，对物品进行基础信息采集，同时接收上层网络送来的控制信息，完成相应执行动作。这相当于给物品赋予了嘴巴、耳朵和手，既能向网络表达自己的各种信息，又能接收网络的控制命令，完成相应动作。短距离无线通信能完成小范围内的多个物品的信息集中与互通功能，相当于物品的脚。

5.6 信息安全

信息安全是指信息网络的硬件、软件及其系统中的数据受到保护，不受偶然的或者恶意的攻击而遭到破坏、更改、泄露，系统可连续、可靠、正常地运行，信息服务不中断。

信息安全涉及信息的保密性（confidentiality）、完整性（integrity）、可用性（availability）、可控性（controllability）和不可否认性（non-repudiation）。保密性是对抗对手的被动攻击，保证信息不泄漏给未经授权的人。完整性是对抗对手主动攻击，防止信息被未经授权的人篡改。可用性是保证信息及信息系统确实为授权使用者所用。可控性是对信息及信息系统实施安全监控。综合来说，就是要保障电子信息的有效性。

在网络系统中主要的信息安全威胁有以下几个方面：

① 窃取：非法用户通过数据窃听的手段获得敏感信息。

② 截取：非法用户首先获得信息，再将此信息发送给真实接收者。

③ 伪造：将伪造的信息发送给接收者。

④ 篡改：非法用户对合法用户之间的通信信息进行修改，再发送给接收者。

⑤ 拒绝服务攻击：攻击服务系统，造成系统瘫痪，阻止合法用户获得服务。

⑥ 行为否认：合法用户否认已经发生的行为。

⑦ 非授权访问：未经系统授权而使用网络或计算机资源。

⑧ 传播病毒：通过网络传播计算机病毒，其破坏性非常高，而且用户很难防范。

5.6.1 计算机病毒

计算机病毒是目前网络系统中破坏性非常大的一种信息安全威胁。

1. 计算机病毒的定义

计算机病毒有很多种定义，从广义上讲，凡是能引起计算机故障，破坏计算机中数据的程序统称为计算机病毒。现今国外流行的定义为：计算机病毒是一段附着在其他程序上的、可以实现自我繁殖的程序代码。在国内，《中华人民共和国计算机信息系统安全保护条例》中对病毒的定义是："计算机病毒，是指编制或者在计算机程序中插入的破坏计算机功能或者毁坏数据，影响计算机使用，并能自我复制的一组计算机指令或者程序代码。"此定义具有法律性和权威性。

2. 计算机病毒的特点

计算机病毒具有以下几个特点：

① 寄生性：计算机病毒寄生在其他程序之中，当执行这个程序时，病毒就起破坏作用，而在未启动这个程序之前，它是不易被人发觉的。

② 传染性：计算机病毒不但具有破坏性，更具有传染性，一旦病毒被复制或产生变种，其传染速度之快令人难以预防。

③ 潜伏性：计算机病毒一般都能潜伏在计算机系统中，当其触发条件满足时，就启动运行。如"黑色星期五"病毒，在条件具备时，瞬间激活，对系统进行破坏。

④ 隐蔽性：有些病毒无法通过病毒软件检查出来，不易被发现。

3. 计算机病毒的表现形式

计算机受到病毒感染后，会表现出不同的症状，主要的表现形式如下：

① 机器不能正常启动：加电后机器根本不能启动，或者可以启动，但所需要的时间比原来的启动时间变长。有时会突然出现黑屏现象。

② 运行速度降低：在运行某个程序时，读取数据的时间比原来长，存储文件或调用文件的时间都增加了。

③ 磁盘空间迅速变小：由于病毒程序要进驻内存，而且繁殖较快，因此使内存空间变小甚至变为 0，不能传输任何信息。

④ 文件内容和长度有所改变：一个文件保存到磁盘后，其长度和内容都不会改变，由于病毒的干扰，文件长度可能改变，文件内容也可能出现乱码。有时文件内容无法显示或显示后又消失了。

⑤ 经常出现"死机"现象：机器经常死机，或者是在无任何外界介入下，系统自动重启。

⑥ 外围设备工作异常：外围设备在工作时出现一些用理论或经验无法解释的异常

情况。

⑦ 磁盘坏簇莫名其妙地增多。

⑧ 磁盘出现特别标签。

⑨ 存储的数据或程序丢失。

⑩ 打印出现问题。

⑪ 生成不可见的表格文件或特定文件。

⑫ 出现一些无意义的画面、问候语等显示。

⑬ 磁盘的卷标名发生变化。

⑭ 系统不认识磁盘或硬盘不能引导系统等。

⑮ 在系统内装有汉字库且汉字库正常，但不能调用汉字库或打印汉字。

⑯ 异常要求用户输入密码。

以上列出的仅仅是一些比较常见的病毒表现形式，由于病毒在不断地变异，肯定会存在一些其他的特殊现象，这需要用户自己判断。

4. 计算机病毒的防范

病毒的繁衍方式和传播方式不断地变化，在目前的计算机系统环境下，特别是对计算机网络而言，要完全杜绝病毒的传染几乎是不可能的。因此，我们必须以预防为主。预防计算机病毒主要从管理制度和技术两个方面进行：

（1）从思想和制度方面进行预防

首先，应该加强立法、健全管理制度。法律是国家强制实施的、公民必须遵循的行为准则。对信息资源要有相应的立法，为此，国家专门出台了《中华人民共和国计算机信息系统安全保护条例》《中华人民共和国信息网络国际联网管理暂行规定》来约束用户的行为，保护守法的计算机用户的合法权益。除国家制定的法律、法规外，凡使用计算机的单位都应制定相应的管理制度，避免蓄意制造、传播病毒的恶性事件发生。

其次，加强教育和宣传、打击盗版。加强计算机安全教育，使计算机用户能学习和掌握一些必备的反病毒知识和防范措施，使网络资源得到正常合理的使用，防止信息系统及其软件的破坏，防止非法用户的入侵干扰，防止有害信息的传播。

（2）从技术措施方面进行预防

上述管理和制度能够在一定程度上预防计算机病毒的传播，但它是以牺牲数据共享的灵活性而获得的安全，同时给用户带来了一定的不便，因此还应采取有效的技术措施。应采用纵深防御的方法，采用多种阻塞渠道和多种安全机制对病毒进行隔离，这是保护计算机系统免遭病毒危害的有效方法。应采取内部控制和外部控制相结合的措施，设置相应的安全策略。常用的方法有系统安全、软件过滤、文件加密、生产过程控制、后备恢复和安装防病毒软件等措施。安装一套驻留式防毒产品，以便在进行磁盘及文件类操作时能有效、及时地控制和阻断可能发生的病毒入侵、感染行为，尤其是上网的计算机更应安装具有实时防病毒功能的防病毒软件或防病毒卡。

5.6.2 杀毒软件简介

杀毒软件又称反病毒软件或防毒软件，是用于消除计算机病毒、木马和恶意软件的一类软件。杀毒软件通常集成监控识别、病毒扫描、清除和自动升级等功能，有的杀毒软件还带有数据恢复等功能，是计算机防御系统（包含杀毒软件、防火墙、特洛伊木马和其他恶意软件的查杀程序、入侵预防系统等）的重要组成部分。

目前市场上流行的杀毒软件较多，应用各有特点，使用较多的有 360 杀毒、avast!、卡巴斯基、瑞星等。

1. 360 杀毒

360 杀毒是 360 安全中心出品的一款免费的云安全杀毒软件。360 杀毒具有以下优点：查杀率高、资源占用少、升级迅速等。同时，360 杀毒可以与其他杀毒软件共存，是一个理想的杀毒备选方案。360 杀毒是一款一次性通过 VB100 认证的国产杀毒软件。

360 杀毒无缝整合了来自罗马尼亚的国际知名杀毒软件 BitDefender 2008（比特梵德）病毒查杀引擎、小红伞引擎、360QVM 人工智能引擎、360 系统修复引擎，以及 360 安全中心潜心研发的云查杀引擎。智能引擎调度为用户提供完善的病毒防护体系，第一时间防御新出现的病毒、木马。360 杀毒完全免费，无须激活码，轻巧快速不卡机，适合中低端机器。360 杀毒采用全新的 SmartScan 智能扫描技术，使其扫描速度快，误杀率也远远低于其他杀毒软件，能为计算机提供全面保护。

2. avast!

来自捷克的 avast!已有数十年的历史，它在国外市场一直处于领先地位。avast!分为家庭版、专业版、家庭网络特别版和服务器版以及专为 Linux 和 Mac 设计的版本等众多版本。avast!的实时监控功能十分强大，免费版的 avast!antivirus home edition 拥有七大防护模块：网络防护、标准防护、网页防护、即时消息防护、互联网邮件防护、P2P 防护、网络防护。免费版的需要每年注册一次，且注册免费。收费版的 avast!antivirus professional 具有脚本拦截、PUSH 更新、命令行扫描器、增大用户界面等家庭版没有的功能。

3. 卡巴斯基

卡巴斯基是世界上最优秀、最顶级的网络杀毒软件之一，查杀病毒性能远高于同类产品。卡巴斯基总部设在俄罗斯首都莫斯科，Kaspersky Labs 是国际著名的信息安全领导厂商。公司为个人用户、企业网络提供反病毒、防黑客和反垃圾邮件产品。该公司的旗舰产品——著名的卡巴斯基反病毒软件（Kaspersky Anti-Virus，原名 AVP）被众多计算机专业媒体及反病毒专业评测机构誉为病毒防护的最佳产品之一。

4. 瑞星

瑞星杀毒软件品牌诞生于 1991 年刚刚在经济改革中蹒跚起步的中关村，是中国最早的计算机反病毒标志。瑞星公司历史上几经重组，已形成一支中国最大的反病毒队伍。瑞星以研究、开发、生产及销售计算机反病毒产品、网络安全产品和反“黑客”防治产品为主，拥有全部自主知识产权和多项专利技术。瑞星与全球著名商业公司、研发机构都有着紧密的合作。2007 年 9 月，瑞星成为国内首个安全行业微软金牌认证合作伙伴。2009 年，瑞星旗下产品全面支持最新的 Windows 7 操作系统，并率先成为微软官方推荐的、国内唯一一款 Windows 7 指定杀毒软件。经过 20 多年的成长发展，瑞星已经成为具有国际影响力的安全厂商。瑞星曾经累计拥有 8000 万以上的付费个人用户，在中国安全市场上拥有举足轻重的地位。

本章小结

计算机网络是指将在不同地理位置上分散的具有独立处理能力的多台计算机经过传输介质和通信设备相互连接起来，在网络操作系统和网络通信软件的控制下，按照统一的协议进行协同工作，达到资源共享目的的计算机系统。它经历了4个阶段的发展，现代计算机网络都采用层次化的体系结构，典型的计算机网络体系结构有ISO/OSI体系结构标准、TCP/IP体系结构标准和IEEE局域网体系结构标准。根据拓扑结构的不同，计算机网络可以分为星状、总线、环状、树状、网状和蜂窝状等结构。Internet是一个开放性的网络系统，其主要协议是TCP/IP协议。计算机网络的组成可分为硬件与软件两大部分。物联网是典型的新型网络。信息安全是指信息网络的硬件、软件及其系统中的数据受到保护，不受偶然的或者恶意的攻击而遭到破坏、更改、泄露，系统连续可靠正常地运行，信息服务不中断。

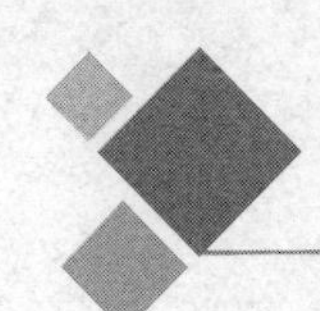

第6章　办公自动化技术

学习目标：

- 了解文字处理、表格处理、演示文稿制作的过程；
- 熟练掌握 Word、Excel、PowerPoint 软件的基本操作；
- 熟练掌握 Office 2010 相较以往版本改进的地方；
- 熟练掌握 Word 2010 文档高级排版的方法；
- 掌握与理解 Excel 2010 工作表数据统计的技术与技巧；
- 熟练掌握 PowerPoint 2010 演示文稿的编辑和操作技巧。

办公自动化是计算机应用的一个重要领域，Microsoft Office 是实现办公自动化的重要工具软件，包括 Word、Excel、PowerPoint 等几个重要工具，它们都是基于图形界面的应用程序，可有效地进行文字处理、电子表格处理、幻灯片制作与演示以及高级图形、图像编辑等操作。本章将以 Microsoft Office 2010 版本为基础，讲述办公自动化系列软件的基本概念、基本操作、图文混排、表格制作及打印等内容。

6.1　文字处理基础

文字是多媒体信息世界中最普遍的一种信息表现形式，利用计算机对文字信息进行加工处理的过程，称为文字信息处理，其处理过程一般包括了文字录入、加工处理和文字输出 3 个基本环节。目前，常用的文字处理软件有美国微软公司的 Word、我国金山公司的 WPS 等，文字处理软件操作基本相似。本章将结合 Word 2010 介绍文字处理软件基本使用方法。Word 是微软公司推出的办公自动化软件 Microsoft Office 中的一个重要组件，是 Windows 平台上最强大的中文字处理软件，可以制作论文、信件、报告、备忘录、传真等各种文档。

6.1.1　Word 的启动和退出

1. Word 窗口

启动 Word 2010 以后就可以看到图 6-1 所示的 Word 窗口。它由以下几个主要部分组成：

① 标题栏：显示正在编辑的文档的文件名以及所使用的软件名。

② 快速访问工具栏：常用命令位于此处，例如“保存”和“撤销”。也可以添加个人常用命令。

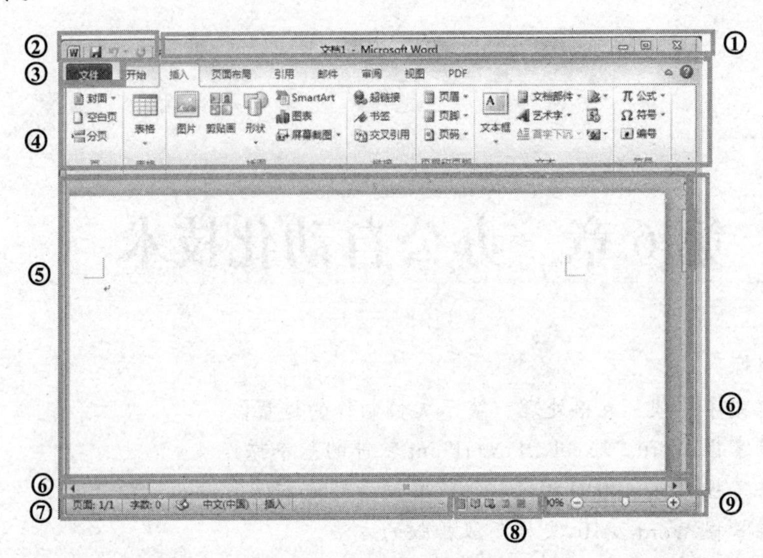

图 6-1　Word 2010 界面

③“文件”选项卡：包含了与文件相关的基本命令（如“新建”“打开”“关闭”、“另存为”和“打印”等）。

④ 功能区：工作时需要用到的命令位于此处。它与 Word 2003 中的“菜单”或“工具栏”功能相同。

⑤“编辑”窗口：显示正在编辑的文档。

⑥ 滚动条：可用于更改正在编辑的文档的显示位置。

⑦ 状态栏：显示正在编辑的文档的相关信息。

⑧“视图”快捷方式：Word 2010 支持多种文档显示方式，如页面视图、阅读版式视图、Web 版式视图、大纲视图、草稿视图等，用户可以根据需要在多种视图间进行切换。

⑨ 缩放滑块：可用于更改正在编辑的文档的显示比例设置。

2. 功能区

Word 2010 取消了传统的菜单操作方式，而代之于各种功能区。在 Word 2010 窗口上方看起来像菜单的名称其实是功能区的名称，当单击这些名称时并不会打开菜单，而是切换到与之相对应的功能区面板。每个功能区根据功能的不同又分为若干组，每个功能区所拥有的功能如下所述：

（1）“开始”功能区

“开始”功能区中包括剪贴板、字体、段落、样式和编辑 5 个分组，对应 Word 2003 的“编辑”和“段落”菜单部分命令。该功能区主要用于帮助用户对 Word 2010 文档进行文字编辑和格式设置，是用户最常用的功能区。

（2）“插入”功能区

“插入”功能区包括页、表格、插图、链接、页眉和页脚、文本、符号和特殊符号几个分组，对应 Word 2003 中“插入”菜单的部分命令，主要用于在 Word 2010 文档中插入各种元素。

（3）“页面布局”功能区

“页面布局”功能区包括主题、页面设置、稿纸、页面背景、段落、排列几个分组，对应 Word 2003 的“页面设置”菜单命令和“段落”菜单中的部分命令，用于帮助用户设置 Word 2010 文档页面样式。

（4）“引用”功能区

“引用”功能区包括目录、脚注、引文与书目、题注、索引和引文目录几个分组，用于实现在 Word 2010 文档中插入目录等比较高级的功能。

（5）“邮件”功能区

“邮件”功能区包括创建、开始邮件合并、编写和插入域、预览结果和完成几个分组，该功能区的作用比较专一，专门用于在 Word 2010 文档中进行邮件合并方面的操作。

（6）“审阅”功能区

“审阅”功能区包括校对、语言、中文简繁转换、批注、修订、更改、比较和保护几个分组，主要用于对 Word 2010 文档进行校对和修订等操作，适用于多人协作处理 Word 2010 长文档。

（7）“视图”功能区

“视图”功能区包括文档视图、显示、显示比例、窗口和宏几个分组，主要用于帮助用户设置 Word 2010 操作窗口的视图类型，以方便操作。

3. 退出 Word

退出 Word 2010 有多种方法，最常用的方法是单击 Word 窗口右上角的“关闭”按钮，或在 Word 窗口的“文件”选项卡中选择“退出”命令。在退出 Word 时，如果没有保存曾修改过的文件，Word 2010 会提示是否保存文档，如果要保存修改过的文件，单击“保存”按钮，并给文档取一个名字然后选择保存位置，则将文件保存到指定位置。

4. Word 2010 的帮助

在使用 Word 的过程中，经常会遇到一些问题，这就需要求助于 Word 2010 提供的帮助系统。单击窗口右上角的“帮助”按钮，或按【F1】键，就弹出“帮助”窗口。Word 2010 提供两种帮助，一种是系统本身提供联机帮助，另一种是通过网络连接到 Office.com 站点获取帮助。

6.1.2 文档的管理

1. 创建新的 Word 文档

利用 Word 提供的特定模板建立新文档。在“文件”选项卡中选择“新建”命令，在打开的“新建”面板中，选中需要创建的文档类型，例如选择“空白文档”，完成选择后单击“创建”按钮即可。

2. 输入正文

刚启动 Word 时，系统自动打开一个名为“文档 1”的空白文档。默认情况下，用户打开 Word 2010 文档窗口后会自动打开微软拼音输入法。

（1）“插入状态”和“改写状态”

在 Word 2010 中输入文字时有“插入”和“改写”两种状态。在插入状态下，输入文字时 Word 会自动将插入点后面的文字右移；若在改写状态下，新录入的文字会覆盖原有的文字。窗口最下面的状态条中显示了当前处于哪种状态，可以通过键盘上的【Insert】键来实现两个状态的切换。

（2）光标定位与删除文字

文本的删除、插入、选定、替换、移动和复制操作等均涉及光标的定位。用鼠标定位光标时，单击即可将插入点定位到确定位置。如果在录入过程中产生错误，可以按【Backspace】键删除插入点前面的字符，按【Delete】键删除插入点后面的字符。

3. 保存文档

对文档的编辑或排版都只是在 Word 环境下进行的，并没有将真正编排后的文档写到磁盘上，所以完成编辑工作后，必须将文档保存到磁盘上。保存文件可以有以下几种方式：

（1）保存新文档

第一次保存文档时必须给该文档起名，并确定其存放的位置，以便以后查找。单击快速访问工具栏中的“保存”按钮，弹出“另存为”对话框。单击“保存位置”列表框的下拉按钮，从下拉列表中选择所需文件夹，指定要保存文档的位置。在“文件名”文本框中，Word 会根据文档第一行的内容，自动给出文件名，用户可输入一个新文件名取代它，如“练习.docx”。单击“保存”按钮，该文档就以“练习.docx”为文件名保存到指定的文件夹中了。保存时如果想保存为 Word 2003 兼容的.doc 类型，则需在“保存类型”下拉列表中选择“Word 97-2003 文档（*.doc）”。

（2）保存已有文档

对于已命名并保存过的文档，只要随时单击快速访问工具栏中的“保存”按钮，或者选择“文件”选项卡中的“保存”命令，系统自动将当前文档保存到同名文档中，不再显示“另存为”对话框。一般 Word 2010 为了文本的安全，会预先设置“自动保存时间间隔”，根据时间间隔，例如 10 分钟把所编辑的文本自动保存一次。可以通过“文件”选项卡中的“选项”命令，在“Word 选项”对话框中的“保存”选项卡中设置自动保存时间间隔。

（3）另存文件

当要改变现有文档的名字、目录或文件格式，可选择“文件”选项卡中的“另存为”命令，这时系统也会打开“另存为”对话框，输入文件名和选择相应文件夹后单击“保存”按钮，系统会在指定位置创建一个新的文件。例如，若想在 Word 2003 中打开 docx 类型的文档，可以将该文档在 Word 2010 中打开，选择“另存为”命令，在“另存为”对话框中的“保存类型”下拉列表中选择“Word 97-2003 文档（*.doc）”选项，即将该文件另存为 Word 2003 兼容的.doc 类型即可。

4. 打开文档

选择“文件”选项卡中的“打开”命令，显示“打开”对话框，在“查找范围”下拉列表框中选择文件所在的文件夹，然后在列表框中选择该文件，单击“打开”按钮即可打开要编辑的文件。此外，如果要打开一个最近使用过的文档，则选择“文件”选项卡中的“最近使用文件”命令，即可显示最近使用过的文档列表和最近的位置列表，单击文件名或文件夹，即可打开相应的文件或文件夹。

6.1.3 文档的编辑

文档的编辑是 Word 2010 的核心部分，包括对文档进行的选择、插入、删除、复制、替换、拼写和语法检查等编辑工作，这些操作大多数可以通过“开始”功能区中的相应命令按钮实现。只要掌握一些编辑操作方法，就可以灵活地处理文字。文档编辑遵循的原则是“先选定，后操作”。

1. 视图介绍

为了帮助用户进行文字编辑及格式编排，Word 2010 提供了多种显示文档的方式，又称视图模式。同一文档可以按需要以不同方式显示在屏幕上。Word 2010 中共有 5 种视图模式：“页面视图”“阅读版式视图”“Web 版式视图”“大纲视图”和“草稿”视图。用户可以在“视图”功能区中选择需要的文档视图模式，也可以在 Word 2010 文档窗口的右下方单击视图按钮选择视图。

① 页面视图。“页面视图”可以显示 Word 2010 文档的打印结果外观，主要包括页眉、页脚、图形对象、分栏设置、页面边距等元素，是最接近打印结果的视图模式。

② 阅读版式视图。“阅读版式视图”以图书的分栏样式显示文档，“文件”按钮、功能区等窗口元素被隐藏起来。在“阅读版式视图”中，用户还可以单击“工具”按钮选择各种阅读工具。

③ Web 版式视图。“Web 版式视图”以网页的形式显示 Word 2010 文档，适用于发送电子邮件和创建网页。

④ 大纲视图。“大纲视图”主要用于 Word 2010 文档的设置和显示标题的层级结构，并可以方便地折叠和展开各种层级的文档，便于编辑和重组冗长的文档。大纲视图广泛用于 Word 2010 文档的快速浏览和设置。

⑤“草稿”视图。“草稿”视图取消了页面边距、分栏、页眉和页脚以及图片等元素，仅显示标题和正文，是最节省计算机系统硬件资源的视图方式。当然，现在计算机系统的硬件配置都比较高，基本上不存在由于硬件配置偏低而使 Word 2010 运行遇到障碍的问题。

2. 选择文本

在 Word 2010 中，如果要编辑文档，首先应该选定要操作的文字。表 6-1 列出了选定文本的常用操作。

表 6-1　选定文本的常用操作

选定目标	鼠标操作
字/词	双击要选定的字/词
句子（以句号为结束标志）	按住【Ctrl】键，然后单击该句中的任何位置
一整行	将鼠标指针移动到该行的左侧，直到指针变为指向右边的箭头，然后单击
数行文本	将鼠标指针移动到该行的左侧，直到指针变为指向右边的箭头，然后向上或向下拖动鼠标
段落	将鼠标指针移动到该段落的左侧，直到指针变为指向右边的箭头，然后双击，或者在该段落中的任意位置三击
一大块文本	单击要选定内容的起始处，然后按住【Shift】键，单击选定内容的结尾处
整个文档	将鼠标指针移动到文档中任意正文的左侧，直到指针变为指向右边的箭头，然后三击
垂直的一块文本	按住【Alt】键，然后将鼠标拖过要选定的文本

3. 插入字符或符号

将光标移动到想插入字符的位置，然后输入字符，输入的字符就会出现在光标的前面。如果在文档输入的过程中想插入一些符号，如标点符号、拼音等，可以切换到“插入”功能区，在“符号”分组中单击“符号”按钮；在打开的“符号”面板中可以看到一些最常用的符号，单击所需要的符号即可将其插入文档中，如果“符号”面板中没有所需要的符号，可以单击“其他符号”按钮；在打开的“符号”对话框中选择要插入的符号。

4. 移动和复制

在编辑过程中经常需要对一段文本进行移动或复制操作，这些操作都涉及一个非常重要的工具——剪贴板。剪贴板是内存中的一块存储区域（称为系统剪贴板），在进行移动或复制操作时，先将选定的内容“复制”或“剪切”到剪贴板中，然后再将其粘贴到插入点所在位置。不仅文字，图形对象也可以放到剪贴板中，剪贴板成为文档中和文档间交换多种信息的中转站。通过 Office 剪贴板，用户可以有选择地粘贴暂存于 Office 剪贴板中的内容，使粘贴操作更加灵活。

在 Word 2010 文档中使用 Office 剪贴板的步骤如下：首先打开 Word 2010 文档窗口，选中一部分需要复制或剪切的内容，并执行“复制”或“剪切”命令。然后在“开始”功能区单击“剪贴板”分组右下角的“显示‘Office 剪贴板’任务窗格”按钮。然后在打开的 Word 2010“剪贴板”任务窗格中可以看到暂存在 Office 剪贴板中的项目列表，如果需要粘贴其中一项，只需单击该选项即可。如果需要删除 Office 剪贴板中的其中一项内容或几项内容，可以单击该项目右侧的下拉按钮，在打开的下拉菜单中选择“删除”命令；如果需要删除 Office 剪贴板中的所有内容，可以单击 Office 剪贴板内容窗格顶部的“全部清空”按钮。

5. 撤销和重复

在编辑过程中，Word 会自动记录下刚刚执行过的命令，这种存储功能可以撤销刚才的操作，恢复操作前的状况。如果单击快速访问工具栏中的 按钮，可撤销刚才的操作。如果单击它旁边的下拉按钮，会显示一个下拉列表框，其中由近到远记录了以前的各项操作，选择要撤销的操作，就可以将文档恢复。也可以选择快速访问工具栏中的 按钮，用“恢复”功能来恢复刚撤销的操作。

6. 查找和替换

可以使用 Word 2010 提供的“查找”和“替换”功能在一篇文档中快速地查找或替换某些字符。在“开始”功能区的“编辑”分组中单击“查找”按钮；在打开的“导航”窗格编辑框中输入需要查找的内容，并单击搜索按钮即可。用户还可以在“导航”窗格中单击搜索按钮右侧的下拉按钮，在打开的下拉菜单中选择“高级查找”命令，此时系统打开的为“查找和替换”对话框，切换到“查找”选项卡，然后在“查找内容”编辑框中输入要查找的字符，在“搜索选项”选项组中进行区分大小写、全字匹配、使用通配符等高级查找设置，并单击“查找下一处”按钮，查找到的目标内容将以蓝色矩形底色标识，单击“查找下一处”按钮继续查找，直到屏幕显示“Word 已完成对文档的搜索”。如果要替换字符，则在“开始”功能区的“编辑”分组中单击“替换”按钮，即切换到“替换”选项卡，在“查找内容”文本框中输入被替换的内容，在“替换为”文本框中输入新内容，然后单击“替换”按钮，在此情况下，系统每找到一处，需要用户确认是否替换，再查找下一处。如果单击“全部替换”按钮，则 Word 2010 自动替换全部需替换的内容。Word 2010 也可以查找和替换一些格式或特殊字符，只要单击“查找和替换”对话框底部的“格式”按钮或“特殊字符”按钮即可。

7. 拼写检查

Word 2010 提供了自动拼写和语法检查的功能，可以减少文本输入的错误率。一般对于单词的错误，Word 2010 用红色波浪线标记，对于语法错误用绿色波浪线标记。选择“审阅”功能区，单击“校对”分组中的“拼写和语法”按钮，Word 2010 即开始进行检查，一旦发现错误即弹出“拼写和语法”对话框，指出错误和建议修改的意见。选择正确的意见后单击“更改”按钮，或者单击“忽略”或“全部忽略”按钮，如果要停止检查则单击“关闭”按钮。

8. 字数统计

Word 2010 提供了自动统计文档中的字数、字符数、行数及段落数的功能。选择“审阅”功能区，单击“校对”分组中的“字数统计”按钮，弹出“字数统计”对话框，显示文档的统计信息，包括页数、字数、字符数、段落数、行数等。

6.1.4 文档的排版

为了使文档格式美观醒目、内容重点突出，方便阅读，可以对文档进行格式编排。文档排版包括设置字符格式、设置段落格式、页面排版、高级排版等。Word 对文档的编排都遵循“先选中，后操作”的原则。

1. 字符格式的编排

在一个文档中，不同地方出现的文本会有不同的格式，例如标题和正文的字体不同，不同级别标题的字体也不同。因此需要对不同的文字设置字体格式。字体格式的设定主要包括对字体、字号、字形的设定，这些操作按钮主要集中在“开始”功能区的“字体”分组中。

字体：指文字的不同形体，如汉字的楷书、行书、草书等。Word 中可以使用 Windows 或其他中文环境中的字体。Windows 提供的中文字体有宋体、黑体、楷体等。

字号：指字体大小。Word 主要有两种表示字体大小的方法：在英文排版中，字体的大小由用磅值度量，用数字表示大小，其值为 5~72，数字越大字体越大；而中文字体常用字号作计量单位，Word 提供的字体大小分为八号、七号直到初号，数字越小字体越大。

字形：对字符做的一些修饰，如设置粗体、斜体、颜色、上下标、加下画线等。

设置字体格式，遵循“先选定，后操作”的原则。先选定字符，然后在“开始”功能区单击“字体”分组中的“字体”下拉按钮 宋体 (中文正文) ，在下拉列表框中选择需要的字体，再单击“字号”下拉按钮，选择相应的字号。如果想设置粗体、斜体、加下画线等，可直接通过“字体”分组中的粗体按钮 B 、斜体按钮 I 、下画线按钮 U 实现。如果单击“字体”分组中的 A 按钮，在下拉框中列出各种颜色，可设置选定字符的颜色。

如果要对字符格式作更高级的设定，可以在“开始”功能区单击“字体”分组右下角的“显示‘字体’对话框”按钮。在如图 6-2 所示的“字体”对话框中可以设置中西文字体、字形、字号、字体颜色、下画线、着重号以及其他效果。在下面的“预览”框中可以看到设置后的效果。在“字体”对话框中选择“高级”选项卡，可以设置字符大小、字间距、字的上下位置。在“字体”对话框中单击“文字效果”按钮，在“文字效果”选项卡，可以设置所选定的文本应用外观效果，如“文本填充”“文本边框”“轮廓样式”“三维格式”等。在下面的“预览”框中可以看到这些动态效果。在“字体”对话框中设置完成后，单击“确定”按钮。

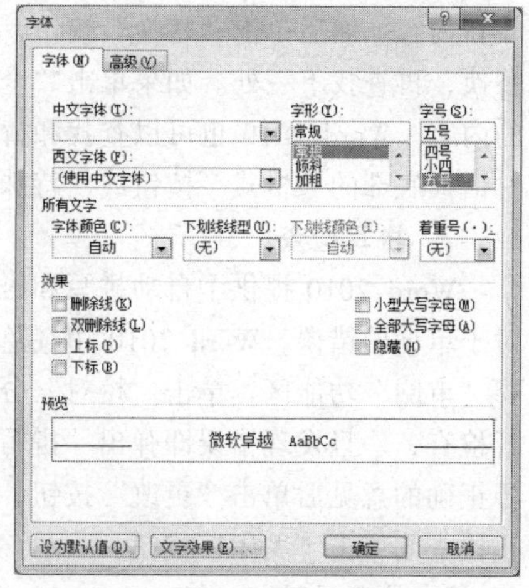

图 6-2 “字体”对话框

2. 段落格式编排

在 Word 中，段落是指相邻两个回车符之间的内容，段落的排版格式是隐含在段落标记符“↵”中，段落标记不但用来标记一个段落的结束，而且它还记录并保存着该段落的格式编排信息，如段落对齐、缩进、制表位、行距、段落间距、边框与底纹等。

段落格式编排主要是设置段落的对齐方式、缩进方式、段落间距、行间距、边框、底纹等。段落的格式设置按钮主要集中在“开始”功能区的“段落”分组中。

（1）段落对齐方式

Word 2010 提供了左对齐、居中对齐、右对齐、两端对齐、分散对齐等对齐方式，分别对应于“开始”功能区的“段落”分组中 5 个按钮。

①“两端对齐”方式：是 Word 2010 默认的对齐方式。使文本左右两端和页面左右边界对齐，并自动调整字间距。

②“居中”方式：使每行对齐在页面中心位置，一般应用于标题或表格中。

③“左对齐”方式：段落每行向左边界对齐。

④“右对齐”方式：段落每行向右边界对齐。

⑤“分散对齐”方式：可以调整各行的空格和标点使段落每行的左边和右边对齐。

设置对齐方式，先将光标置于段落中，在“开始”功能区，单击“段落”分组中的“对齐”按钮即可。也可以在“开始”功能区中单击“段落”分组右下角的“显示‘段落’对话框”按钮，从“段落”对话框中的“对齐方式”下拉列表框中选择来完成。

（2）段落缩进

段落缩进指段落中的文字相对于纸张的左右页边距线的距离可以缩进一段距离，使文档看上去更加清晰美观。在 Word 中，包括首行缩进、左缩进、右缩进和悬挂缩进。

通常文章中每段的第一行一般都要向右缩进两个汉字位置，称为“首行缩进”。将其他行左边向右缩进称为“左缩进”，右边向左缩进称为“右缩进”，所缩进的长度称为缩进量。如果缩进量为负，即伸出来，则称为悬挂缩进。可以通过标尺设置左、右缩进量。选定需要从左右页边距缩进或偏移的段落，拖动标尺顶端的“首行缩进”标记，可改变文本第一行的左缩进。拖动“左缩进”标记，可改变文本第二行的缩进。拖动“左缩进”标记下的方框，可改变该段中所有文本的左缩进。拖动“右缩进”标记，可改变所有文本的右缩进。在“开始”功能区单击“段落”分组中的或按钮，可以减少或增大缩进量。也可以通过在“开始”功能区单击“段落”分组右下角的“显示‘段落’对话框”按钮，然后在“段落”对话框中的“缩进”微调框中精确地设置段落缩进量。

（3）调整行距与段落间距

行距指相邻两行之间的距离，段落间距指相邻两个段落之间的距离。设置时可以在“开始”功能区单击“段落”分组右下角的“显示‘段落’对话框”按钮，在弹出的“段落”对话框中调整行距与段落间距。在“缩进和间距”选项卡中，可选择“段前”和“行距”，并在相应的框内输入磅值，也可用微调按钮选择。在“行距”列表框可选择“单倍行距”“1.5 倍行距”“2 倍行距”“最小值”“固定值”“多倍行距”。“最小值”除了一般特定的最小高度外，还可自动调整高度，以容纳较大字体或图形；“固定值”是指设置成固定行距；“多倍行距”允许行距以任何百分比增减。

（4）项目符号和编号

在文档编辑过程中，有时需要在段落前面加符号和编号以使文档层次更清楚。Word 2010 插入项目符号和编号的方法很简单，首先选择需要插入项目符号和编号的段落，然后在“开始”功能区中单击“段落”分组中的“编号”按钮，于是自动换行，并在行首加上序号，以后每起一段，系统自动增加一个序号。不再使用序号时，再次单击该按钮，序号取消。如果要改变编号格式，可以单击“编号”按钮右侧的下拉按钮，选取“编号库”或者“文档编号格式”中的编号格式，还可以选择“定义新编号格式”命令，打开对应的对话框进行定义。如果要改变项目符号格式，可以单击“项目符号”按钮右侧的下拉按钮，选取“项目符号库”或者“文档项目符号格式”中的项目符号格式，还可以单击“定义新项目符号”，打开对应的对话框进行定义。

如果想对段落格式进行设置，可以在“开始”功能区单击“段落”分组右下角的“显示‘段落’对话框”按钮。在屏幕显示的“段落”对话框中，通过“缩进和间距”选项卡中的“缩进”微调框可以设置左缩进或右缩进的字符数；“间距”文本框中可以设置该段和前一段之间的距离及本段和后一段的距离；在“特殊格式”的下拉列表框中设置“首行缩进”和“悬挂缩进”；在“磅值”微调框中设置缩进的数量；在“行距”下拉框中设置该段中行间距。

若一段文字打印在同一页中，选取“段落”对话框中的“换行和分页”选项卡，在其中通过相应的设置可以处理段和页之间的关系。此外，还可以设置中文版式。所有这些设置完毕后，单击“确定”按钮，结束段落格式的设置。

3. 设置边框和底纹

为了使页面美观、重点突出，需要对某些文字加上边框或底纹来进行修饰。首先选中相应的文字，然后在“开始”功能区中单击“段落”分组中的“边框和底纹”按钮，屏幕显示如图 6-3 所示“边框和底纹”对话框。

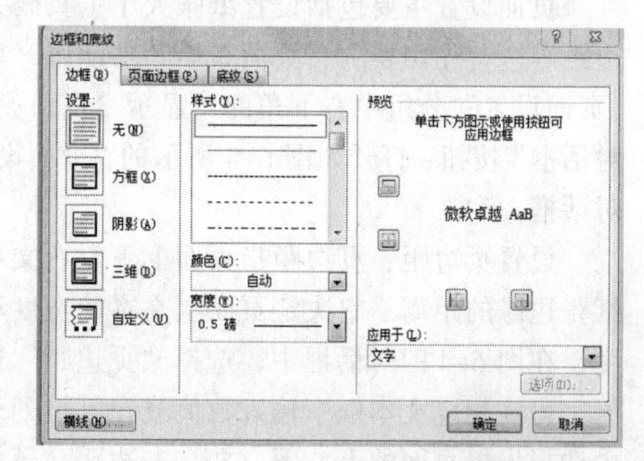

图 6-3 “边框和底纹”对话框

选择“边框”选项卡，可以在“设置”框中选择边框格式，在“样式”列表框中选择边框线型，在“颜色”下拉列表框中选择边框颜色，在“宽度”下拉列表框中选择边框线条的宽度，在右侧可以预览到边框效果。

选择“底纹”选项卡，可以设置边框或所选文本的底纹。在“填充”框中选取填充色，然后在“样式”下拉列表框中选取底纹的式样，在“颜色”框中选择底纹颜色。单击“确定”按钮，完成边框底纹的设置。

4. 利用格式刷

在 Word 中，用格式刷可以很方便地将一些文本或段落的格式复制到其他文本或段落中，使它们具有相同的格式。

（1）复制字符格式

使用格式刷可以复制字符字体、字号、字形等格式。

① 选定希望复制其格式的文本（不能包括段末的回车符）。

② 在“开始”功能区中单击“剪贴板”分组中的“格式刷”按钮，此时指针变为刷子形状。

③ 用“格式刷”选取应用此格式的文本，即可完成字符格式的复制。

（2）复制段落格式

使用格式刷可以复制段落的对齐方式、缩进、行距等格式。

① 将光标定位在该段落内。

② 在“开始”功能区中单击“剪贴板”分组中的“格式刷”按钮，此时指针变为刷子形状。

③ 把“格式刷”移到要应用此格式的段落中，单击段内任意位置即可完成段落格式的复制。

（3）多次复制格式

如果需要将选定的格式复制到多个不同的对象上去，则需要双击“格式刷”按钮，此后鼠标指针一直处于有效状态，然后将格式复制到不同的对象，全部完成后再次单击“格式刷”按钮或按【Esc】键即可恢复正常的编辑状态。

5. 页面排版

页面的格式直接影响到文章的打印效果，因此对文章需要以页为单位进行整体调整。页面排版包括页面设置、设置页眉和页脚等。设置页面格式的按钮主要集中在“页面布局”功能区中。

（1）页面设置

页面设置主要包括设置纸张大小、页码、页边距等。首先切换到“页面布局”功能区，单击“页面设置”分组中右下角的“显示‘页面设置’对话框”按钮，打开如图 6-4 所示的“页面设置”对话框。

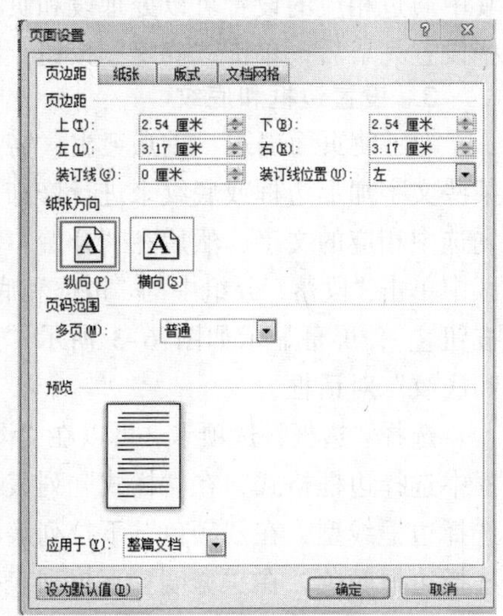

图 6-4 “页面设置”对话框

设置页边距：页边距指页面上下左右文本与纸张边缘的距离，它决定页面上文本的宽度和高度。在图 6-4 的对话框中，选择“页边距”选项卡，可在相应文本框中输入数值或在下拉列表框中选择设置页面的上、下、左、右边距，还可预留“装订线”的值，若选择“左”时（双面打印时只能选择“左”），则每一页的左边都留有装订线。若在“多页”列表框中选择“对称页边距”选项，则装订线只出现在页的内边缘。一般情况下可以使用系统所给的默认值。在“纸张方向”选项区域可以选择“纵向”或“横向”单选按钮，以确定是沿纸的宽度方向书写，还是沿纸的高度方向书写。

设置纸张大小和方向：选择“纸张”选项卡，可以在“纸张”下拉框中选择纸张的大小，经常使用的纸张大小有 A4、A3、B5、16 开等，默认为 A4。如果当前使用的纸张为特殊规格，可以在“纸张大小”中选择“自定义大小”，并在“宽度”微调框和“高度”微调框中输入它们的数值。在旁边的“预览”框中可以预览到纸张的书写效果。在“纸张来源”列表框中，可以设置打印时的进纸方式，一般取 Word 2010 的默认方式。

设置每页字数：编辑文章时可通过调整每页行数和每行字符数设置每页字数。在“页面设置”对话框中选择“文档网格”选项卡，选中“指定行网格和字符网格”单选按钮，然后在“每行”和“每页”文本框中输入相应数值。

在“版式”选项卡中可以设置页眉和页脚的格式、文本的对齐方式等。全部设置完后，单击“确定”按钮结束操作。

（2）设置页眉和页脚

在书籍的排版中，页眉和页脚常打印在文档中每页的顶部或底部。页眉和页脚通常包括书名、章节名、页码、作者、创建日期、创建时间及图形等。在整个文档中，可以有相同的页眉和页脚；也可以首页页眉和页脚不同；或者奇数页是一种页眉和页脚形式，偶数页是另一种页眉和页脚的形式。创建文档的页眉和页脚可以在“插入”功能区的“页眉和页脚”分组中，单击“页眉”下拉菜单中的“编辑页眉”命令或单击“页脚”下拉菜单中的“编辑页脚”命令；也可以双击页眉区域或者页脚区域，这将打开“页眉和页脚工具”中的“设计”选项卡。用户可以分别在“页眉”或“页脚”窗口中插入相应的页码、章节号、标题或图形。只要对一页的页眉或页脚的作了修改，Word 会自动对整个文档中的页眉或页脚进行相同的修改。如果只想修改文档中某部分的页眉或页脚，可将文档分成节并断开各节间的连接。此外，还可以在打开的“页眉和页脚工具/设计”选项卡中“位置”分组可以调整与页边距的距离；“选项”分组可以设定“奇偶页不同”或“首页不同”。

（3）分栏

在编辑期刊、杂志时，常常将一段文字分几栏并排打印。利用 Word 可以方便、快速地实现分栏操作。默认情况，Word 2010 提供五种分栏类型，即一栏、两栏、三栏、偏左、偏右。用户可以根据实际需要选择合适的分栏类型。

首先切换到“页面布局”功能区；然后在文档中选中需要设置分栏的内容，如果不选中特定文本则为整篇文档或当前节设置分栏；单击“页面设置”分组中的“分栏”按钮，并在打开的分栏列表中选择合适的分栏类型。其中，“偏左”或“偏右”分栏是指将文档分成两栏，且左边或右边栏相对较窄。另外，还可以单击“分栏”下侧的下拉按钮，选择下拉列表中的“更多分栏”选项，便出现如图 6-5 的“分栏”对话框。在该对话框中可设置更多的分

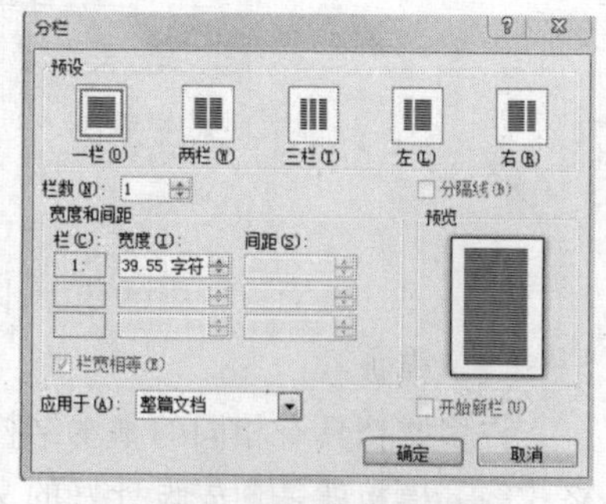

图 6-5 “分栏”对话框

栏类型、栏宽、间距、分隔线等。若要取消分栏，只要将选择框的“栏数”微调框中设置为 1 即可。

6. 高级排版

（1）样式

在进行文档排版时，许多段落都有统一的格式，如字体、字号、段间距、段落对齐方式等。手工设置各个段落的格式不仅烦琐，而且难于保证各段落格式严格一致。Word 的样式提供了将段落样式应用于多个段落的功能。样式是一组排版格式指令，它规定的是一个段落的总体格式，包括段落的字体、段落以及后续段落的格式等。

Word 的样式库中存储了大量的样式以及用户自定义样式，在“开始”功能区“样式”分组中可以查看到这些样式。另外，Word 2010 允许用户根据自己的需要修改标准样式或创建自己的样式。样式可以分为字符样式和段落样式两种。字符样式保存了字体、字号、粗体斜体、其他效果等。段落样式保存了字符和段落的对齐方式、行间距、段间距、边框等。

应用已有样式：把光标移至要使用样式的段落，在“开始”功能区“样式”分组中单击“其他”按钮；在打开的“快速样式”库中指向合适的快速样式，在 Word 文档正文中可以预览应用该样式后的效果，单击选定的快速样式即可应用该样式。

新建样式：用户可以建立自己的样式。单击“样式”分组右下角的“显示‘样式’窗格”按钮，可弹出“样式”任务窗格。在该任务窗格的左下角，单击“新建样式”按钮，便弹出如图 6-6 所示的“根据格式设置创建新样式”对话框。在“名称”文本框中输入新样式的名称，然后在“格式”选项区域中选取相应格式的描述项，最后单击“确定”按钮就新建了段落样式。

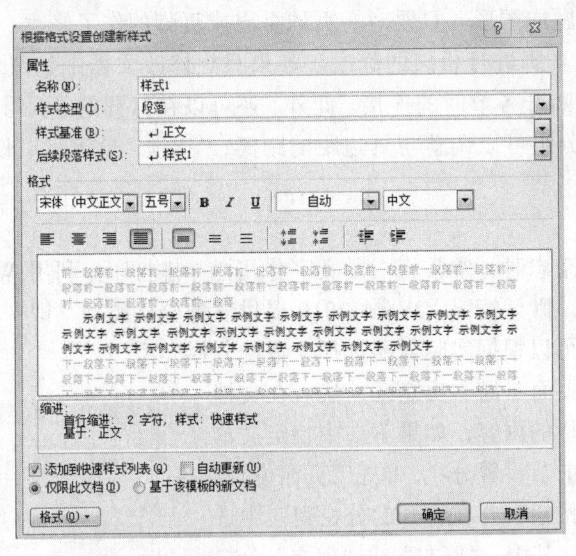

图 6-6 “根据格式设置创建新样式”对话框

（2）模板

许多文档具有相同的基本结构和格式要求，例如相同的页面设置、段落格式、字符格式等。模板就是预先设计好的文档的基本框架和套用样板。利用 Word 2010 提供的模板可以快速生成不同类型文档的基本框架，提高工作效率。模板和样式功能相似，但样式是针对字符、段落的格式，而模板是针对整个文档的格式。Word 2010 提供了一些预先设计的模板供用户选用，如文档、新闻稿、会议纪要、信函、备忘录等，利用模板可方便、快速地创建不同类型的文档。

模板有两种基本类型：共享模板和文档模板。共享模板可适用于一切文档；文档模板适用于有特殊要求的文档，例如备忘录、信函等。

利用模板建立新文档：选择“文件”选项卡中的“新建”命令，在右窗格“可用模板”中单击“样本模板”，在列表中选择合适的模板，并单击“创建”按钮即可。同时用户也可以在“Office.com 模板”区域选择合适的模板，并单击“下载”按钮。

创建模板：可以把一个已存在文档创建成模板。在一个新文档中按照自己的希望设置文档的各种格式，然后只需在保存文档时在“另存为”对话框中“文件类型”中选择“文档模板（*.dotx）”，“保存位置”为 Users\Administrator\AppData\Roaming\Microsoft\Templates 文件夹，然后输入文档名称并保存，就可创建一个新模板。需要说明的是，要想找到上述文件夹，必须在当前系统中允许显示隐藏文件和文件夹。

（3）插入目录

在文档需要插入目录时，首先将光标定位文档开始处，然后单击“引用”功能区中的“目录”分组，单击“目录”组中的下拉按钮，选择“自动目录”“手动目录”或“插入目录”命令即可。

6.1.5 图形处理

在文档中插入图形对象可以使文档形象生动，易于理解。Word 2010 支持图形处理，具有强大的图文混排功能。在文档中可以使用绘图工具创建简单图形对象，也可以直接插入图形文件中的图片。这两种对象的不同在于：图片是由其他文件创建的图形，包括剪贴画、位图和扫描的照片等；图形对象是由当前文件创建的，包括利用绘图工具绘制的图形、文本框、艺术字和数学公式等。

1. 图片的插入和编辑

（1）插入剪贴画和图片

在 Word 2010 的剪辑库中存放了大量的剪贴画，用户可以向文档中插入剪贴画。插入剪贴画时，首先将光标定位于需要插入剪贴画或图片的位置，然后选择“插入”功能区，单击“插图”分组中的“剪贴画”按钮，则打开“剪贴画”任务窗格，如图 6-7 所示，在“搜索文字”文本框中输入用于描述所需剪贴画的相关文字，例如“人物”。然后单击“搜索”按钮，则在任务窗格中将显示搜索结果，选择所需的图片，就可将剪贴画插入光标指示的位置。如果单击“图片”按钮，则可以插入其他图形处理软件制作的扩展名为.bmp、.wmf、.jpg 等的图片文件或扫描照片。

图 6-7 “剪贴画”任务窗格

（2）图片的编辑

选中在文档中插入的图片或者剪贴画，在窗口上方将出现“图片工具”功能区。选择“格式”选项卡，从中可以对剪贴画进行各种编辑操作，设置图片格式、裁剪与缩放图片、设置剪贴画的对比度和亮度、改变剪贴画的大小等。首先选定图片，选定的图片四周出现 8 个尺寸控制点，拖动图片角上的尺寸控点可按比例改变图片的大小，拖动图片边上的尺寸控点可改变图片的形状。如果要对图片格式进行设置，可以通过“格式”功能区的相应按钮对图片进行裁剪、改变图片对比度和亮度、调整颜色、设置艺术效果、设置图片边框、设置图片显示效果、设置图片高度和宽度等操作。另外，利用“重设图片”按钮还可恢复图片的原始状态。

2. 图形对象的插入和编辑

（1）绘制图形

在 Word 2010 中可以绘制图形，通常把绘制的每一种图形称为一个图形对象。图形对象在“普通视图”和“大纲视图”显示方式下不可见，所以只有在“页面视图”或“打印预览”显示方式下才能绘制基本图形。绘制图形时，切换到“插入”功能区，单击“插图”分组中的“形状”按钮，利用提供的形状可以绘制直线、箭头线、矩形和椭圆等基本图形。

（2）编辑图形

在文档中绘制了图形后，可以通过“绘图工具/格式”功能区中的相应按钮对图形进行多种编辑操作，如调整位置、改变大小和形状、设置颜色、调整叠放次序等使其符合要求。

选择图形：在编辑图形前首先要选中图形对象，可以直接单击图形。若要选中多个对象，可在选择编辑对象的同时按住【Shift】键。

在图形中添加文字：选中图形对象后右击，在弹出的快捷菜单中选择“添加文字”命令，插入点就出现在图形中，输入所要添加的文字即可。

设置线条的颜色、图案：选中图形对象后，单击窗口顶端“绘图工具/格式”功能区“形状样式”分组中的“形状轮廓”按钮，在弹出的列表中可以为轮廓选择颜色；如果选择列表中的“其他轮廓颜色”命令，则弹出“颜色”对话框，在对话框的颜色调板中可以设置需要的颜色；如果选择列表中“图案”命令，则弹出“带图案线条”对话框，在图案列表中可以为线条选择所需要的线条图案。

填充图形颜色：选中图形对象后，单击“格式”选项卡中的“形状填充”按钮，在弹出的列表中可以为图形选择颜色；如果选择列表中的“其他填充颜色”命令，则弹出“颜色”对话框，在对话框的颜色调板中可以设置需要的颜色；另外，还可以在列表中选择不同的填充效果。

组合图形：绘制的多个图形对象还可以组合为一体，对其进行整体操作，例如，对组合为一体的多个图形对象可以同时进行移动位置、改变大小和形状、设置颜色等操作。组合多个图形对象时，首先选中需要组合的图形对象并右击，在弹出的快捷菜单中选择“组合”命令就可将多个对象组合成一个整体。取消组合时，选择快捷菜单中的“取消组合”命令即可。

调整图形的叠放次序：当绘制的图形较多时，后面的图形将覆盖前面的图形，此时可以调整图形的叠放次序。首先选中要调整叠放次序的图形并右击，在弹出的快捷菜单中选择“置于顶层”或“置于底层”命令，在弹出的子菜单中就可以选择所需的叠放次序了。

旋转和翻转图形：选中对象后，切换到“绘图工具/格式”功能区，在“排列”分组中单击“旋转”的按钮，它提供了“向左旋转 90°”“向右旋转 90°”“水平翻转”“垂直翻转”等子命令。或者将鼠标指向选中对象的尺寸控点，按住鼠标左键拖动。

（3）插入艺术字

艺术字以输入的普通文字为基础，通过添加阴影、三维效果、设置颜色等对文字进行修饰，从而突出和美化文字。在文档中插入艺术字时，将插入点光标移动到准备插入艺术字的位置，在“插入”功能区中，单击“文本”分组中的“艺术字”按钮，并在打开的艺术字预设样式面板中选择合适的艺术字样式。接着在弹出的艺术字文字编辑框中，直接输入艺术字文本即可。可在“开始”功能区的“字体”分组中设置艺术字的字体和字号。另外，还可以在“绘图工具/格式”功能区的“艺术字样式”分组中设置多种文本效果或设置艺术字的线条与颜色。

（4）使用文本框

文本框就像一个容器，可以把文字、图形、图表、表格等对象装入其中，形成一个整体，但文本框只有在“页面视图”下才可见。建立文本框时，可以在“插入”功能区中单击“文本”分组中的“文本框”按钮，在打开的面板中选择合适的文本框样式。接着在弹出的文本框中输入文字。插入文档中的文本框不但可以调整大小、移动位置，还可以像图片一样设置文本框的格式、文字环绕方式等效果。编辑文本框时，先选中文本框，文本框的四周出现虚线框和 8 个方向句柄，可以通过拖动句柄对文本框进行缩放和移动。如果要设置文本框的颜色、线条、边框等可以在“绘图工具/格式”功能区的“形状样式”分组中进行相关设置。

（5）插入数学公式

在 Word 2010 中输入数学公式比 Word 2003 更加方便简单。首先切换到“插入”功能区，在“符号”分组中单击“公式”按钮，在文档中将创建一个空白的公式框架，然后通过键盘或者“公式工具/设计”功能区的“符号”分组中输入公式内容即可。

（6）插入水印

水印是指在文档背景中出现的隐约可见的图片或文字。水印可以是公司的标志、单位的图标、产品的图案等。

在 Word 2010 文档中插入水印时，首先切换到“页面布局”功能区，在“页面背景”分组中单击“水印”按钮，并在打开的水印面板中选择合适的水印即可，也可以根据需要自定义水印。如果需要删除已经插入的水印，则再次单击“水印”面板，并单击“删除水印”按钮即可。

6.1.6 表格制作

由于表格表示信息直观明了，在文档中经常用表格来组织文字和数据。Word 2010 提供的表格功能，可以快速方便地建立、编辑各种表格。

1. 建立表格

在 Word 2010 中建立表格常用 3 种方法：使用“插入表格”命令建立规则表格，使用绘制表格建立不规则表格，或者使用“转换”命令将文字转换为表格。

要插入规则表格，首先把光标置于要插入表格处，然后单击“插入”功能区，在“表格”分组中单击“表格”按钮，在“插入表格”面板中，拖动鼠标至所需要的行数和列数，松开鼠标后在光标处弹出一个表格。也可以在该面板中单击“插入表格”按钮，在弹出的“插入表格”对话框中输入表格的列数和行数，单击“确定”按钮后在光标处就出现一个表格。

绘制不规则表格时可通过选择“插入”→“表格”→“绘制表格”命令，利用系统弹出的“表格和边框”工具栏中绘制表格的工具——铅笔绘制表格，利用“表格工具/设计”功能区中“擦除”按钮可以擦除表中任意制表线。把上述两种插入表格的方法结合起来制作表格会更方便灵巧。

文字转换为表格时先要选定需要转换的文字，再选择“插入”→“表格”→“文字转换为表格”命令，就可以实现将文字转换为表格。

建立好表格框架后，就可以输入数据了。可用鼠标在某一个单元格内双击，将插入点移入该单元格，然后就可以向该单元格输入数据、图形等内容。

2. 表格的编辑

建立了表格后经常要对表格进行一系列的处理。编辑内容包括选定表格、插入行和列、删除行和列、修改行高和列高、拆分表格、合并单元格、对齐等。

（1）选定表格

与编辑文档一样，不管对表格作何种处理，都要先选定表格中的对象。表格中每个单元格、行或列都有一个不可见的选定栏，当光标移进表格中时，在表格的左上角会出现一个中间有十字箭头的小方块⊞，单击它可以选取整个表格。当光标指向某列的顶部边框，则光标变为垂直向下的黑色箭头，单击左键则选取箭头所指的一列，拖动鼠标可选取若干列。当将光标放在表格某行的左边界外，光标变成右向空心箭头，单击左键即可选中光标所指的行。如果沿横向或者纵向拖动鼠标则可选取若干单元格。

（2）插入或删除行、列和单元格

选取表格的行、列或单元格后，利用“表格工具/布局”功能区“行和列”分组中的命令可在相应位置完成插入操作；利用其中的“删除”命令可在完成删除操作。或者利用快捷菜单也可完成对表格的编辑，选取表格的行、列或单元格后，在所选的对象上右击，就会弹出快捷菜单，要插入一行，则选择相应菜单中的“插入行”命令；要删除一列，则选择快捷菜单中的“删除列”命令。

（3）拆分和合并表格、单元格

“拆分表格”是指把一个表格分为上下两个表格。将插入点移入要拆分成第二个表的第一行上，单击“表格工具/布局”功能区“合并”分组中的“拆分表格”按钮，则将原表分为上下两个表格。如果将上下两个表格间的段落结束符删除，就将两个表格合并为一个表格了。

“合并单元格”是指把选中的一些单元格并为一个大单元格。选中需合并的数个单元格，单击“表格工具/布局”功能区“合并”分组中的“合并单元格”按钮，或右击需合并的单元格，在弹出的快捷菜单中选择“合并单元格”命令，即可将数个单元格合并为一个。“拆分单元格”是指把一个单元格，按行的方向或列的方向分为若干单元格。选中某个单元格，单击“表格工具/布局”功能区“合并”分组中的“拆分单元格”按钮，在“拆分单元格”对话框的“列数”微调框中输入（或选择）列数，在“行数”微调框中输入（或选择）行数，单击“确定”按钮后，即可得到拆分后的表格。

（4）表格的计算和排序

Word 2010 提供了许多常用函数，例如求和、求均值、求极值等，对于表格中的数值型数据可进行简单的计算。操作步骤是：把光标置于要插入计算结果的单元格中，单击“表格工具 / 布局”功能区“数据”分组中的“公式”按钮，这时系统弹出如图 6-8 所示的“公式”对话框。在“公式”文本框中输入“=”及计算公式，在“粘贴函数”下拉框中选取一个函数粘贴到“公式”文本框中。在“编号格式”下拉列表框中，选择计算结果的数字格式。然后单击“确定”按钮，计算结果就放在了表中选定的单元格。在输入计算公式时，要用到参与计算的若干单元格的编号。为了描述这些单元格，Word 2010 用 A，B，C，…表示列，用 1，2，3，…表示行。如 A1:B3 表示从第一行第一列到第三行第二列。

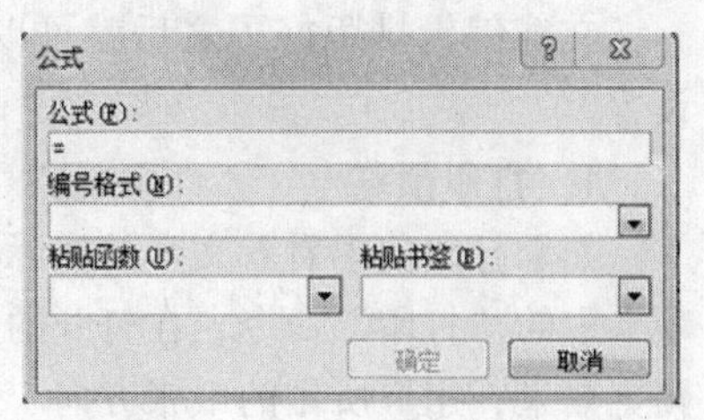

图 6-8 “公式”对话框

表格排序是指为了便于查询而对表格中数据进行的排序操作。可以单击“表格工具 / 布局”功能区“数据”分组中的“排序”按钮，弹出“排序”对话框。在“排序依据”下拉列表框中选择主要关键字，以确定作为排序基准的列，也可以接着选次要关键字等，单击“确定”按钮即可。

3. 格式化表格

（1）调整表格大小

在表格内双击或选取单元格，这时表格出现调整控点，拖动右下角调整控点，表格内的单元格会自动等比例调整其大小，不会破坏原来的单元格设置。拖动表格左上角的位置控点，可将表格拖放到任意位置。

（2）调整行高和列宽

把鼠标指针指向表格的行边框线或垂直标尺上的行标志，按住鼠标左键拖动可以改变行高。调整列宽实际上是改变本列中所有单元格的宽度，可以用鼠标直接拖动。另外，调整行高和列宽也可以在“表格工具/布局”功能区“单元格大小”分组中通过输入数值精确调整行高或设置列宽。

（3）单元格对齐

在默认情况下，表格中的文字根据单元格的左上方对齐，可以修改表格中文字的对齐方式。选中单元格后并右击，在弹出的快捷菜单中选择“单元格对齐方式”命令中的符合要求的对齐样式即可。也可以使用“表格工具/布局”功能区“对齐方式”分组中的文字的对齐方式。

（4）表格的边框和底纹

要给表格添加边框，可单击该表格中任意一处，要给指定单元格添加边框，则仅选定这些单元格，包括单元格结束标记，然后单击“表格工具/设计”功能区“表格样式”分组中所需的按钮。如果想要改变底纹，则在表格中选定要修改的单元格、行或列，单击“表格工具/设计”功能区“表格样式”分组中的“底纹”按钮旁边的下拉按钮，再选择不同的颜色，进行修改。

6.1.7 文档的打印

文档编辑排版好了之后就可以打印了，打印之前还需要进行打印预览或一些打印设置。

1. 打印预览

如果打印前想看看文章的实际打印效果，可以使用打印预览功能。选择“文件”选项卡中的“打印”命令，在打开的“打印”窗口右侧的预览区域中可以查看文档的打印预览效果，用户所做的纸张方向、页面边距等设置都可以通过预览区域查看效果。用户还可以通过调整预览区下面的滑块改变预览视图的大小。

2. 打印输出

在实际打印输出之前需要对打印参数进行设置。打印参数的设置主要包括打印机的设置、打印范围的设定和打印份数的指定。

对打印机的设置实际上就是选择打印机的驱动程序，只有选取了正确的打印驱动程序，打印机才能正常打印。选择“文件”选项卡中的“打印”命令，打开“打印”选项卡。在“打印”选项卡上默认打印机的属性自动显示在第一部分中，工作簿预览自动显示在第二部分中，在“打印机”中的“名称”下拉列表框中选择一个和与计算机实际相连的打印机。单击“打印机属性”按钮，可以对打印机作进一步详细的设置，一般来说只要连接到计算机的打印机没有更换，打印机属性只需设置一次即可。

在“打印”选项卡中，需要设置打印范围：可选择“打印所有页”“打印当前页”“打印所选内容”“打印自定义范围”等选项；“页数”输入框用来输入页码或者页码范围设置打印范围，例如“1，3-6”表示打印第 1、3、4、5、6 页。另外，还可以对纸张方向、纸张类型、页面边距，是否双面打印，打印份数等参数作进一步的设置。若要在打印前返回文档并进行更改，可以单击“文件”选项卡。

如果设置完成后打印机的属性以及文档均符合要求，单击“打印”按钮，就可以开始打印文档。

6.2 电子表格应用基础

Microsoft Excel 2010 是一种专门用于数据计算、统计分析和报表处理的软件。Excel 是微软公司出品的 Office 系列办公软件中的一个重要产品，它是一个电子表格软件，可以用来完成许多复杂的数据运算，进行数据的分析和预测，并且具有强大的制作图表的功能。由于 Excel 具有十分友好的人机界面和电子数据表、图表、数据透视表等功能融和为一体等强大的功能，因此已被广泛应用于国内外金融、财务、统计、管理等各个方面。

6.2.1 Excel 2010 简介

1. Excel 窗口

启动 Excel 2010 以后就可以看到图 6-9 所示的 Excel 窗口。它由以下几个主要部分组成：

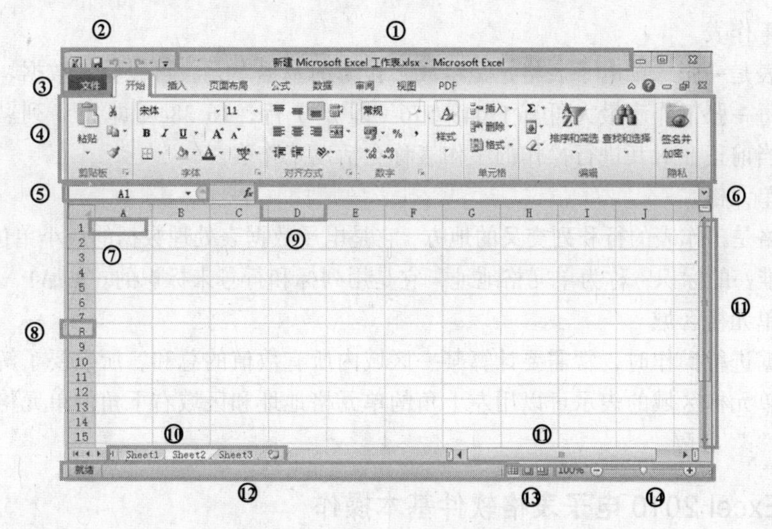

图 6-9　Excel 2010 窗口

① 标题栏：显示正在编辑的工作表的文件名以及所使用的软件名。

② 快速访问工具栏：常用命令位于此处，例如“保存”和“撤销”。也可以添加个人常用命令。

③“文件”选项卡：包含了与文件相关的基本命令（如“新建”“打开”“关闭”“另存为”和“打印”等）。

④ 功能区：代替了传统的“菜单”或“工具栏”，工作时需要用到的命令位于此处。

⑤“名称框”：用于显示当前活动单元格的名称，也可用来定义单元格的名称。

⑥“编辑栏”：用于显示或编辑单元格中的数据和公式。

⑦“活动单元格”：是指该单元格得到了输入焦点，用户输入的内容会出现在活动单元格中。

⑧ 行号：Excel 2010 中，行号是 1，2，…，65536，…，1048576。

⑨ 列标：Excel 2010 中，列标是 A，B，C,…，Y，Z，AA，AB，…，AZ，BA，BB，…，BZ，…，AAA，AAB，…，XFC，XFD。

⑩ 工作表标签：用来标识工作簿中不同的工作表。

⑪ 滚动条：可用于更改正在编辑的工作表的显示位置。

⑫ 状态栏：显示正在编辑的工作表的相关信息。

⑬“视图”快捷方式：Excel 2010 支持 3 种视图显示方式，即普通视图、页面布局视图、分页预览视图，用户可以根据需要在多种视图间进行切换。

⑭ 缩放滑块：可用于更改正在编辑的文档的显示比例设置。

2. 工作簿、工作表、单元格

（1）工作簿

一个工作簿文件就是一个 Excel 文件，其扩展名为.xlsx。工作簿窗口是 Excel 打开的工作簿文档窗口，它由多个工作表组成。

在 Excel 中，一个 Excel 文件就是一个工作簿。工作簿是由多个工作表组成。工作表是由行、列组成的单元格构成。单元格是组成工作簿的最基本的元素。工作簿与工作表之间的关系类似于财务工作中的账簿和账页。

（2）工作表

工作表是一张二维电子表格，是组成工作簿的基本单元，可以输入数据、公式，编辑格式，每一张工作表最大可有 1 048 576（即 2^{20}）行，16 384（即 2^{14}）列。在使用工作表时，当前正在对其进行操作的工作表称为活动工作表。

（3）单元格

单元格是工作表的行和列交叉的地方，它是电子数据表处理数据的最小单位。每个单元格都有唯一的标识，称为单元格地址，它是用列标和行号来标识的。如 A1、D5 等。

（4）单元格区域

对数据进行操作时，常需要计算某一区域内所有数值的总和，所以要了解区域的表示方法。单元格区域的表示可以用左上角的单元格地址和区域右下角的单元格地址，然后中间用“:”分隔。

6.2.2 Excel 2010 电子表格软件基本操作

1. 工作簿

（1）新建工作簿

启动 Excel 2010 应用程序后，将自动创建一个名为“工作簿 1”的新工作簿。用户也可以另外建立一个新的工作簿，在“文件”选项卡中选择“新建”命令；然后在弹出的“可用模板”窗格中根据需要选择不同的模板，选定后在右侧预览框中可以进行预览。

（2）保存工作簿文件

新建一个工作簿后，不要急于录入内容，正确的做法是先进行保存，以免录入过程中出现问题而导致新建工作簿的内容丢失。这样不但有利于工作簿长久保存，而且便于以后再次使用。当新建的工作簿第一次保存时，单击快速访问工具栏中的“保存”按钮，会出现一个“另存为”对话框，这时需在“保存位置”下拉列表框中选择合适的文件夹，然后在“文件名”文本框中输入目标文件名，选择合适的“文件类型”，最后单击“保存”按钮即可。

2. 工作表

Excel 2010 的工作表用户通常只能对当前的活动工作表进行操作，但有时用户需要同时对多个工作表进行复制、删除等操作，此时就需要首先选定工作表。

（1）选择工作表

对工作表的编辑，遵循“先选定，后操作”的原则。单击工作表的标签就可选择指定工作表。若要选择多张连续的工作表，可以选好第一张工作表后，按住【Shift】键，再单击最后一张工作表标签。若要选择一组不连续的工作表，可以在选取第一张工作表后，按住【Ctrl】键，再单击要选取的其他工作表标签。若要选择所有工作表，可以将鼠标指向工作表标签后并右击，在弹出的快捷菜单中选择“选定全部工作表”命令，则所有工作表都被选取。选取了一组工作表后，在一张工作表上的进行操作，则其他被选取的工作表也进行了相同的操作。例如，在一张工作表的单元格中删除数据，则其他被选取的工作表单元格中的数据也同样被删除。

（2）插入与删除工作表

新建的工作簿中，默认包含了 3 张工作表，可以根据需要，在工作簿中增加新的工作表。在工作表标签处单击“插入工作表”图标就可以在工作簿末尾插入一张新的工作表；也可以在工作表标签上右击，在弹出的快捷菜单中选择“插入”命令，在当前工作表前插入一张工作表。删除无用的工作表则是在工作表标签上右击，在弹出的快捷菜单中选择“删除”命令即可。

（3）移动、复制与重命名工作表

在同一个工作簿上移动工作表，可以直接通过鼠标拖拽移动工作表。如果在拖动的同时按住【Ctrl】键，则会为当前工作表产生一个副本。若需要在工作簿之间（包括工作簿内）移动工作表，则在工作表标签上右击，在弹出的快捷菜单中选择“移动或复制工作表”命令，在弹出的“移动或复制工作表”对话框中可以完成工作表的移动或复制。

（4）工作表重命名

如果要改变工作表的名字，在工作表标签处右击，在弹出的快捷菜单中选择“重命名”命令，或者可以双击工作表标签，则工作表名“反白”显示，输入新的名字，按【Enter】键即可。

6.2.3 Excel 2010 工作表数据编辑

1. 单元格与单元格区域的选择

单元格是工作表的最基本组成单位，无论数据录入还是数据处理，都首先要选取单元格。选择单元格区域是许多编辑操作的基础，单元格区域的选择方法如下：

（1）选择一个或多个单元格

① 选定一个单元格：只要某单击该单元格，或者用编辑键盘也可以移动光标到需要选定的单元格上。

② 选择一个矩形区域内多个相邻单元格：如果所有待选择单元格在窗口中可见，则可以在矩形区域的某一角位置按下鼠标左键，然后沿矩形对角线拖动鼠标进行选取操作。

如果部分待选择单元格在窗口中不可见，则可以在矩形区域的第一个单元格上单击，然后拖动滚动条使矩形对角线位置的单元格可见，接着按住【Shift】键，并单击矩形对角线位置单元格即可完成区域的选取。

③ 选择多个不相邻的单元格：首先选择一个单元格，再按住【Ctrl】键，单击其他单元格。

④ 选择工作表中所有单元格：可以单击工作表“全选按钮”或者通过键盘执行快捷键【Ctrl+A】。“全选按钮”位于A1单元格的左上角。

⑤ 取消单元格选定区域只需单击相应工作表中的任意单元格即可。

（2）选择一行（列）或多行（列）

① 选择一行：单击行号列标。

② 选择相邻多行（列）：在行号列标上拖动鼠标；或者单击第一行（列）的行（列）号，然后按住【Shift】键，再单击最后一行（列）的行（列）号。

③ 选择不相邻的多行（列）：先单击其中一行（列）的行号列标，然后按住【Ctrl】键，单击其他行（列）的行号（列标）。

2. 工作表数据的输入

Excel 工作表的单元格中可输入的数据类型有文本、数值、逻辑值、公式和函数等。

操作之前，首先选定要输入的单元格，使目的单元格为当前单元格。然后输入内容，编辑栏左边显示的×和√是放弃输入项和确认输入项。

（1）输入文本

文本是指由字母、汉字、数字或符号等组成的数据。如 ABC、汉字、@￥%、010-88888888 等形式的数据，它是以ASCII码或者汉字机内码的形式保存在单元格中的。一个单元格中可输入的文本最大长度为 32 000 个字符。

如果要将数字作为字符串（即文本）输入，应先输入一个英文状态的单引号，以示区别，结果会在单元格左边对齐，常用于邮政编码、电话号码、学号的输入等。例如：'123.45。文本在单元格中自动左对齐。而数值型数据在单元格中自动右对齐，这和数字作为文本在单元格中显示有不同之处。

（2）输入数值

在 Excel 2010 中，数值型数据是使用最多也是最为复杂的数据类型。

如果要输入正数，直接将数字输入单元格中。如果要输入负数，必须在数字前加一个负号“-”或给数字加上圆括号。例如，输入-66 或(66)都可以在单元格中得到-66。

如果要输入科学记数，可先输入整数部分，再输入 E 或 e 和指数部分。数字自动右对齐，负数在前面加负号（即减号），当超过 11 位时，自动以科学记数法表示，例如1.34E+05。

如果要输入百分比数据，可以直接在数值后输入百分号%。

分数的输入方法：例如，输入 1/2，应该输入 0 1/2（注意：0、1 之间有一空格）。

在 Excel 2010 中，除了可输入数字数值外，日期和时间也是一种数值型数据。输入日期和时间值时，必须按照一定的格式。对于日期时间型数据，按日期和时间的表示方法输入即可。输入日期，用连字符-或斜杠“/”分隔日期的年、月、日。输入时间时用：分隔，Excel 默认为 24 小时制，若想采用 12 小时制，时间后加后缀 AM 或 PM。例如：2016-1-1、2016/1/1、8:30:20 AM 等均为正确的日期型数据。若要输入当天的日期，可按快捷键【Ctrl+分号】；若要输入当前的时间，可按快捷键【Ctrl+Shift+分号】。当日期时间型数据太长，超过列宽时会显示####，它表示当前列宽太窄。用户只要适当调整列宽就可以正常显示数据。数值型数据自动右对齐。

3. 数据的自动填充

为了提高输入效率，不仅可以通过键盘直接输入数据，还可以利用 Excel 提供的自动填充功能快速输入数据。所谓自动填充，是指向一组连续的单元格中快速填充一组有规律的数据。

在输入一个工作表时，经常会遇到有规律的数据。例如，需要在相邻的单元格中填入序号 1、2、3……，或是一月、二月……，或是 10、30、50、70……等序列，这时就可以使用 Excel 的自动填充功能。自动填充是一种快速填写数据的方法。Excel 内置的序列数据有日期序列、时间序列和数据值序列，用户也可根据需要创建自定义序列。

数据的填充有多种方法：

（1）使用鼠标左键填充

用鼠标自动填充时，需要用到填充柄。填充柄位于选定区域的右下角，如图 6-10 所示。在输入了第一个数据以后，移动鼠标到单元格的右下角黑方块处，即填充柄处。

当鼠标变成小黑十字时，按住鼠标左键，拖动填充柄经过目标区域。当到达目标区域后，放开鼠标左键，自动填充完毕，此时可以在一组连续单元格中填充相同的数据。如果填充递增的数据则填充的同时按住【Ctrl】键。

（2）利用菜单填充

首先输入了第一个数据并选择好了要填充同一数据的区域，然后在“开始”功能区的“编辑”分组中，单击“填充”按钮右侧的下拉按钮，在下拉菜单中选择“系列”命令，出现“序列”对话框，如图 6-11 所示。如果要填充的数值不是相等的，而是成等差级数或等比级数，则在“序列产生在”框中选择是按行还是按列填充，再在“类型”框中选择这一系列的数据是等差关系还是等比关系。并在“步长值”文本框中输入公差或者公比的值。如果选择“日期”类型，它将按日期的格式处理。如果事先没有选择填充区域，则在“序列”对话框中要给出“终止值”，系统将步长计算填充，达到终止值便结束填充。

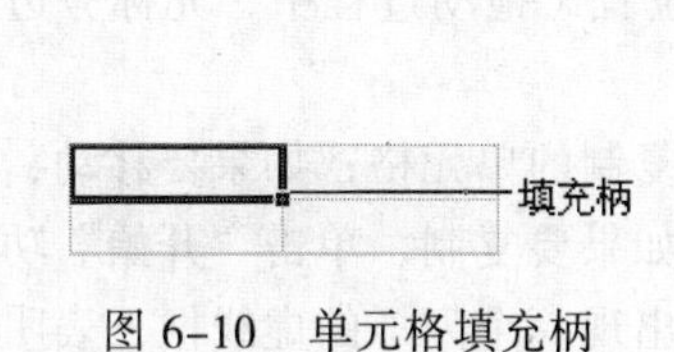

图 6-10　单元格填充柄　　　　图 6-11　“序列”对话框

（3）填充自定义序列数据

在实际应用中，Excel 提供的序列有时不能完全满足需要。可以利用 Excel 提供的自定义序列功能来建立用户需要的序列。在 Excel 2010 中，相较于 Excel 2003 和 Excel 2007，“编辑自定义列表”按钮的位置发生了变化；可以打开“文件”选项卡，单击“选项”按钮，弹出“Excel 选项”对话框，在“高级”属性页的“常规”分组中找到该按钮。单击该按钮，弹出“自定义序列”对话框，如图 6-12 所示。在“输入序列”文本框中输入新序列的项目，各项目之间用半角逗号分隔，也可输入一个项目后按【Enter】键，单击“添加”按钮，将输入的序列保存起来。

在建立一个自定义序列之后，只要在单元格中输入序列中的任何一个，即可用拖动填充柄的方法完成序列中其他数据元素的循环输入。

（4）有效性输入

为了保证输入的正确性，提供了一种有效性输入。例如，在输入学生成绩时，输入的分数应大于等于 0 并且小于等于 100，则需要进行效性输入设置。

首先选定输入区域，切换到“数据”功能区，在“数据工具”分组中单击“数据有效性”按钮，在下拉菜单中选择“数据有效性”命令，弹出如图 6-13 所示的对话框。在该对话框中选择“设置”选项卡，在有效性条件的“允许”下拉列表框中选择“整数”，在“数据”下拉列表框中选择“介于”，在“最小值”下拉列表框中输入 0，在“最大值”下拉列表框中输入 100，单击“确定”按钮完成设置。

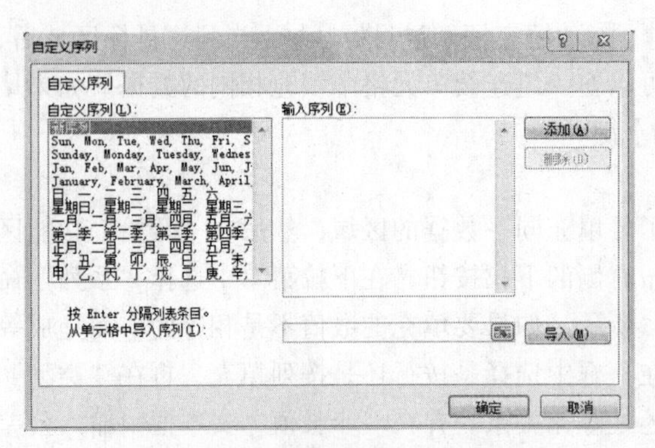

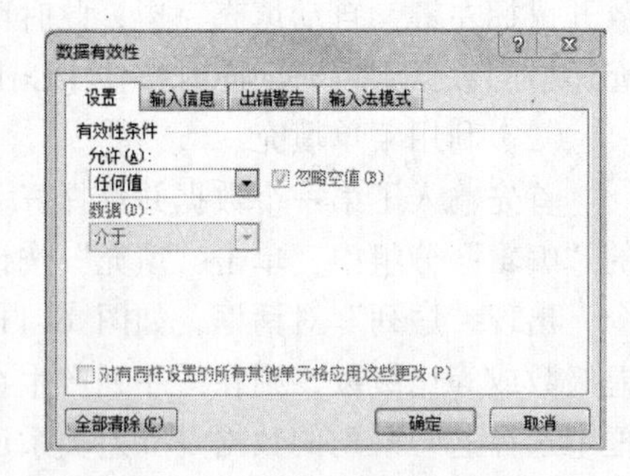

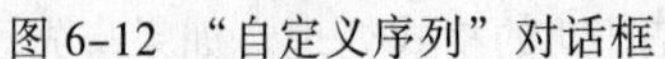
图 6-12 “自定义序列”对话框

图 6-13 “数据有效性”对话框

4. 单元格内容的编辑

（1）单元格内容复制

单元格内容的移动和复制，常用的方法有鼠标拖动和使用剪贴板两种。

使用鼠标操作：选择要移动、复制的单元格；如果要移动，将光标移动到单元格边框的下侧或右侧，出现箭头状光标时用鼠标拖动单元格到新的位置即可；如果要复制，则需要按住【Ctrl】键的同时，拖动单元格到新位置（拖动过程中，光标旁边会出现当前单元格的位置名），释放鼠标键即可完成操作。

使用剪贴板进行移动、复制：选择要移动、复制的单元格；如果要移动，单击“开始”功能区“剪贴板”分组中的“剪切”按钮；如果要复制，单击“开始”功能区“剪贴板”分组中的“复制”按钮。所选内容周围会出现一个闪烁的虚线框，表明所选内容已放入剪贴板上；单击新位置中的第一个单元格，单击“开始”功能区“剪贴板”分组中的“粘贴”按钮，即可完成移动或复制操作。

在选择过程中，按【Esc】键，可取消选择区的虚线框；或双击任一非选择单元格，也可取消选择区域。

（2）单元格内容的删除

首先选择要删除内容的单元格，然后单击“开始”功能区“编辑”分组中的“清除”按钮，在下拉菜单中选择要删除的对象（有“格式”“内容”“批注”“超链接”“全部”命令）。需要注意的是，若按【Delete】键，则仅删除单元格的文本内容，并没有对其格式进行清除。也可以选择要删除内容的单元格并右击，在弹出的快捷菜单中选择“清除内容”命令。

（3）表格中删除选定的单元格

如果用户需要删除单元格本身（并非单元格内容），则 Excel 会将其右侧或下方单元格的内容自动左移或上移。其操作方法是：首先选择所要删除的单元格；单击“开始”功能区“单元格”分组中“删除”按钮，在下拉菜单中选择“删除单元格”命令，弹出“删除”对话框，选择删除后周围单元格的移动方向，单击“确定”按钮，完成删除操作。也可以选择要删除内容的单元格并右击，在弹出的快捷菜单中选择“删除”命令，同样会弹出“删除”对话框，进行相应的设置即可。

（4）表格中单元格的插入

首先选择所要插入的单元格的位置；然后单击“开始”功能区“单元格”分组中的

"插入"按钮，在下拉菜单中选择"插入单元格"命令，弹出"插入"对话框，选择插入单元格后周围单元格的移动方向，单击"确定"按钮，完成插入操作。也可以选择要插入的单元格的位置并右击，在弹出的快捷菜单中选择"插入"命令，同样会弹出"插入"对话框，进行相应的设置即可。

（5）工作表插入、删除一行（列）或多行（列）

如果需要在已输入数据的工作表中插入一行或多行，或插入一列或多列，可按下列步骤进行操作：首先选定需插入行（列）的任一单元格，或单击行号（列标）选择一整行（列）。单击"开始"功能区"单元格"分组中的"插入"按钮，在下拉菜单中选择"插入工作表行"或"插入工作表列"命令即可。如果在当前位置插入空行，原有的行将自动下移；如果在当前位置插入空列，原有的列将自动右移。

若要删除不需要的行或列，可选择需要删除的行或列，然后单击"开始"功能区"单元格"分组中的"删除"按钮即可完成。

6.2.4 Excel 工作表的格式化

在 Excel 中，还可以通过对工作表格的格式化操作来修饰工作表的外观，使工作表更美观、整齐。格式化工作表包括设置单元格格式，改变工作表的行高和列宽，为工作表设置对齐方式，加上必要的边框和底纹以及使用自动套用格式等修饰功能。

1. 设置单元格格式

格式化单元格和区域前，首先选定要格式化的对象，然后可以通过"开始"功能区"字体"分组上相应的按钮设置工作表中字符的字体、字形及颜色，以及单元格的边框和底色，对数字进行格式化还可以通过"开始"功能区"数字"分组中相应的按钮设置货币样式、千位分隔样式、百分比样式、小数位数等格式。

Excel 2010 中含有多种内置的单元格样式，以帮助用户快速格式化表格。选中要格式化的单元格，单击"开始"功能区"样式"分组中的"单元格样式"按钮，在打开的单元格样式列表中选择合适的样式即可。

如果要更详细地设置单元格格式，可以单击"格式"功能区"单元格"分组中的"格式"按钮，在下拉菜单中选择"设置单元格格式"命令，或者右击单元格，在弹出的快捷菜单中选择"设置单元格格式"命令，弹出"设置单元格格式"对话框，如图 6-14 所示，对话框中有数字、对齐、字体、边框、填充、保护等 6 个选项卡。

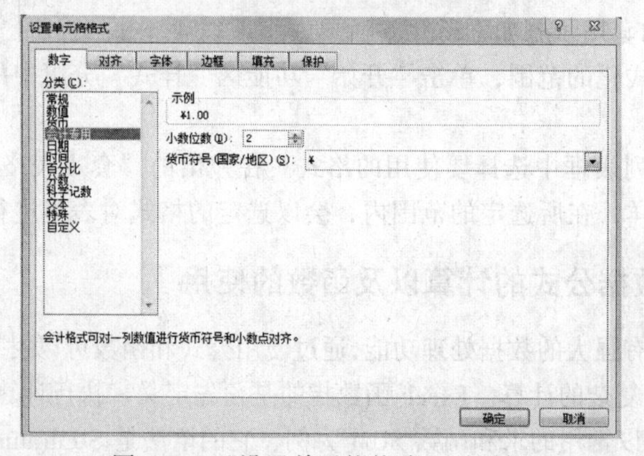

图 6-14 "设置单元格格式"对话框

在“数字”选项卡中可以设置数据的书写格式，Excel 把在单元格中输入的数字分为许多不同类型，包括“常规”“数值”“货币”“会计专用”“日期”“科学记数”等多种类型，不同类型的数字还可以设置多种格式，例如小数位数、负数格式、分数格式、日期格式、科学记数格式等；在“对齐”选项卡中可以设置数据的对齐方式，对数据进行靠左、靠右、居中、两端对齐、跨列居中以及自动换行、字的方向如何旋转等项设置；在“字体”选项卡，可以设置单元格中数据的字体、字形、字号、下画线、颜色、特殊效果等操作，并可以预览。在“边框”选项卡，可以设置单元格的边框样式、线条形状和颜色等；在“填充”选项卡，可以设置单元格的填充图案及其颜色；在“保护”选项卡，可以将选定的单元格锁定或者隐藏，以保护其中的数据。

2. 设置工作表的行高和列宽

（1）调整行高

将鼠标指向工作表中需要改变宽度的行号的上下边界处，当鼠标指针变成“✛”形状时，拖动鼠标调整行高，这时 Excel 将会自动显示行的高度值。如果要同时更改多行的高度，可以先选定要更改的所有行，然后拖动其中一个行标题的下边界，即可调整所有已经选择的行的行高。

选择需要调整的行或行所在的单元格，单击“开始”功能区“单元格”分组中的“格式”按钮，在下拉菜单中选择“行高”命令，在弹出的对话框中输入新的行高值，然后单击“确定”按钮。

（2）调整列宽

把鼠标指针移动到该列与左右列的边界处，当鼠标指针变成“✛”形状时拖动鼠标调整列宽，这时 Excel 将会自动显示列的宽度值。

选择需要调整的列或列所在的单元格，单击“开始”功能区“单元格”分组中的“格式”按钮，在下拉菜单中选择“列宽”命令，在弹出的对话框中输入新的列宽值，然后单击“确定”按钮。

3. 自动套用格式

为了方便用户进行格式编排，Excel 2010 提供了多种常用的表格格式供用户使用，它可以根据预设的格式，将用户制作的报表格式化，产生美观的报表，也就是表格格式的自动套用。这种自动格式化的功能，可以节省使用者将报表格式化的许多时间，而制作出的报表却很美观。

表格样式自动套用步骤如下：

① 选取要格式化的范围，单击“开始”功能区“样式”分组中的“套用表格格式”按钮。

② 在弹出的列表框中选择要使用的格式。在弹出的“套用表格式”对话框中单击“确定”按钮。这样，在所选定的范围内，会以选定的格式对表格进行格式化。

6.2.5 Excel 数据公式的计算以及函数的使用

Excel 2010 具有强大的数据处理功能，通过使用公式和函数可以对表中数据进行总计、求平均值、汇总等复杂的计算。Excel 函数指的是预先定义，执行计算、分析等处理数据任务的特殊公式。以常用的求和函数 SUM 为例，它的语法是 SUM(number1,number2,...)。

其中，SUM 称为函数名称，它决定了函数的功能和用途。函数名称后紧跟左括号，用逗号分隔的称为参数的内容，最后用一个右括号表示函数结束。

函数与公式既有区别又互相联系。如果说前者是 Excel 预先定义好的特殊公式，那么后者就是由用户自行设计对工作表进行计算和处理的计算式。以公式=SUM(E1:H1)*A1+26 为例，它要以等号“=”开始，其内部可以包括函数、引用、运算符和常量。上式中的 SUM(E1:H1)是函数，A1 则是对单元格 A1 的引用（使用其中存储的数据），26 则是常量，*和+则是算术运算符（另外还有比较运算符、文本运算符和引用运算符）。

1. 公式

（1）单元格中公式的输入

通过公式可以对表中的数据执行各种运算，如加、减、乘、除、比较、求平均值、最大值等。通过公式也可以建立工作簿之间、表之间、单元格之间的运算关系。使用公式时，当公式中引用的单元格的原始数据发生改变时，公式的计算结果也会随之更新。在一个公式中，可以包含各种运算符、常量、变量、函数、单元格地址等。

Excel 通过引进公式，增强了对数据的运算分析能力。公式是对工作表数据进行运算的方程式。在 Excel 中，公式在形式上是由等号开始，其语法可表示为“=表达式”。其中表达式由运算数和运算符组成。运算数可以是常量数值、单元格或区域的引用、函数等；而运算符则是对公式中各运算数进行运算操作。例如，=1+2+3、=C1-20、=SUM(B10:D25)+3.128 都是符合语法的公式。

需要注意的是，当用户确认公式输入完成后，单元格显示的是公式的计算结果。如果用户需要查看或者修改公式，则可以双击单元格，在单元格中查看或修改公式；或者单击单元格，在编辑栏中查看或修改公式。

（2）运算符

Excel 公式的运算符和运算规则如下：

算术运算符：用来完成基本的数学运算，算术运算符有+（加）、-（减）、*（乘）、/（除）、%（百分比）、^（乘方），用它们连接常量、函数、单元格和区域组成计算公式，其运算结果为数值型。

文本运算符：文本类型的数据可以进行连接运算，运算符是&，用来将一个或多个文本连接成为一个组合文本。例如="wel"&"com"的结果为 welcom。

关系运算符：用来对两个数值进行比较，结果为逻辑值 True（真）或 False（假）。比较运算符有=（等于）、>（大于）、<（小于）、>=（大于等于）、<=（小于等于）、<>（不等于）等。

引用运算符：用以对单元格区域进行合并运算。引用运算符包括区域、联合和交叉。区域（冒号）表示对两个引用及其之间的所有单元格进行引用，例如 SUM(D3:F8)。联合（逗号）表示将多个引用合并为一个引用，例如 SUM(A5,A15,E5,E15)。交叉（空格）表示产生同时隶属于两个引用的单元格区域的引用。运算的优先级别从高到低分别为：引用运算符、算术运算符、文本运算符、关系运算符。优先级相同时从左向右进行，要改变优先级可以加括号。

由于 Excel 2010 有很强的数据运算功能，所以可以在单元格中直接输入计算公式，系统会根据公式计算出结果。其方法是：先选择单元格，然后在编辑栏中输入等号=，表示按等号后的公式计算。再在等号后直接输入公式，最后按【Enter】键或单击编辑栏上的“✓”按钮。

例如，在单元格 E3 中输入=78*5，然后按【Enter】键，单元格的值是 390。在一个单元格中输入公式后，如果相邻的单元格中需要进行同类型的计算，可以利用公式的自动填充功能，用拖动填充柄的方法完成公式自动填充。

（3）单元格的引用

在 Excel 的公式和函数中都可以引用单元格的地址，以代表对应单元格中的内容。如果改变单元格的数据，其计算结果也会随之改变，因为在公式中参与运算的是存放数据的单元格地址，而不是数据本身，这样公式运算结果总是采用单元格中当前的数据。在 Excel 中单元格地址主要有相对引用、绝对引用和混合引用三种引用方式。

单元格引用用于标识工作表中单元格或单元格区域，它在公式中指明了公式所使用数据的位置。

① 相对地址引用。Excel 默认的单元格地址引用方式，当公式复制或填入新的单元格中时，公式中所引用单元格的地址将根据新单元格的地址自动调整。例如，在 A1 单元格中输入公式=A2+A3+A4，然后将 A3 单元格的公式复制到 B3、C3，这时会发现在 B3、C3 显示的公式是相对地址的表达式=B2+B3+B4 和=C1+C2+C4。不难看出，公式复制后相对行（列）会发生变化，公式中所有的单元格引用地址行（列）也发生了变化。

② 绝对地址引用。当公式复制或填入新的单元格中时，公式中所引用的单元格地址保持不变。通常在行号和列标前加上$符号来设置“绝对地址”引用。例如，在 A1 单元格中输入公式=$A$2+$A$3，将 A1 中的公式复制到 B2 时，B2 显示的公式是=$A$2+$A$3，A1 单元格的地址始终保持不变。

③ 混合地址引用。混合地址引用是在一个单元格的地址引用中，既有绝对地址，又有相对地址，则当公式复制时，或者行号或者列标保持不变。例如，单元格地址$A2 表示“列”标保持不变，“行”号随着新的复制而发生变化。单元格地址 A$2 表示“行”号保持不变，“列”标随着新的复制而发生变化。

④ 在当前工作簿中引用其他工作表中的单元格。为了指明此单元格属于哪个工作表，可在该单元格坐标或名称前加上其所在的工作表名称和感叹号分隔符！。例如，Sheet5!B5 表示对 Sheet5 工作表中的 B5 单元格的引用。

⑤ 引用其他工作簿中的单元格。当引用其他工作簿中的单元格时，需指明此单元格属于哪个工作簿的哪张工作表，其引用格式为：[工作簿名称]工作表名!单元格名称。例如，[Book1]Sheet2!B5 表示引用了文件名为 Book1 工作簿的 Sheet2 工作表中的 B5 单元格的数据。

2. 函数

Excel 中所提的函数其实是一些预定义的公式，它们使用一些称为参数的特定数值按特定的顺序或结构进行计算。用户可以直接用它们对某个区域内的数值进行一系列运算，如分析和处理日期值和时间值、确定贷款的支付额、确定单元格中的数据类型、计算平均值、排序显示和运算文本数据等。例如，SUM 函数对单元格或单元格区域进行加法运算。

函数的格式为：函数名([参数 1][,参数 2]...)，函数名必须有，参数可有一个或多个，也可没有参数，但函数名和一对圆括号是必需的。表 6-2 列出了常用的函数。参数可以是文本、数字、逻辑值或单元格引用等。例如，SUM(B2,C2)，其中 SUM 就是函数名，B2、C2 是参数，表示函数运算的数据。

表 6-2 常用函数

语　法	作　用
SUM (number1, number2,...)	返回单元格区域中所有数值的和
AVERAGE(number1, number2,...)	计算参数的算术平均值
IF (logical_test, value_if_true, value_if_false)	执行真假值判断，根据对指定条件进行逻辑评价的真假而返回不同的结果
COUNT(value1, value2,...)	计算参数表中的数字参数和包含数字的单元格的个数
MAX(number1, number2,...)	返回一组数值中的最大值，忽略逻辑值和文本字符
MIN(number1, number2,...)	返回一组数值中的最小值，忽略逻辑值和文本字符
INT(number)	将数值向下取整为最接近的整数
SUMIF(range, criteria, sum_range)	根据指定条件对若干单元格求和
ABS(number)	返回给定数值的绝对值，即不带符号的数值
AND(logical1, logical2,...)	如果所有参数值均为 TRUE，将返回 TRUE；如果任一参数值为 FALSE，将返回 FALSE

对于一些比较简单的函数，用户可以用输入公式的方法直接在单元格中输入函数。对于参数较多或比较复杂的函数，一般采用“粘贴函数”按钮来输入。其操作步骤如下：

① 选定要粘贴函数的单元格。

② 单击“公式”功能区“函数库”分组中“插入函数”按钮，弹出“插入函数”对话框，如图 6-15 所示。

③ 从“或选择类别”下拉列表框中，选择要输入函数的类别，再从“选择函数”列表框中选择所需要的函数。

④ 单击“确定”按钮，弹出如图 6-16 所示的“函数参数”对话框。

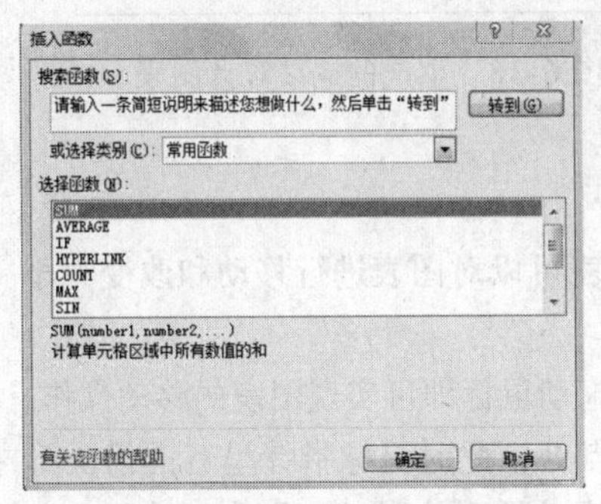

图 6-15 “插入函数”对话框

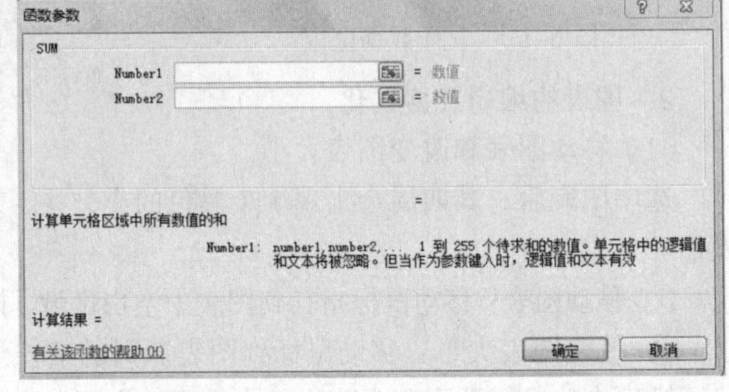

图 6-16 “函数参数”对话框

⑤ 输入所选函数要求的参数（可以是数值、引用、名字、公式和其他函数）。如果要将单元格引用作为参数，可单击参数框右侧的“暂时隐藏对话框”按钮，这样只在工作表上方显示参数编辑框。再从工作表上单击相应的单元格，再次单击“暂时隐藏对话框”按钮，恢复“函数参数”对话框。

⑥ 选择确定按钮即可完成函数的功能，并得到相应的计算结果。

另外，还可以使用常用函数列表输入函数，操作步骤如下：

① 在编辑栏的编辑区内输入“=”，这时屏幕名称框内就会出现常用函数列表。

② 从中选择相应的函数，输入参数，即可完成函数的功能。

求和运算在 Excel 中使用的较多，所以 Excel 专门提供了“自动求和”按钮。在“公式”功能区“函数”分组中，单击“自动求和”按钮后，将对选定的单元格自动求和。另外，还可单击“求和”旁边的下拉按钮，在下拉菜单中选择自动求均值、计数、最大值、最小值等函数。

6.2.6 Excel 数据图表

在 Excel 中，可以将工作表中的数据以各种统计图表的形式显示，可以使数据分析更加清晰、直观。图表与普通的工作表相比，具有十分突出的优势，它不仅能够直观地表现出数据值，还能更形象地反映出数据的对比关系。在 Excel 2010 中，可以制作一张独立的图表，也可以将图表插入工作表内，而且当原始数据发生变化时，图表中对应的数据项自动随之而变。

1. 制作图表

建立图表之前首先要选取创建图表的数据源，例如，在图 6-17 所示的成绩统计表中可以选择单元格区域 B2:E12，单击“插入”功能区“图表”分组中“柱状图”按钮，在下拉菜单中选择“二维柱形图”第一种样式。图表自动生成，如图 6-18 所示。

	A	B	C	D	E
1	C语言程序设计 成绩				
2	学号	考试60%	实验30%	平时10%	总评
3	101	78	26	8	81
4	102	72	25	7	75
5	103	67	27	6	73
6	104	84	21	5	76
7	105	90	24	4	82
8	106	61	28	8	73
9	107	74	23	9	76
10	108	93	27	6	89
11	109	75	28	7	80
12	110	62	23	8	68
13					

图 6-17 选择数据范围

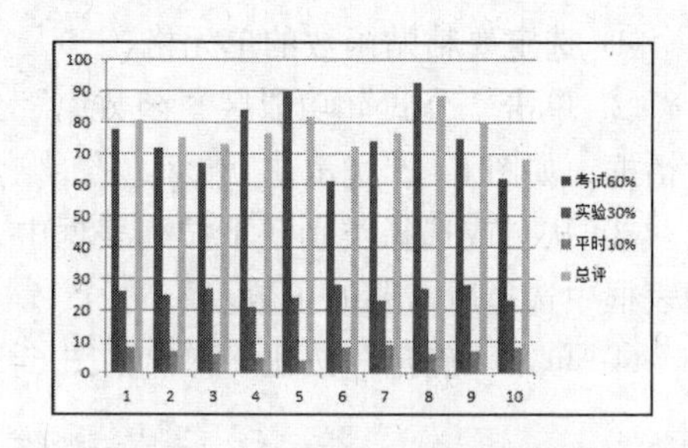

图 6-18 生成的成绩统计图表

2. 图表的编辑及格式化

（1）移动图表和改变图表大小

选中图表后，其四周会出现 8 个黑色的小方块，就可以对图表进行移动和改变大小操作。

① 移动图表：移动鼠标指针到图表中空白区域，拖动鼠标即可实现图表的移动操作。

② 改变图表大小：移动鼠标到图表四周的某控点处，此时鼠标指针呈双向箭头形状，然后拖动鼠标即可实现改变图表大小。也可以在拖动控点的同时按住【Alt】键，此时图表的边线和单元格的边框线精确重合。

（2）删除图表

选择图表后，按【Delete】键即可删除图表。

（3）添加图表标题

选中生成的图表，单击“图表工具/布局”功能区“标签”分组中的“图表标题”按钮，在下拉菜单中选择“图表上方”命令，此时在图表上方出现图表标题文本框，输入图表标题即可。

（4）添加坐标轴标题

利用类似的方法，可通过单击“图表工具/布局”功能区“标签”分组中“坐标轴标题”按钮，在下拉菜单中选择“主要横坐标轴标题”和“主要纵坐标轴标题”命令来添加横坐标轴和纵坐标轴标题。

（5）更改系列名称

如果想更改水平坐标轴的标签，可以选中图表，单击“图表工具/设计”功能区“数据”分组中的“选择数据”按钮，弹出“选择数据源”对话框。单击“水平（分类）轴标签”框中的“编辑”按钮，通过弹出的“轴标签”对话框中的折叠按钮，在成绩统计表中选择水平轴标签的数据源。

修改后的成绩统计图表如图 6-19 所示。

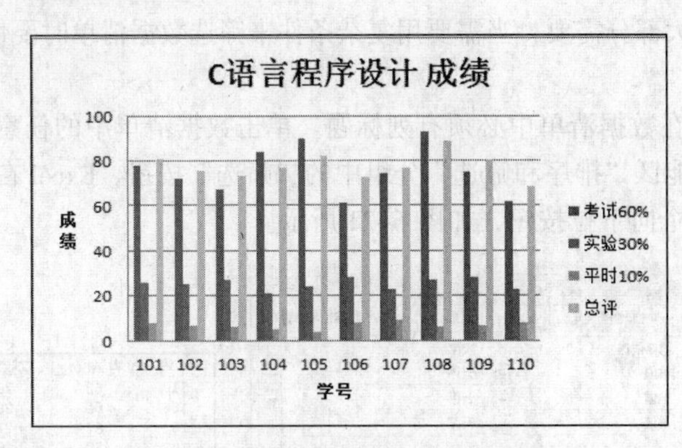

图 6-19　修改后的成绩统计图表

如果希望更改图表布局、图表样式、图表类型等，可以通过单击“图表工具”功能区中的其他按钮来实现。另外，也可以通过在图表中右击，在弹出的快捷菜单中选择相应的命令来实现。

6.2.7　Excel 数据管理

Excel 不但能对简单数据进行计算处理，而且具有一定的数据管理和分析功能。利用 Excel 可以很方便地对不同类型的数据进行各种处理，包括排序、筛选、分类汇总等操作。

1. 数据的排序

为了数据查找方便的需要，可以对数据进行排序。数据排序总是依照一定的关键字的值来进行。关键字一般是数据源中的字段名，可以按照关键字的值采取升/降序排列。Excel 对数据的排序依据是：如果字段是数值型或日期时间型数据，则 Excel 按照数据大小进行排序。如果字段是字符型数据，则英文字符按照 ASCII 码排序，汉字按照汉字机内码或者笔画排序。

（1）单列数据的排序

首先将光标放在工作表区域中需要排序字段的任一单元格。然后单击“数据”功能区“排序和筛选”分组中的“升序”按钮 或“降序”按钮 ，工作表中的数据就会按要求重新排列。

（2）多列内容的组合排序

有时需要对工作表中的多列数据进行排序，如当两个同学的总成绩相同时，需要依据语文成绩排序。其操作步骤如下：

① 单击要进行排序的数据区域，如 A2:E12。

② 单击“数据”功能区“排序和筛选”分组中“排序”按钮，弹出“排序”对话框，如图 6-20 所示。

③ 根据需要添加若干排序关键字，并设置排序方式（“升序”或“降序”），最后单击“确定”按钮完成排序。

2. 数据自动筛选

在数据列表中如果只想显示满足符合条件的记录，暂时隐藏不符合条件的记录，可以使用 Excel 的筛选功能。Excel 2010 提供了“自动筛选”和“高级筛选”按钮来筛选数据。自动筛选可以满足大部分需要，当需要用复杂条件来筛选数据清单时要使用高级筛选。

（1）自动筛选

自动筛选要求在数据清单中必须有列标题。单击数据清单中的任意一个单元格，然后单击“数据”功能区“排序和筛选”分组中的“筛选”按钮，Excel 在数据清单的每个列标题旁边出现一个向下拉按钮，如图 6-21 所示。

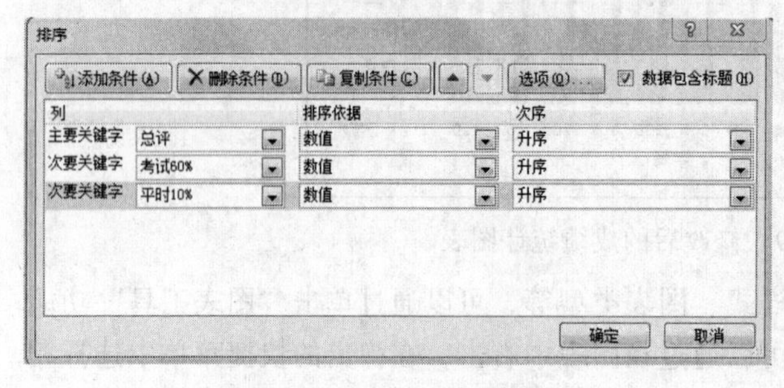

图 6-20 “排序”对话框

学号	考试60%	实验30%	平时10%	总评
110	62	23	8	68
106	61	28	8	73
103	67	27	6	73
102	72	25	7	75
104	74	27	5	76
107	74	23	9	76
109	75	28	7	80
101	78	26	8	81
105	90	24	4	82
108	93	27	6	89

图 6-21 自动筛选示例

单击下拉按钮，显示筛选的条件，选定某一条件，则在数据清单中筛选出所有符合条件的记录。如果有多个条件，可选择下拉列表中的“文本筛选”→“自定义筛选”命令，在弹出的“自定义自动筛选方式”对话框。在该对话框中可以设定两个筛选条件并确定它们的“与”“或”关系。

对于处于筛选状态的数据记录，单击“数据”功能区“排序和筛选”分组中的“筛选”按钮，即可清除筛选。

（2）高级筛选

使用高级筛选时，首先在远离数据清单的位置建立条件区域用来编辑筛选条件。条件区域与数据清单之间必须用空行和空列分隔开，并且条件区域至少应有两行，其中首行用来输入或复制筛选条件标题（条件标题必须与要筛选的字段名一致），从第二行起输入筛选条件，在同一行中的条件关系为“与”，在不同行之间的条件为“或”。

编辑好筛选条件以后，在数据清单中单击任意一个单元格，单击“数据”功能区“筛选”分组中的“高级”按钮，弹出“高级筛选”对话框。“方式”框可以决定在原有区域或者其他位置显示筛选结果；“列表区域”框用来指定数据区域，单击折叠按钮，然后在工作表中选取包含列标题在内的被筛选的数据区域，在“条件区域”框中指定条件区域，单击“条件区域”框中的折叠按钮，在工作表中选择条件区域，如图 6-22 所示。

C语言程序设计 成绩				
学号	考试	实验	平时	总评
110	62	23	8	68
106	50	28	8	66
103	67	27	6	73
102	72	25	7	75
104	74	27	5	76
107	74	23	9	76
109	75	28	7	80
101	78	26	8	81
105	90	24	4	82
108	93	27	6	89

列表区域

条件区域

实验	总评
>26	>70

图 6-22　高级筛选举例

单击“数据”功能区“排序和筛选”分组中的“清除”按钮，即可以清除“高级筛选”。

3. 数据的分类汇总

分类汇总的含义是首先对记录按照某一字段的内容进行分类，然后计算每一类记录指定字段的汇总值，如总和、平均值等。在进行分类汇总前，应先对数据清单进行排序，数据清单的第一行必须有字段名。

例如，统计图 6-23 成绩记录中男生和女生的总评的平均成绩。

分类汇总的具体操作步骤如下：

① 对数据清单中的记录按需要分类汇总的字段（即“性别”）进行排序。

② 单击数据清单中含有数据的任一单元格。

③ 单击“数据”功能区“分级显示”分组中“分类汇总”的按钮，弹出“分类汇总”对话框。

④ 在“分类字段”下拉列表框中，选择进行分类的字段名（所选字段必须与排序字段相同）。

⑤ 在“汇总方式”下拉列表框中，单击所需的用于计算分类汇总的方式，如求和等，此处为平均分。

⑥ 在“选定汇总项”下拉列表框中，选择要进行汇总的数值字段（可以是一个或多个）。此处选择“总评”字段。

⑦ 单击“确定”按钮，完成汇总操作，出现如图 6-24 的分类汇总结果。

	A	B	C	D	E	F
1			C语言程序设计 成绩			
2	学号	性别	考试	实验	平时	总评
3	101	女	78	26	8	81
4	102	女	72	25	7	75
5	103	男	67	27	6	73
6	104	男	74	27	5	76
7	105	男	90	24	4	82
8	106	女	50	28	8	66
9	107	女	74	23	9	76
10	108	女	93	27	6	89
11	109	男	75	28	7	80
12	110	男	62	23	8	68

图 6-23　分类汇总举例

	A	B	C	D	E	F
1			C语言程序设计 成绩			
2	学号	性别	考试	实验	平时	总评
3	103	男	67	27	6	73
4	104	男	74	27	5	76
5	105	男	90	24	4	82
6	109	男	75	28	7	80
7	110	男	62	23	8	68
8		男 平均值				76
9	101	女	78	26	8	81
10	102	女	72	25	7	75
11	106	女	50	28	8	66
12	107	女	74	23	9	76
13	108	女	93	27	6	89
14		女 平均值				77
15		总计平均值				77
16						

图 6-24　分类汇总结果

⑧ 如果想删除分类汇总的结果，则在“分类汇总”对话框中，单击“全部删除”按钮。

4. 数据透视表和透视图

分类汇总适合于按一个字段分类，对一个或多个字段进行汇总，如果要对多个字段同时分类并汇总就需要利用透视表和透视图。

假设通过图 6-25 所示的数据清单建立一个数据透视表，从中统计分析“是否参加培训”的学生的总评平均值和男女生总评平均值。其操作步骤如下：

C语言程序设计 成绩						
学号	性别	考试	实验	平时	总评	是否参加过培训
103	男	67	27	6	73	否
104	男	74	27	5	76	是
105	男	90	24	4	82	否
109	男	75	28	7	80	是
110	男	62	23	8	68	否
101	女	78	26	8	81	是
102	女	72	25	7	75	否
106	女	50	28	8	66	是
107	女	74	23	9	76	否
108	女	93	27	6	89	是

图 6-25 数据透视表举例

① 选定要建立数据透视表的数据清单，然后单击“插入”功能区“表格”分组中的“数据透视表”按钮，在下拉菜单中选择“数据透视表”命令，在弹出的“创建数据透视表”对话框中，确定要分析的数据源区域和要放置数据透视表的位置。

② 系统显示出要建的数据透视表以及“数据透视表字段列表”对话框。该对话框中列出了所有可以使用的字段。目的是显示总评成绩的平均值，因此把“性别”和“是否参加过培训”两个字段拖动放到“行标签”中，把“总评”字段拖动放到“数值”中；默认的是“求和项：总评”，若需要修改，单击右侧的箭头，弹出快捷菜单，选择“值字段设置”命令，并在弹出的“值字段设置对话框”中，选择“平均值：总评”。此时，在数据透视表中就可以看到是否参加过培训的男女生的总评平均值的汇总结果，如图 6-26 所示。

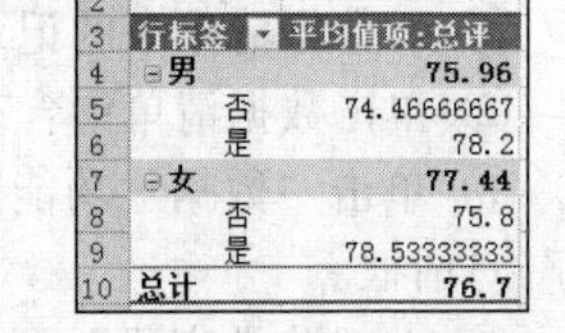

	行标签	平均值项:总评
2		
3	行标签	平均值项:总评
4	⊟男	75.96
5	否	74.46666667
6	是	78.2
7	⊟女	77.44
8	否	75.8
9	是	78.53333333
10	总计	76.7

图 6-26 建立的数据透视表

6.2.8 工作表的打印

工作表编辑好之后，就可以将其打印出来。在 Excel 2010 中打印操作包括页面设置、设置打印区域、打印预览和打印输出。

1. 页面设置

页面设置主要是设置工作表的打印格式。选择“文件”选项卡中的“打印”命令，在右侧“打印”窗口最下面选择“页面设置”按钮，弹出“页面设置”对话框，如图 6-27 所示。其中共有 4 个选项卡，通过选择相应选项可以设置页面、页边距、页眉/页脚、工作表。选择“页面”选项卡，可以设置打印方向（横向或纵向）、缩放比例、纸张大小等参数；选择“页边距”选项卡，其中显示了页边距的默认值，上下边距各是 2.5 cm，左右边距各是 1.9 cm。若想调整表格的打印位置，可以通过微调按钮设置上、下、左、右页边距及

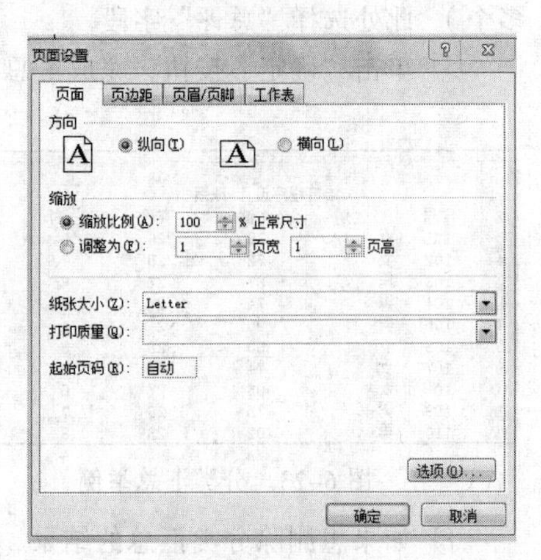

图 6-27 “页面设置”对话框

上下空白边到页眉与页脚的距离；在“页眉/页脚”选项卡中，单击“页眉”和“页脚”下拉框，可以选择系统中已有的一些页眉和页脚的内容和格式。也可以单击“自定义页眉”和“自定义页脚”按钮创建一个新的页眉和页脚格式。

如果要打印工作表，则选择“工作表”选项卡。单击“打印区域”框的折叠按钮在工作表中选取打印区域；在“打印标题”框中通过单击折叠按钮选择工作表的标题行和标题列。

2. 打印预览和输出

如果打印前想看实际打印效果，可以选择“文件”选项卡中“打印”命令，在“打印”右侧的打印预览区中看到实际打印效果。如果需要对打印参数进行设置，可以选择“文件”选项卡中的“打印”命令，在“打印”窗口中设置打印机、设定打印范围、指定打印份数等。这些设置和 Word 基本类似，在此不再重复。

除此之外还要设置一些与工作表本身有关的选项。Excel 允许设定任何范围的打印，包括打印整个工作簿、几个工作表、几个不同的数据区或指定页。要设定打印范围，可以选择“文件”选项卡中的“打印”命令，在右侧“设置”框中单击“打印活动工作表”右侧下拉按钮，在弹出的子菜单中选择相应的范围。其中，设置“打印选定区域”要首先选定要打印的数据区域，然后才能选择该命令。

6.3 演示文稿制作基础

一个 PowerPoint 文件称为一个演示文稿，通常它是由一张张幻灯片的形式构成。演示文稿是在现代办公活动中一种十分重要的信息传播和交流方式，在产品演示、课程教学、学术交流、情况介绍、工作汇报中都有十分广泛的应用。PowerPoint 2010 是一个功能强大的演示文稿制作工具。利用 PowerPoint 不仅能十分方便、快捷地制作包含文字、图形、声音、视频图像的多媒体演示文稿，而且还可以充分利用网络特性，通过网络进行文稿演示。

6.3.1 PowerPoint 2010 简介

1. PowerPoint 2010 窗口界面

启动 PowerPoint 2010，显示窗口界面，如图 6-28 所示。

① 标题栏：用于显示演示文稿名称和所使用的应用程序的名称。

② 快速访问工具栏：该工具栏提供了最常用的“保存”按钮、“撤销”按钮和“恢复”按钮，单击对应的按钮可执行相应的操作。如需在快速访问工具栏中添加其他按钮，可单击其后的按钮，在弹出的菜单中选择所需的命令。

③“文件”选项卡：用于执行 PowerPoint 演示文稿的新建、打开、保存和退出等基本操作；该菜单右侧列出了用户经常使用的演示文档名称。

④ 功能区：代替了传统的“菜单”或“工具栏”，它将 PowerPoint 2010 的所有命令集成在几个功能区中，功能区有很多分组组成，不同的分组中又放置了相关的命令按钮或列表框。

⑤“幻灯片/大纲”窗格：用于显示演示文稿的幻灯片数量及位置，通过它可更加方便地

掌握整个演示文稿的结构。在“幻灯片”窗格下，将显示整个演示文稿中幻灯片的编号及缩略图；在“大纲”窗格下列出了当前演示文稿中各张幻灯片中的文本内容。

⑥ 幻灯片编辑区：是整个工作界面的核心区域，用于显示和编辑幻灯片，在其中可输入文字内容、插入图片和设置动画效果等，是使用 PowerPoint 制作演示文稿的操作平台。

⑦ 备注窗格：位于幻灯片编辑区下方，可供幻灯片制作者或幻灯片演讲者查阅该幻灯片信息或在播放演示文稿时对需要的幻灯片添加说明和注释。

⑧ 状态栏：位于工作界面最下方，用于显示演示文稿中所选的当前幻灯片以及幻灯片总张数、幻灯片采用的模板类型、视图切换按钮以及页面显示比例等。

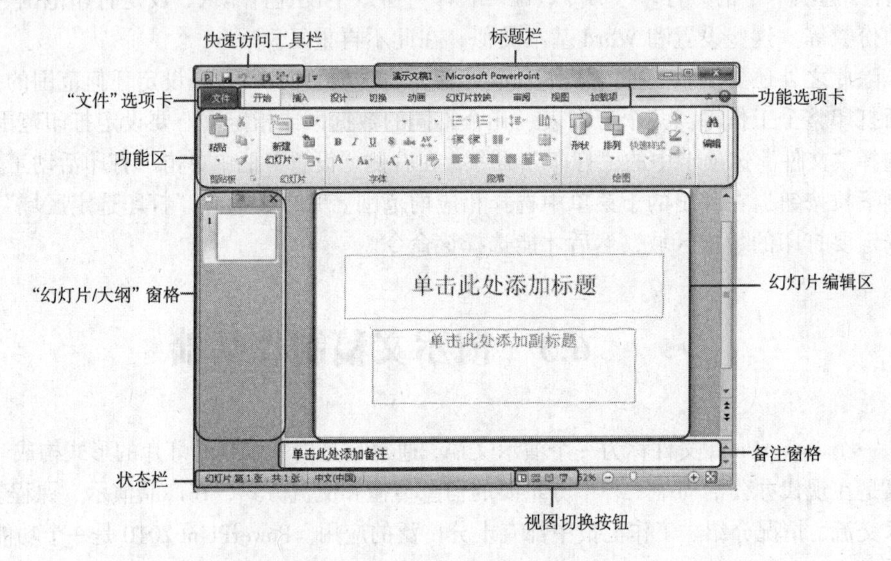

图 6-28　PowerPoint 2010 窗口界面

2. PowerPoint 2010 视图切换

当一个演示文稿由多张幻灯片组成时，为了便于用户操作，针对演示文稿的不同设计阶段提供了不同的工作环境，这种工作环境称作“视图”。PowerPoint 2010 提供了 4 种视图模式：普通视图、幻灯片浏览视图、阅读视图和幻灯片放映视图。最常使用的两种视图是普通视图和幻灯片浏览视图。位于幻灯片编辑区右下角的 4 个视图按钮，提供了不同视图方式的切换操作。

（1）普通视图

PowerPoint 2010 启动后直接进入普通视图方式，如图 6-28 所示。窗口被分成 3 个区域：大纲窗格、幻灯片窗格和备注窗格。使用大纲窗格可查看演示文稿的标题和主要文字，它为制作者组织内容和编写大纲提供了简明的环境。在幻灯片窗格中可查看每张幻灯片的整体布局效果，包括版式、设计模板；还可对幻灯片内容进行编辑，包括修饰文本格式，插入图形、声音、影片等多媒体对象，创建超链接以及自定义动画效果。在该窗格中一次只能编辑一张幻灯片。

（2）幻灯片浏览视图

幻灯片以缩略图的形式显示在窗口中，可以在屏幕上同时看到演示文稿中所有的幻灯片，所以能够很容易地在幻灯片之间添加、删除和移动幻灯片以及选择动画切换。

（3）阅读视图

该视图仅显示标题栏、阅读区和状态栏，主要用于浏览幻灯片的内容，在该模式下，演示文稿中的幻灯片将以窗口大小进行放映。

（4）幻灯片放映视图

在该视图中，按照指定的方式动态的播放幻灯片内容，用户可以观看其中的文本、图片、动画和声音等效果。幻灯片放映视图中的播放效果就是观众看到的真实播放效果。

6.3.2 演示文稿与幻灯片的基本操作

1. 创建演示文稿

为了满足各种办公需要，PowerPoint 2010 提供了多种创建演示文稿的方法，如创建空白演示文稿、利用模板创建演示文稿、使用主题创建演示文稿以及使用 Office.com 上的模板创建演示文稿等，这些设置和 Word 基本类似，在此不再重复。

2. 新建幻灯片

演示文稿是由多张幻灯片组成的，用户可以根据需要新建幻灯片。新建幻灯片的方法主要有如下两种：

① 通过快捷菜单新建幻灯片：启动 PowerPoint 2010，在新建的空白演示文稿的“幻灯片/大纲”窗格空白处右击，在弹出的快捷菜单中选择“新建幻灯片”命令。

② 通过选择版式新建幻灯片：版式用于定义幻灯片中内容的显示位置，用户可根据需要向其中放置文本、图片以及表格等内容。通过选择版式新建幻灯片的方法：启动 PowerPoint 2010，在“开始”功能区“幻灯片”分组中，单击“新建幻灯片”按钮右侧的下拉按钮，在弹出的下拉列表中选择新建幻灯片的版式，新建一张带有版式的幻灯片。

3. 选择幻灯片

在幻灯片中输入内容之前，首先要选择幻灯片。选择幻灯片的方法也有所区别，主要有以下几种：

① 选择单张幻灯片：在“幻灯片/大纲”窗格或幻灯片浏览视图中，单击幻灯片缩略图，可选择单张幻灯片。

② 选择多张连续的幻灯片：在“幻灯片/大纲”窗格或幻灯片浏览视图中，单击要连续选择的第 1 张幻灯片，按住【Shift】键不放，再单击需选择的最后一张幻灯片，释放【Shift】键后两张幻灯片之间的所有幻灯片均被选择。

③ 选择多张不连续的幻灯片：在“幻灯片/大纲”窗格或幻灯片浏览视图中，单击要选择的第 1 张幻灯片，按住【Ctrl】键不放，再依次单击需选择的幻灯片，可选择多张不连续的幻灯片。

4. 移动和复制幻灯片

制作的演示文稿可根据需要对各幻灯片的顺序进行调整，也可以对幻灯片进行复制。

① 通过鼠标拖动移动和复制幻灯片：在“幻灯片浏览”视图或“幻灯片/大纲”窗格中，选择需要移动的幻灯片，按住鼠标左键不放拖动到目标位置后释放鼠标完成移动操作。选择幻灯片后，按住【Ctrl】键的同时拖动到目标位置可实现幻灯片的复制。

② 通过菜单命令移动和复制幻灯片：选择需移动或复制的幻灯片并右击，在弹出

的快捷菜单中选择“剪切”或“复制”命令，然后将鼠标定位到目标位置并右击，在弹出的快捷菜单中选择“粘贴”命令，完成移动或复制幻灯片。

5. 删除幻灯片

在“幻灯片/大纲”窗格和幻灯片浏览视图中可删除演示文稿中多余的幻灯片。其方法是：选择需删除的幻灯片后，按【Delete】键，或右击并在弹出的快捷菜单中选择“删除幻灯片”命令。

6.3.3 演示文稿的外观设置

在制作演示文稿的过程中，使用模板或应用主题自定义演示文稿的视觉效果，不仅可提高制作演示文稿的速度，还能为演示文稿设置统一的背景、外观，使整个演示文稿风格统一。

1. PowerPoint 模板

模板是一张幻灯片或一组幻灯片的图案或蓝图，其扩展名为.potx。模板可以包含版式、主题颜色、主题字体、主题效果和背景样式，甚至还可以包含内容。为演示文稿设置好统一的风格和版式后，可将其保存为模板文件，这样方便以后制作演示文稿。

（1）创建模板

创建模板就是将设置好的演示文稿另存为模板文件。其方法是：打开设置好的演示文稿，选择“文件”选项卡中的“保存并发送”命令，在右侧打开的子菜单的“文件类型”栏中选择“更改文件类型”选项，在“更改文件类型”栏中双击“模板”选项，打开“另存为”对话框，选择模板的保存位置，单击“保存”按钮。

（2）使用自定义模板

在新建演示文稿时就可直接使用创建的模板，但在使用前，需将创建的模板复制到默认的“我的模板”文件夹中。使用自定义模板的方法是：单击“文件”选项卡中的“新建”命令，在“可用的模板和主题”栏中单击“我的模板”按钮，打开“新建演示文稿”对话框，在“个人模板”选项卡中选择所需的模板，单击“确定”按钮，PowerPoint 将根据自定义模板创建演示文稿。

2. 为演示文稿应用主题

在 PowerPoint 2010 中预设了多种主题样式，用户可根据需要选择所需的主题样式，这样可快速的美化和统一演示文稿的风格。主题是将设置好的颜色、字体和背景效果整合到一起，一个主题中只包含这 3 个部分。

PowerPoint 模板和主题的最大区别是：PowerPoint 模板中可包含多种元素，如图片、文字、图表、表格、动画等，而主题中则不包含这些元素。

① 应用主题：打开演示文稿，单击“设计”功能区“主题”分组，在“主题选项”栏中选择所需的主题样式，或者单击“其他”按钮打开主题库，在主题库中选择某一个主题。将鼠标移动到某一主题上，就可以实时预览到相应的效果，最后单击某一主题，就可以将该主题快速应用到整个演示文稿当中。

② 更改效果：如果对主题效果的某一部分元素不够满意，可以单击“设计”功能区“主题”分组中的“颜色”“字体”或者“效果”按钮进行修改。

③ 保存主题：如果对自己更改后的主题效果比较满意，可以将其保存下来，以供

以后使用。方法是在“设计”功能区“主题”分组中单击“其他”按钮，选择“保存当前主题”命令。在打开的“保存当前主题”对话框中输入相应的文件名称，单击“保存”按钮即可。

6.3.4 在幻灯片中插入对象

1. 插入文本框

文本框是 PowerPoint 中最常使用的一种插入对象，单击“插入”功能区“文本”分组中的“文本框”按钮，在下拉菜单中选择“横排文本框”命令，在幻灯片中拖动鼠标画出文本框；在文本框中输入文字，并设置文字的字体、字号、颜色；调整文本框大小和位置。PowerPoint 中的文本框与 Word 中的不同之处在于，此文本框上带有绿色控制点，可将其进行自由旋转。

文本框与占位符的区别在于：文本框通常是根据需要人为添加，并可以拖动到任何地方放置。文本占位符是在添加新幻灯片时，由于选择版式的不同而由系统自动添加的，其数量和位置，只与版式有关，通常不能直接在幻灯片中添加占位符。占位符也没有可以旋转的绿色控制点，文本框中的内容在大纲视图窗格中无法显示出来，而文本占位符中的内容则可以显示出来。

2. 插入图片

演示文稿中图片的来源有 3 种：图片、剪贴画、绘制图形。

① 插入图片：单击“插入”功能区“图像”分组中的“图片”命令，系统将打开“插入图片”对话框，找到要插入的图片，单击“插入”按钮，图片即插入到幻灯片中。

② 插入剪贴画和绘制图形：方法同在 Word 2010 中插入剪贴画和绘制图形。

3. 插入艺术字

单击“插入”功能区“文本”分组中的“艺术字”按钮，在“艺术字”列表中选择一种样式，在“文本框”中输入文字即可，接下来还可以进一步设置文本的填充颜色、文本轮廓颜色、文本显示效果、字体、字号等属性。

4. 插入图表

利用图表，可以更加直观地演示数据的变化情况。单击“插入”功能区“插图”分组中的“图表”按钮，在弹出的“插入图表”对话框中选择合适的图表类型。在打开的数据表中输入相应的数据，关闭 Excel 数据表界面，即可退出图表编辑状态。如果想再次编辑数据，则需要选中该图表并右击，在弹出的快捷菜单中选择“编辑数据”命令即可。

5. 插入声音

PowerPoint 2010 支持多种格式的声音文件，例如：MP3、WMA、MIDI、WAV 等。单击“插入”功能区“媒体”分组中的“音频”按钮，在弹出的“插入音频”对话框中找到要插入的音频文件，单击“插入”按钮即可。插入成功后，会在幻灯片中出现小喇叭的音频文件的图标，以及播放音频的工具栏。单击小喇叭图标，选择“音频工具”→“播放”功能区，在这里可以对音频文件进行裁减，可以设置在放映时隐藏图标，循环播放等属性。

6. 插入视频

PowerPoint 2010 可以播放多种格式的视频文件，例如 ASF、AVI、M4V、WMV、MPEG 等。单击“插入”功能区“媒体”分组中的“视频”按钮，在弹出的“插入视频”对话框中找到要插入的视频文件，单击“插入”按钮即可。插入成功后，在幻灯片中选中该文件，选择“视频工具/播放”功能区，在这里可以对视频文件进行裁减，可以设置在放映前隐藏图标，循环播放等属性。

6.3.5 演示文稿的动画设置

采用带有动画效果的幻灯片可以让演示文稿更加生动活泼，还可以控制信息演示流程并重点突出关键的数据。如果想对某张幻灯片中的对象应用动画效果，则首先选定该对象，切换到“动画”选项卡，选择“动画”功能区，在动画效果列表中选择合适的动画效果，从对象的进入、强调、退出及动作路径等方面进行动画效果的设置。在“效果选项”选项中可以对动画的效果进行进一步的设置。同时单击“高级动画”分组中的“动画窗格”按钮，可以在任务窗格中查看到该演示文稿中所有动画的列表，调整这些动画的播放顺序。

6.3.6 设置超链接

超链接是控制演示文稿播放的一种重要手段，可以在播放时实时地以顺序或定位方式“自由跳转”。用户在制作演示文稿时预先为幻灯片对象创建超链接，并将连接的目的指向其他地方——演示文稿内指定的幻灯片、另一个演示文稿、某个应用程序，甚至是某个网络资源地址。超链接本身可能是文本和其他对象，例如图片、图形、结构图和艺术字等。PowerPoint 2010 提供了两种方式的超链接：以下画线表示的超链接和以动作按钮表示的超链接。

1. 以下画线表示的超链接

以“超级链接到”第 5 张幻灯片为例，首先选择要设置超链接的对象，单击“插入”功能区“链接”分组中的“超链接”按钮，弹出“插入超链接”对话框，在对话框中右侧选择“本文档中的位置”，在右侧列表中选择“幻灯片 5”，单击“确定”按钮。

2. 以动作按钮表示的超链接

单击“插入”功能区“插图”分组中的“形状”按钮，在下拉菜单中选择动作按钮的形状，在幻灯片中拖动鼠标创建形状。此时，系统自动弹出“动作设置”对话框，选择“单击鼠标时的动作”栏中选择“超链接到”单选按钮，在下边的下拉列表框中选择“幻灯片”命令；在弹出的“超链接到幻灯片”对话框中，选择“幻灯片 5”，单击“确定”按钮。

6.3.7 演示文稿的放映方式设置和发布

演示文稿设计和制作完成后，还要对其放映方式和播放过程进行设置。

1. 设置放映方式

单击“幻灯片放映”功能区“设置”分组中的“设置放映方式”按钮，打开“设置放映方式”对话框。在该对话框中选择相应的放映类型。

① 演讲者放映（全屏幕）：是一种最常用的幻灯片放映方式。可以对演示文稿进行全屏显示。在这种方式下，演讲者对放映过程具有完全的控制权，可以将演示文稿暂停，添加说明细节，还可以在播放中录制旁白。

② 观众自行浏览（窗口）：这是一种小规模演示的放映方式。在这种方式下，演示文稿会出现在小型窗口内，并在放映时提供移动、编辑、复制和打印幻灯片的命令，使观众可以自己动手控制幻灯片的放映。

③ 在展台浏览（全屏幕）：适用于展览会场或会议。这种方式下，将按预先设置的时间和次序自动运行演示文稿，运行时大多数的菜单和命令都不可用，并且在每次放映完后自动重新开始。

在 PowerPoint 2010 中启动幻灯片的放映，可直接单击“幻灯片放映”功能区“开始放映幻灯片”分组中的“从头开始”按钮，或者直接按快捷键【F5】。在演示文稿放映中右击，将打开演示快捷菜单，可以使用“定位至幻灯片”命令直接跳转到指定的幻灯片；使用“指针选项”中的“圆珠笔”命令将鼠标指针变为一支笔，在播放过程中使用这支笔在幻灯片上做适当的批注。

2. 设置幻灯片切换效果

在演示文稿播放过程中，幻灯片的切换方式是指演示文稿播放过程中的幻灯片进入和退出屏幕时产生的视觉效果，也就是让幻灯片以动画方式放映的特殊效果。假设现在想设置第一张幻灯片的切换效果，首先在“切换”功能区“切换到此幻灯片”分组中的列表框中选择合适的幻灯片切换效果，然后在“计时”分组中选择“声音”效果，确定“换片放式”等属性，完成设置。

3. 打印演示文稿

通过打印设备可以输出多种形式的演示文稿。打印前应先进行打印的相关设置。具体操作是：

① 选择“文件”选项卡中的“打印”命令，在右侧“设置”栏中选择“整页幻灯片”命令，在下拉菜单中可选择打印的版式：整页幻灯片、备注页、大纲或者讲义。然后再对打印的范围、颜色等进行设置。另外，在该菜单右下角处还可以单击“编辑页眉和页脚”链接，对文稿的页眉和页脚进行设置。

② 如果打印前想看实际打印效果，可以在“文件”选项卡的“打印”右侧的打印预览区中看到实际打印效果。设置好后，就可以单击“打印”按钮进行打印了。

本 章 小 结

本章主要介绍了 Office 2010 中 3 个常用办公处理软件 Word 2010、Excel 2010、PowerPoint 2010 的使用方法。其中，包括了 Word 2010 的基本操作、文档编辑与排版、图形处理与表格制作；Excel 2010 的基本操作、数据操作、图表与图形；PowerPoint 2010 的幻灯片设计、图表制作、动画与超链接、切换和放映设置等方面的知识。

总之，Office 2010 的界面更加图形化，使广大用户更容易接受，实用范围更广，读者应该首先对 Office 2010 功能组件进行掌握，熟悉功能区和工具按钮，理解与 Office 2003 版本的区别，掌握三个常用的办公自动化软件的基础知识和基本技能，进而提高学习和工作效率。

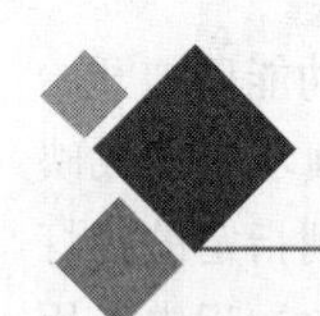

第 7 章　网页制作技术

学习目标：

- 了解网站设计的基本内容；
- 了解 Dreamweaver CS6 环境及熟悉其基本操作；
- 掌握 HTML 语言基础知识的特点；
- 在网页中熟练使用表格、框架与表单；
- 学会使用模板；
- 了解 CSS 技术。

随着网络技术的发展和 Internet 的普及，人们通过浏览网页可方便地获取信息。网页的内容一般包括文字、图片、动画、声音、视频等，设计得好的网页就是对这些形式的信息进行恰当的组织和编排，在向人们提供各种信息的同时，给人以美的享受。Dreamweaver CS6 是一款功能强大的可视化的网页编辑与管理软件，最主要的优势在于能够进行多任务工作，并且在操作方法、界面风格方面更加人性化。

7.1　网站设计内容介绍

7.1.1　网站和网页

网站是一种媒体形式，和传统形式的媒体（如报纸、杂志）是一样的，人们可以通过网站来发布自己想要公开的信息，或者利用网站来提供相关的网络服务。网站是 WWW 服务器上相互链接的一系列网页组成，其英文为 Web Site。网站是 WWW 上的一个结点。WWW 是 World Wide Web 的缩写，也可以简写为 W3、3W、Web 等，称为国际互联网（Internet），又称万维网，它是基于超文本（Hypertext）的信息查询和信息发布的系统。具有超级链接功能的文字叫超文本，超文本中的某些字、符号或短语起着“热链路”（Hotlink）的作用，在显示出来时其字体或颜色发生变化或者标有下画线、以区别于一般的正文。

早期的网络系统开发中，大多采用 C/S 结构，C/S 结构就是传统意义上的客户机/服务器模式，系统任务分别由客户机和服务器来完成。服务器具有数据采集、控制和与客户机通信的功能；客户端则包括与服务器通信和用户界面模块。B/S 模式即为 WWW 系统采用所谓“浏览器/服务器”工作模式，即信息资源以网页的形式存储在 Web 服务器中，用户通过浏览器向 Web 服务器发出网页请求，Web 服务器根据客户端的请求内容，将保存在 Web 服务器中的某个网页返回给客户端。浏览器接收到网页后对其进行解释，最终将图、文、声并茂的画面呈现给用户。其工作过程如图 7-1 所示。

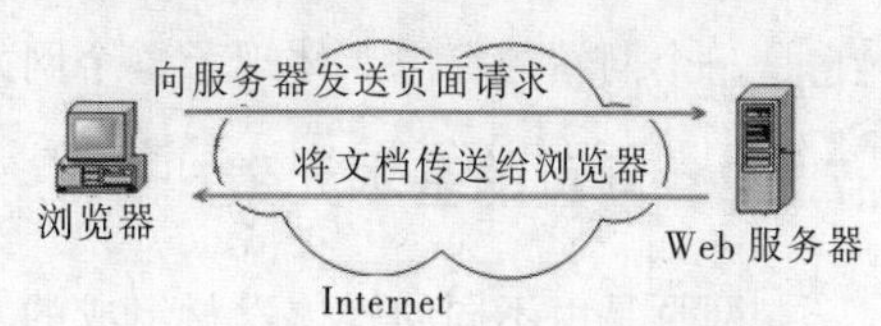

图 7-1　WWW 系统运行示意图

目前应用最为广泛的 Web 浏览器是 Microsoft 公司在其 Windows 操作系统中集成的 Internet Explorer（简称 IE）和 Google 公司的 Chrome 等。服务器是指可以向客户机提供各种网络服务的计算机，在这些计算机上安装具有服务功能的软件，就可提供相应的网络服务。如提供 Web 服务的计算机必须安装 Web 服务软件、提供数据库服务的计算机必须安装数据库服务器软件等，我们把这些服务软件也称为服务器。Web 服务是 Internet 上发展最快和应用最广泛的服务，目前最常用的 Web 服务器有 Apache 和 Microsoft 的 Internet 信息服务器（Internet Information Server，IIS）。Web 服务器是提供网上信息浏览服务的服务器软件，它一般安装在 Internet 上一台具有独立 IP 地址的计算机上。当浏览器（客户端）连到服务器上并请求文件时，Web 服务器将处理该请求并将文件发送到该浏览器上。

网页是在因特网上展示信息最常用的一种形式，因特网上的信息很多都是以网页的形式出现的。网页要通过浏览器查看，一般一个网页就是一个文件，浏览器是用来解读这份文件的。网页经由网址来识别与存取，当在浏览器输入网址后，经过一段复杂而又快速的程序，网页文件会被传送到用户的计算机，然后再通过浏览器解释网页的内容，再展示到用户的眼前。例如，在浏览器 URL 栏中输入 http://www.sina.com.cn，然后按【Enter】键，将在浏览器中看到如图 7-2 所示的网页。

图 7-2　新浪网站主页

很多网站的内容都是相当丰富多彩的。用户要记住每一个网页的地址是很困难的，主页地址的一个重要作用就是方便记忆。浏览者只要记住主页的地址，就能访问这个网站内所有的内容。一般来说，主页是一个网站中最重要的网页，也是访问最频繁的网页。它是一个网站的标志，体现了整个网站的制作风格和性质。

7.1.2　网页的基本元素

网页是由不同的媒体素材组成的，这些媒体素材也称网页元素，一般来说，组成网页的元素有文字、图形、图像、声音、动画、影像、超链接以及交互式处理等。

1．文字

在现实生活中，文字（包括字符和各种专用符号）是使用最多的信息交流工具。用文本表达信息，可以给人以充分的想象空间，在多媒体作品中文字主要用于对知识的描述性表示，比如阐述概念、定义、原理和问题，以及显示标题、菜单等内容。

2．图像

图像是人们非常乐于接受的信息载体，是网页中最重要的组成部分。一幅图像可以形象生动地表示大量的信息，具有其他媒体无法比拟的优点。图像在网页中具有提供信息、展示作品、装饰网页、表达个人情调和风格的作用。因此了解图像处理技术是非常必要的。

图像是指由输入设备捕获的实际场景画面或以数字化形式存储的任一画面，是真实物体重现的影像。对图片逐行、逐列进行采样（取样点），并用光点（称为像素点）表示并存储，即为数字图像，又称位图。

3．动画

动画是动态的图形，添加动画可以使网页更加生动。常用的动画格式包括动态 GIF 图片和 Flash 动画，前者是用数张 GIF 图片合成的简单动画；后者采用矢量绘图技术，生成带有声音效果及交互功能的复杂动画。

动画既有二维的又有三维的，因此动画制作可相应分为二维动画制作和三维动画制作。

4．声音和视频

声音是多媒体网页中的重要组成部分。在将声音添加到网页之前，首先要对声音文件进行分析和处理，包括用途、格式、文件大小、声音品质等。支持网络的声音文件格式很多，主要有 MIDI、WAV、MP3 和 AIF 等。一般来说，不要使用声音文件作为背景音乐，那样会影响网页的下载速度。可以在网页中添加一个打开声音文件的链接，让音乐变得可以控制。在网页中也可以插入视频文件，使网页变得精彩生动，网页中支持的视频文件格式主要有 Realplay、Mpeg、AVI 和 DivX 等。

5．表格

在网页中使用表格可以控制网页中信息的结构布局，精确定位网页元素在页面中出现的位置，使网页元素整齐美观。

6．超链接

超链接是网页与其他网络资源联系的纽带，是网页区别于传统媒体的重要特点，正是超链接的使用，使互联网变得丰富多彩。可以在文本和图片上设置超链接。

7. 导航栏

导航栏是用户在规划好站点结构，开始设计主页时必须考虑的一项内容。其作用是引导浏览者游历所有站点。实际上，导航栏就是一组超链接，链接的目标就是站点中的主要网页。

一般情况下，导航栏应放在网页中引人注目的位置，通常在网页的顶部或者一侧，导航栏可以是文本链接，也可以是一些图标和按钮。

8. 信息提交表单

表单类似于 Windows 程序的窗体，用来将浏览者提供的信息，提交给服务器端程序进行处理。表单是提供交互功能的基本元素，例如问卷调查、信息查询、用户申请及网上订购等，都需要通过表单，进行信息的收集工作。

9. 其他常见元素

网页中除了以上几种最基本的元素之外，还有一些其他的常见元素，包括悬停按钮、Java 特效、ActiveX 等各种特效。这些元素使网页生动有趣，其乐无穷。

综上所述，网页设计的技术复杂性比传统媒体要大得多，但总体来说，文本和图形是构成网页的基本元素，因此掌握页面排版和图像处理非常重要。

7.2 Dreamweaver CS6 简介

Dreamweaver CS6 是目前常用的一种所见即所得的网页制作与站点管理工具，它能将网页界面自动翻译成对应的 HTML 语言，它是针对专业网页设计师的可视化网页开发工具，利用它可以轻而易举地制作出跨越平台、跨越浏览器的充满动感的网页。

7.2.1 启动与退出 Dreamweaver CS6

Dreamweaver C6 的启动与退出方式有很多种，下面详细介绍。

1. Dreamweaver CS6 的启动

Dreamweaver CS6 启动方式有许多种，但一般用得较多的是以下两种。

（1）从“开始”菜单中启动

单击 Windows 桌面左下角的“开始”按钮，在“程序”子菜单中选择 “Adobe Dreamweaver CS6”命令进行启动。

（2）用快捷方式启动

在桌面上单击 Dreamweaver CS6 的快捷启动图标，即可启动。Dreamweaver CS6 的启动界面如图 7-3 所示。

首次启动 Dreamweaver CS6 后的主窗口界面如图 7-4 所示。如果不想每次启动时都显示该界面，则选中“不再显示”复选框即可。

图 7-3　启动界面

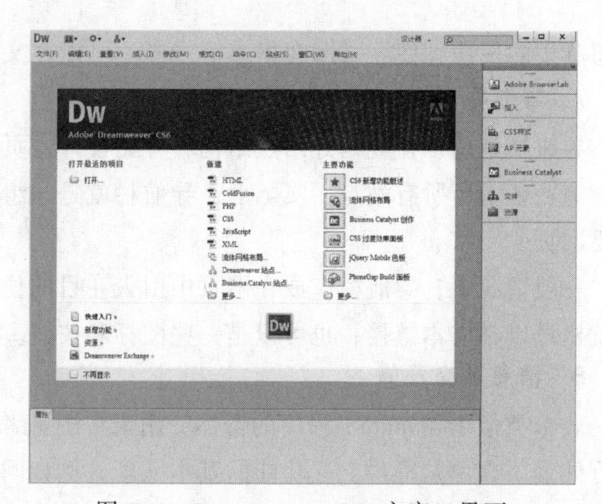

图 7-4　Dreamweaver CS6 主窗口界面

2. Dreamweaver CS6 的退出

退出 Dreamweaver CS6 的方式有很多种，但平时用得最多的为如下几种。

① 在 Dreamweaver CS6 主窗口中的“文件”菜单中选择“退出”命令。

② 在 Dreamweaver CS6 被激活状态下，直接按【Alt+F4】组合键。

③ 单击 Dreamweaver CS6 主窗口左上角的控制菜单图标，从弹出的菜单中选择“关闭”命令，或者直接双击控制菜单图标。

④ 单击 Dreamweaver CS6 主窗口右上角的“关闭”按钮。

7.2.2　Dreamweaver CS6 界面与操作介绍

1. Dreamweaver CS6 工作窗口

Dreamweaver CS6 的工作窗口主要包括功能菜单、插入栏、文档工具栏、文档窗口、状态栏、属性面板、功能面板等，如图 7-5 所示。合理使用这几个板块的相关功能，可以使设计工作成为一个高效、便捷的过程。

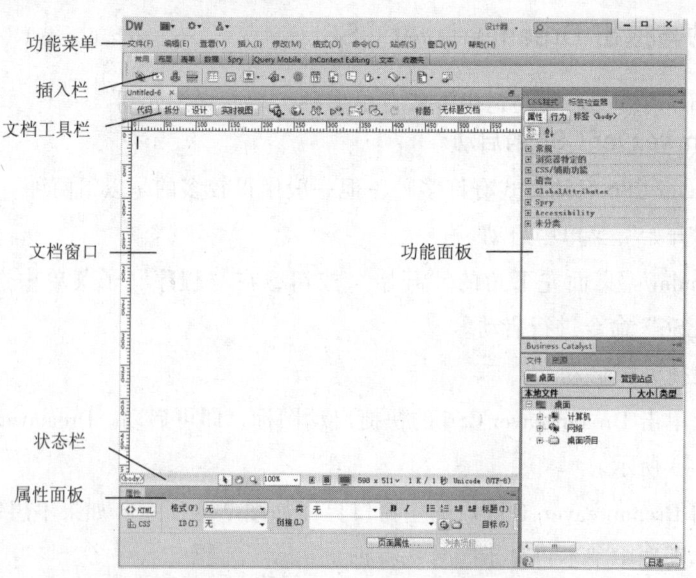

图 7-5　Dreamweaver CS6 的工作窗口

2. 功能菜单

所谓功能菜单，就是一些能够实现一定功能的菜单命令。Dreamweaver CS6 拥有“文件”“编辑”“查看”“插入”“修改”“格式”“命令”“站点”“窗口”“帮助”等 10 个菜单分类，单击这些菜单可以打开其子菜单，如图 7-6 所示。Dreamweaver CS6 的菜单功能极其丰富，几乎涵盖了所有的功能操作。

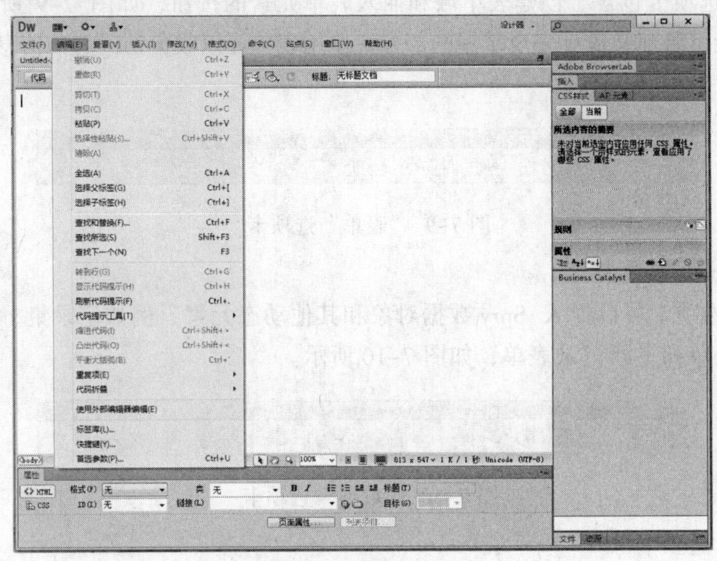

图 7-6 “编辑”菜单

3. 插入栏

“插入栏”包含用于创建和插入对象（如表格、AP 元素和图像）的按钮。当鼠标指针移动到一个按钮上时，会出现一个工具提示，其中含有该按钮的名称。

这些按钮被组织到若干选项卡中，用户可以单击“插入栏”顶部的相应选项卡进行切换。当启动 Dreamweaver CS6 时，系统会默认打开用户上次使用的选项卡。

某些选项卡具有带弹出菜单的按钮。从弹出菜单中选择一个命令时，该命令将成为该按钮的默认操作。例如，如果从“图像”按钮的弹出菜单中选择“图像占位符”命令，下次单击“图像”按钮时，Dreamweaver CS6 会自插入一个图像占位符。每当从按钮的弹出菜单中选择一个新命令时，该按钮的默认操作都会改变。

“插入栏”按以下选项卡进行组织。

（1）“常用”选项卡

“常用”选项卡包含了最常用的对象，最主要的功能是插入各项最常用的基本网页设计及排版组件，如图像按钮、表格按钮、插入媒体等，如图 7-7 所示。

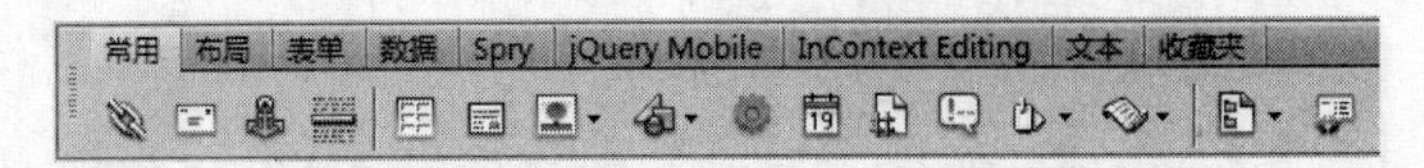

图 7-7 “常用”选项卡

（2）“布局”选项卡

“布局”选项卡包含了表格按钮、DIV 标签等标签，如图 7-8 所示，可以帮助用户快速地在网页中绘制不同的表格和框架。这与以往版本的 Dreamweaver 有很大的区别。

图 7-8 “布局”选项卡

（3）“表单”选项卡

“表单”选项卡包含了创建表单域和插入表单元素的按钮，如图 7-9 所示。表单是网页设计中最重要却又最难完全掌握的部分，使用表单可以收集访问者的信息，如订单、搜索接口等。

图 7-9 “表单”选项卡

（4）“数据”选项卡

“数据”选项卡可以插入 Spry 数据对象和其他动态元素，例如记录集、重复区域以及插入记录表单和更新记录表单，如图 7-10 所示。

图 7-10 “数据”选项卡

（5）Spry 选项卡

Spry 选项卡包含一些用于构建 Spry 页面的按钮，包括 Spry 数据对象和构件，如图 7-11 所示。

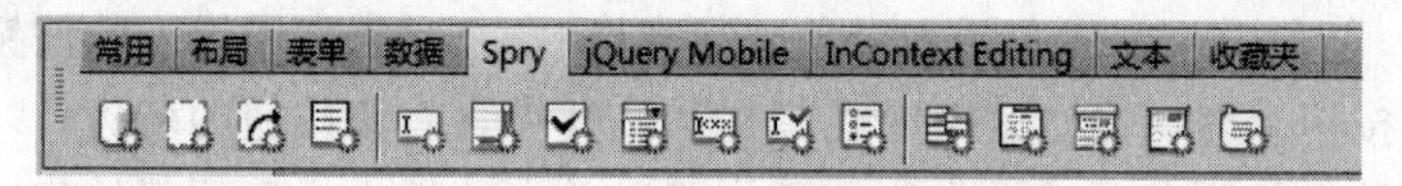

图 7-11 Spry 选项卡

（6）jQuery Mobile 选项卡

jQuery Mobile 选项卡包含 jQuery Mobile 的页面、文本输入、按钮等元素，如图 7-12 所示。

图 7-12 jQuery Mobile 选项卡

（7）InContext Editing 选项卡

InContext Editing 选项卡包含可编辑区域和创建重复区域的内容，如图 7-13 所示。

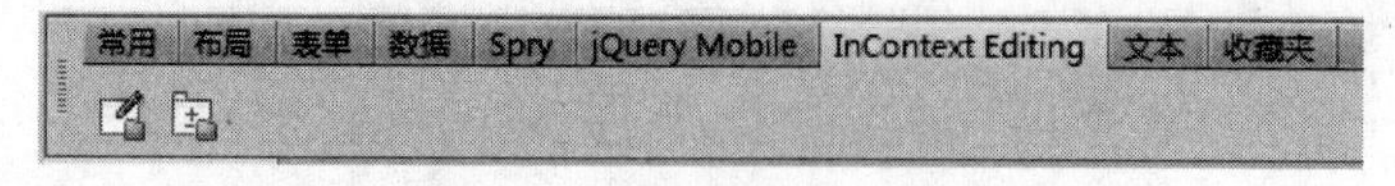

图 7-13 InContext Editing 选项卡

（8）“文本”选项卡

“文本”选项卡包含了多种特定的字符，如商标、引号等特殊字符，这些字符也可以以 HTML 的方式插入网页之中，如图 7-14 所示。

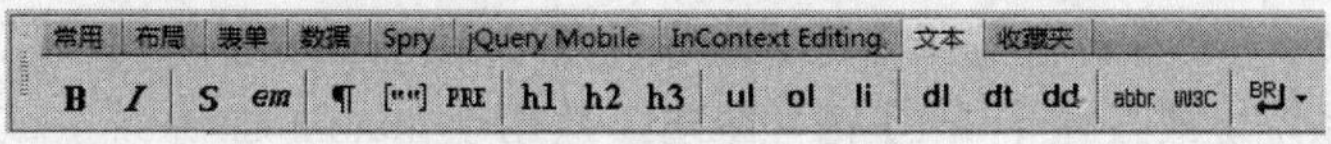

图 7-14 “文本”选项卡

（9）“收藏夹”选项卡

“收藏夹”选项卡用于将“插入栏”中最常用的按钮分组或将其组织到某一公共位置，如图 7-15 所示。

图 7-15 “收藏夹”选项卡

4. 文档工具栏

“文档工具栏”中包含一些按钮，使用这些按钮可以在“代码”视图、“设计”视图以及“拆分”视图间快速切换。文档工具栏还包含一些与查看文档、在本地和远程站点间传输文档有关的常用命令和选项，如图 7-16 所示。

图 7-16 文档工具栏

5. 文档窗口

“文档窗口”用于显示当前文档，可以选择下列任一视图。

（1）“设计”视图

一个用于可视化页面布局、可视化编辑和快速进行应用程序开发的设计环境。在该视图中，Dreamweaver 显示文档的完全可编辑的可视化表示形式，类似于在浏览器中查看页面时看到的内容。用户可以配置“设计”视图以在处理文档时显示动态内容。

（2）“代码”视图

一个用于编写和编辑 HTML、JavaScript、服务器语言代码［如 PHP 或 ColdFusion 标记语言（CFML）］以及任何其他类型代码的手工编码环境。

（3）“拆分”视图

使用户可以在一个窗口中同时看到同一文档的“代码”视图和“设计”视图。

当“文档窗口”有标题栏时，标题栏显示页面标题，并在括号中显示文件的路径和文件名。如果用户对文档作了更改但尚未保存，则 Dreamweaver 会在文件名后显示一个星号。

当“文档窗口”在集成工作区布局（仅适用于 Windows 系统）中处于最大化状态时，它没有标题栏，页面标题以及文件的路径和文件名则显示在主工作区窗口的标题栏中。并且“文档窗口”顶部会出现选项卡，上面显示了所有打开文档的文件名。若要切换到某个文档，则可单击它的选项卡。

6. 状态栏

“文档窗口”底部的“状态栏”提供与正在创建的文档有关的其他信息，如图 7-17 所示。

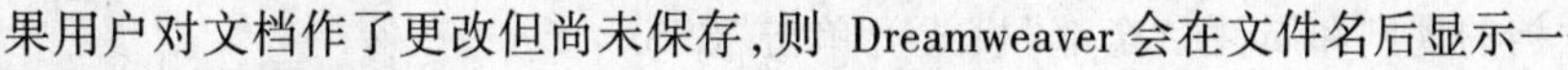

图 7-17 状态栏

①“标签选择器”图标<body>：显示环绕当前选定内容的标签的层次结构。单击该层次结构中的任何标签可以选择该标签及其全部内容。单击“标签选择器”图标可以选择

文档的整个正文。若要在标签选择器中设置某个标签的 class 或 id 属性，则可右击（适用于 Windows 系统）或按住【Ctrl】键并单击（适用于 Macintosh 系统）该标签，然后从弹出的快捷菜单中选择一个“类”或 ID。

②“选取工具”图标：用于启用或禁用手形工具。

③“手形工具”图标：用于在“文档”窗口中单击并拖动文档。

④“缩放工具和设置缩放比率”下拉列表框：可以为文档设置缩放比率。

⑤“窗口大小”图标683 x 483：用于将 “文档窗口”的大小调整到预定义或自定义的尺寸。

⑥“文档大小和下载时间”图标1 K / 1 秒：显示页面（包括所有相关文件，如图像和其他媒体文件）的预计文档大小和预计下载时间。

7. 功能面板

Dreamweaver CS6 的功能面板位于文档窗口边缘。常见的功能面板包括“属性”面板、“CSS 样式”面板、“应用程序”面板、“文件”面板等。

（1）“属性”面板

“属性”面板并不是将所有的对象和属性都加载到面板上，而是根据用户选择的不同对象来动态地显示对象的属性。制作网页时，可以根据需要随时打开或关闭“属性”面板，或者通过拖动属性面板的标题栏将其移到合适的位置。

选定页面元素后系统会显示相应的“属性”面板（见图 7-18）。例如，图像“属性”面板、表格“属性”面板、框架“属性”面板、Flash 影片“属性”面板、表单元素“属性”面板等。

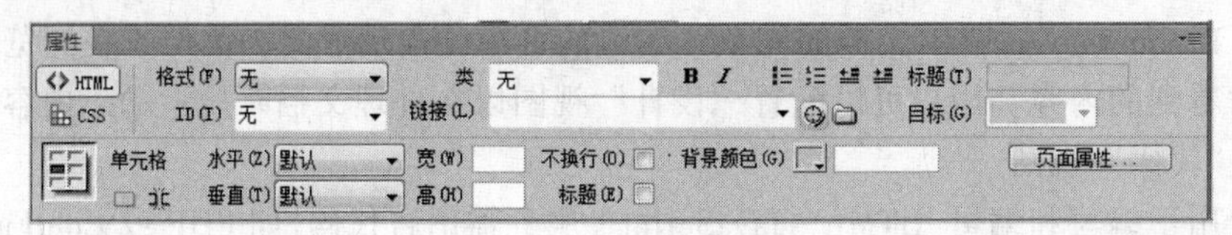

图 7-18 “属性”面板

（2）“CSS 样式”面板

使用“CSS 样式”面板可以跟踪影响当前所选页面元素的 CSS 规则和属性（“当前”模式），或影响整个文档的规则和属性（“全部”模式）。单击“CSS 样式”面板顶部的相应按钮可以在两种模式之间切换，在“全部”和“当前”模式下还可以修改 CSS 属性，如图 7-19 所示。

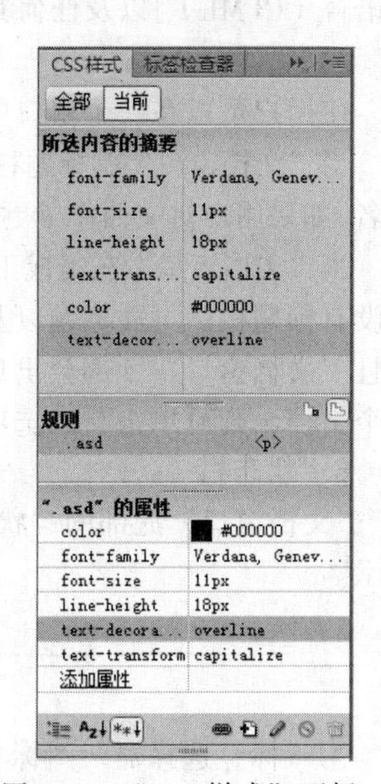

图 7-19 “CSS 样式”面板

在“当前”模式下，“CSS 样式”面板包括 3 个窗格：“所选内容的摘要”窗格，显示文档中当前所选内容的 CSS 属性；“规则”窗格，显示所选属性的位置（或所选标签的层叠规则）；“属性”窗格，允许用户编辑、定义所选内容的规则的 CSS 属性。

在“全部”模式下，“CSS 样式”面板包括两个窗格：“所有规则”窗格（顶部）和“属性”窗格（底部）。“所有规则”窗格显示当前文档中定义的规则以及附加到当前文档的样式表中定义的所有规则的列表。使用“属性”窗格可以编辑“所有规则”窗格中任一所选规则的 CSS 属性。

对“属性”窗格所作的任何更改都将立即应用，用户在操作的同时便可预览效果。

（3）“应用程序”面板

“应用程序”面板包含了“数据库”“绑定”“服务器行为”和“组件”，是制作网页数据库时的重要面板，如图 7-20 所示。

（4）“文件”面板

使用“文件”面板可查看和管理 Dreamweaver 站点中的文件，如图 7-21 所示。

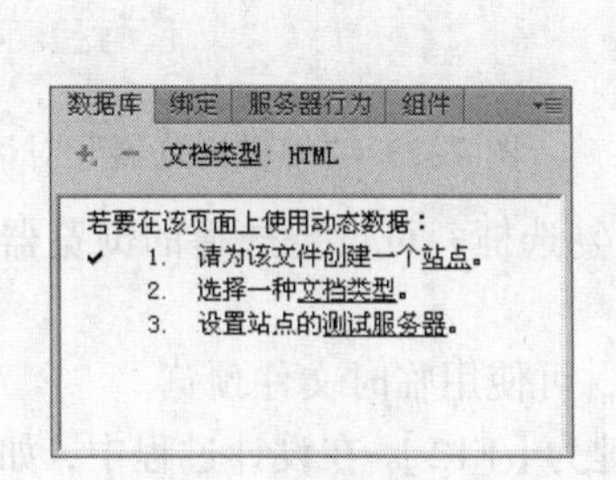

图 7-20 “应用程序”面板

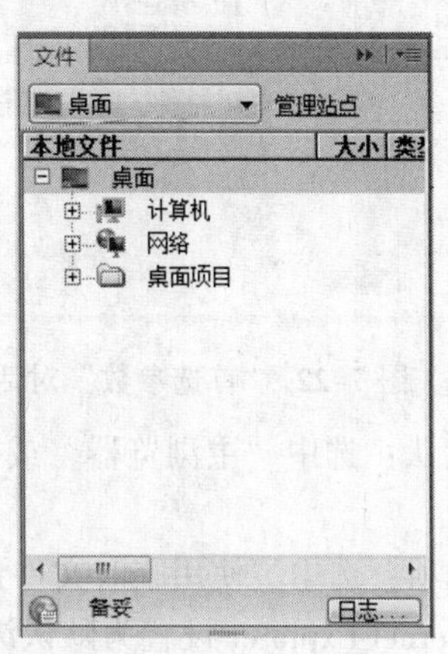

图 7-21 “文件”面板

在“文件”面板中查看站点、文件或文件夹时，可以查看区域的大小，还可以展开或折叠“文件”面板。当“文件”面板折叠时，它以文件列表的形式显示本地站点、远程站点或测试服务器的内容；展开时，它显示本地站点和远程站点或者显示本地站点和测试服务器。“文件”面板还可以显示本地站点的视觉站点地图。

对于 Dreamweaver 站点来说，用户还可以通过更改折叠面板中默认显示的视图（本地站点或远程站点视图）来对“文件”面板进行自定义。

7.2.3 Dreamweaver CS6 的参数设置

本节介绍 Dreamweaver CS6 的参数设置。在 Dreamweaver CS6 中通过设置相关参数，可以改变操作环境，从而使其更加符合设计者的设计需要。常见的设置有“预览设置”“设置外部编辑器”“编辑快捷键”“设置页面属性”等，其他参数设置和这些方法相同，用户可以根据需要自行设置。

1. 预览设置

在设计过程中，用户需要随时在浏览器中打开设计的文档，以便查看其设计效果和及时进行更改和完善。Dreamweaver CS6 提供了在设计过程中预览的功能，用户只需使用菜单命令或快捷键就可以在浏览器中打开设计中的文档。

选择“编辑”→“首选参数”命令，打开“首选参数”对话框，在“分类”列表框中选择“在浏览器中预览”选项，右侧即出现相关界面，如图 7-22 所示。

对话框中各选项的含义如下：

① ⊞：单击该按钮，可向列表中添加新的浏览器。

② ⊟：单击该按钮，可删除列表中选择的浏览器。

③ 编辑(E)...：单击该按钮，弹出“编辑浏览器”对话框，从中可修改选定的浏览器参数，如图 7-23 所示。

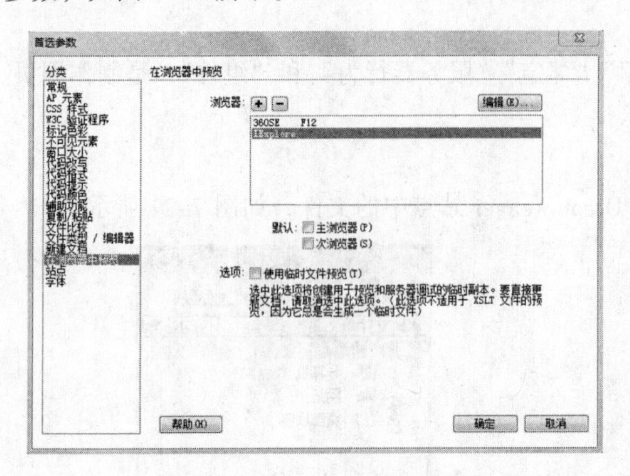

图 7-22 “首选参数”对话框

图 7-23 “编辑浏览器”对话框

④ 默认：选中“主浏览器”或“次浏览器”复选框，可设定选择的浏览器是否为主浏览器。

⑤ 选项：选中“使用临时文件预览”复选框，可使用临时文件预览。

将 Internet Explorer 设置为默认浏览器的快捷键为【F12】。在设计过程中，如果想预览页面效果，可选择“文件”→“在浏览器中预览”命令或按快捷键【F12】。

2. 设置外部编辑器

Dreamweaver CS6 具有良好的外部程序接口，可以与各种页面元素相关的外部编辑器相连接，在设计过程中可以及时调用这些外部程序并编辑页面元素，完成后还可以将编辑好的元素直接应用在设计中，十分便捷。

设置外部编辑器示例：将 Photoshop CS6 设置为 Dreamweaver CS6 中.jpg、.jpe、.jpeg 等文件的外部编辑器。设置外部编辑器的具体操作步骤如下：

① 选择“编辑”→“首选参数”命令，打开“首选参数”对话框，在“分类”列表框中选择“文件类型/编辑器”选项，如图 7-24 所示。

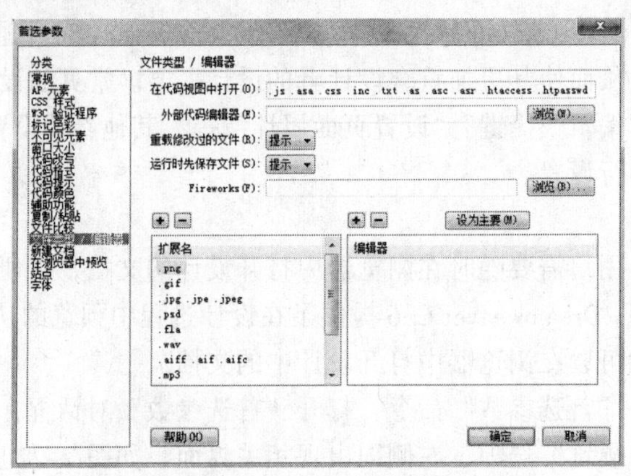

图 7-24 选择“文件类型/编辑器”选项

② 在“扩展名”列表框中选择.jpg .jpe .jpeg 选项，然后单击“编辑器”列表框上方的⊞按钮，打开“选择外部编辑器”对话框，如图 7-25 所示。

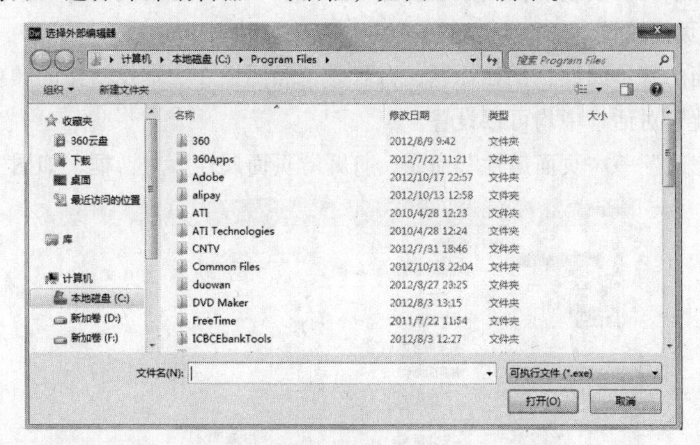

图 7-25 “选择外部编辑器”对话框

③ 选择 Photoshop 程序文件，然后单击“打开”按钮退出对话框，此时在“编辑器”列表框中出现所加载的 Photoshop 程序。

④ 选择 Photoshop 程序名称，单击“编辑器”列表框上方的“设为主要”按钮，将 Photoshop 设置为默认的主要编辑器。完成后，在 Photoshop 名称后面出现“主要”字样。

⑤ 如果要删除“编辑器”列表框中没用的编辑器，则选择编辑器名称后，单击“编辑器”列表上方的⊟按钮即可。

3. 编辑快捷键

Dreamweaver CS6 为菜单命令、文档编辑、代码编辑、站点管理等操作设置了易用的快捷键。如果需要，可以更改或添加自己的快捷键。

编辑快捷键示例：为“查看”→“代码”命令添加快捷键，即按【Backspace】键，将 Dreamweaver 切换到“代码”视图。

编辑快捷键的具体操作步骤如下：

① 选择“编辑”→“快捷键”命令，打开“快捷键”对话框，如图 7-26 所示。

② 在“当前设置”下拉列表框中选择默认的 Dreamweaver Standard 选项，然后在“命令”下拉列表框中选择“菜单命令”选项。

③ 在列表框中展开“查看”选项，选择其中的“代码”选项。

④ 单击“快捷键”选项右侧的⊞按钮，然后按【Backspace】键。此时在“按键”文本框中出现自动加载的快捷键符号 BkSp。

图 7-26 “快捷键”对话框

⑤ 单击“确定”按钮退出对话框，快捷键设置完毕。

同理，可以为切换设计视图添加快捷键，以便在两种视图间进行切换。

4. 设置页面属性

对于页面的基本属性，例如标题、背景颜色和图像、文本及链接的颜色、边距等，在“页面属性”对话框中均可以设置。

选择“修改”→“页面属性”命令，打开“页面属性”对话框，如图 7-27 所示。

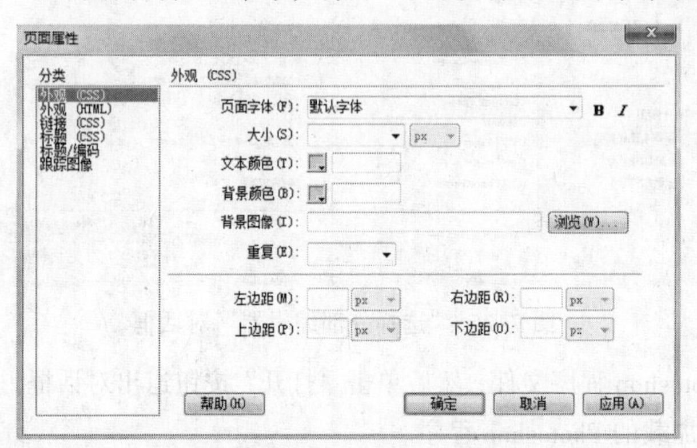

图 7-27 “页面属性”对话框

在此对话框中主要可以进行以下设置。

（1）更改页面标题

在“标题/编码”选项界面中可以更改标题、文档类型、编码等。

（2）设置背景图像或颜色

如果要设置背景图像，则可单击“背景图像”文本框右侧的“浏览”按钮，查找并选择背景图像文件，或在其文本框中输入图像文件的路径及名称；如果要设置背景颜色，则可单击“背景颜色”色盘按钮▭，在弹出的色盘中选择背景颜色，或者在其右侧的文本框中输入颜色的十六进制代码。

（3）设置文本或链接颜色

在“外观”和“链接”选项界面中可分别通过使用 CSS 样式表定义颜色。

7.2.4 Dreamweaver CS6 的文件操作

在 Dreamweaver CS6 中，不仅可以创建基本的 HTML 页面和动态的 ASP、JSP 页面，还可以创建模板页、CSS 样式表、XSLT、库项目、JavaScript、XML 以及多种专业水准的页面设计。

1. 新建文档

在 Dreamweaver CS6 中新建文档的具体操作步骤如下：

① 选择“文件”→“新建”命令，打开“新建文档”对话框，如图 7-28 所示。

② 在“空白页”选项卡内的“页面类型”列表框中选择所要创建的文档类型，然后在“布局”列表框中选择想要创建的样式，然后单击“创建”按钮即可。

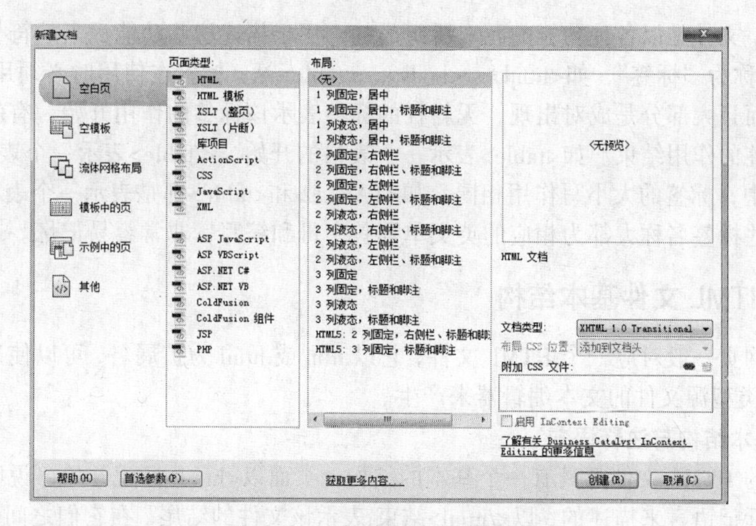

图 7-28 “新建文档”对话框

2. 保存文档

在 Dreamweaver CS6 中保存文档的方法大致和其他应用程序相同，如果要将设计好的文档保存为模板，则选择“文件”→“另存为模板”命令，打开如图 7-29 所示的“另存模板”对话框，进行相应的设置后，单击“保存”按钮即可将模板保存在所选择的站点内。

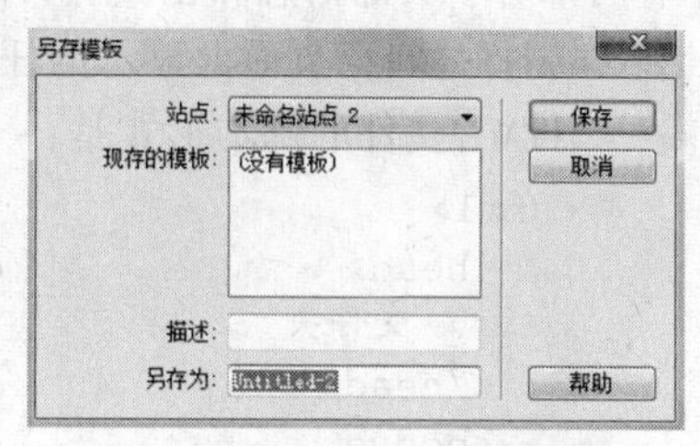

图 7-29 “另存模板”对话框

3. 打开现有文档

Dreamweaver CS6 可以打开 HTML 文件或任何支持的动态文档类型。选择“文件”→“打开”命令，在“打开”对话框中选择想要打开的文件，然后单击“打开”按钮即可。

有些保存为 HTML 格式的文件类型，诸如 Microsoft Word 文档，则需将其导入 Dreamweaver CS6 中，而不是打开该文档。导入后需使用 Dreamweaver 的相关命令清除无用的标签。

7.3 HTML 语言基础

虽然使用 Dreamweaver 工具软件可以用所见即所得的方式制作简单的网页，而不用编写 HTML 代码，但要制作功能强大、效果更好的网页，就不可避免地要使用 HTML 语言代码。因此，掌握 HTML 语言，是学习网页设计必要的基础。

7.3.1 HTML 语言基本概念

HTML 是一种页面描述性标记语言，它通过标记符号来标记要显示的网页中的各个部分。网页文件本身是一种文本文件，通过在文本文件中添加标记符号，形成 HTML 文件，可以告诉浏览器如何显示其中的内容（如文字如何处理、画面如何安排，图片如何显示等）。当用户使用浏览器下载文件时，就把这些标记解释成它应有的含义，并按照一定的格式将这些被标记语言标记的文件显示在屏幕上。

HTML 文件是以各种功能的元素所组成的，用于描述这些功能元素的符号称为“标记”，或者称为“标签”，如<html>、<body>、<table>等。标签在使用时必须用尖括号< >括起来，而且大部分是成对出现，无斜杠的标签表示该标签的作用开始，有斜杠的标签表示该标签的作用结束。如<table>表示一个表格的开始，</table>表示一个表格的结束。在 HTML 中，标签的大小写作用相同，如<TABLE>和<table>都是表示一个表格的开始。其实，这些标签名称大都为相应的英文单词首字母和缩写，非常容易记忆。

7.3.2 HTML 文件基本结构

一个网页一般对应一个 HTML 文件，它以.htm 或.html 为扩展名，可以使用任何能够生成 TXT 类型源文件的文本编辑器来产生。

1. 基本结构与注释语句

标准的 HTML 文件都具有一个基本的结构，页面以<html>标记开始，说明该文件是用超文本标记语言来描述的，以</html>结束,表示该文件的结尾。在它们之间，整个页面有两部分：头部信息和正文。头部信息在<head>和</head>标记之间，正文则夹在<body>和</body>之间，页面上显示的任何内容都包含在这两个标记之中。

HTML 文件的基本形式是：

```
<html>
    <head>
        文件头
    </head>
    <body>
        正文
    </body>
</html>
```

HTML 文件注解的语法格式：

```
<!--  文件注解  -->
```

和其他所有程序语言一样，为了让自己或者他人在将来修改、维护网页时方便阅读和理解，一般可以在 HTML 文件里加上注解，提醒自己或者他人，文件的内容是什么用途、意义以及大体的编写思路。

例如：

```
<!--********-->
<!--示例-->
<!--这是文件注解标签-->
```

2. 头部信息

<head>和</head>这两个标记分别表示头部信息的开始和结尾。头部中包含的是页面的整体情况、标题、样式说明等内容，它本身不作为内容来显示，但影响网页显示的效果。头部中最常用的标记符是<title>标记和<meta>标记，<title>标记用于定义网页的标题，它的内容显示在网页窗口的标题栏中，网页标题可被浏览器用作书签和收藏清单。<meta>标记用于描述有关网页的元信息,如网页介绍、关键字、作者、使用的字符集、自动刷新时间等。

文件头的基本形式是：

```
<head>
<meta />
<title>文档标题</title>
```

```
<style>
  样式定义
  </style>
</head>
```

3. 主体内容

<body>和</body>之间是网页的主体部分，这是网页的“正文”，网页中显示的实际内容，如文本、图像、动画、表格、超链接等均包含在这两个标记之间。

文件主体的基本形式是：

```
<body>
  网页内容
</body>
```

4. 文件标题

语法格式：

```
<title>…</title>
```

这个标签用于说明这份 HTML 文件的标题，说明这个页面的内容主题。在起始和终止标签内填入主题后，用浏览器观看这个页面时，相对应的主题内容就会显示在浏览器最上方的标题栏内。

例如：

```
<title>这是我的网页</title>
```

> 注 意
>
> <title>标签内的文字，还会在前台用户选择“添加到收藏夹”时，自动显示在弹出对话框中的“名称”一栏里。

5. META 元素

META 元素提供一些非 HTML 标准的用户不可见的信息。META 元素通常用来为搜索引擎定义页面描述以及搜索关键字；或者是定义用户浏览器上的 Cookie，还可以设置页面使其可以根据定义的时间间隔新页面。值得注意的是，meta 标签没有结束标签</meta>配对。

META 标签分两大部分：HTTP 标题信息（HTTP-EQUIV）和页面描述信息（NAME）。

6. LINK 元素

LINK 元素用于指定当前文档和其他文档之间的链接关系。一个最有用的也是最常用的应用就是外部层叠样式表的定位。

> 注 意
>
> 很多网站保存到收件夹中后连带着一个小图标，再次点击进入之后还会发现地址栏中也有个小图标。只要在页头加上这段话，就能轻松实现这一功能。<link>用来将目前文件与其他 URL 作链接，但不会有链接按钮，用于 <head> 标记间。

语法格式：

```
<link rel="描述" href="URL地址">
```

属性：rel　说明两个文档之间的关系。

　　　href　说明目标文档名。

下面是一个利用 link 元素来指定一个外联样式表文件的例子：

```
<link rel="StyleSheet" href="style.css">
```

7. BASE 元素

使用<base>标签最主要的原因是为了确保文档中所有的相对URL都可以被分解成正确的文档地址，即使在文档本身被移动或重命名的情况下也可以正确解析。

语法格式：

```
<beas href="原始地址" target="目标窗口名称">
```

属性 href 指定文档中链接到的所有文件默认的 URL 地址。在 base 元素中指定 href 的属性，所有的相对路径的前面都会加上 href 属性中的值。

例如，在 base 元素中指定 href 的属性为 http://www.crazytribe.net，并且在文档中有如下链接：

```
<a href="http://www.hao2068.com/">
<img src=http://www.hao2068.com/images/top.jpg alt="NLP 网站"> </a>
```

那么该链接指向的 URL 地址就是 http://www.crazytribe.net/index.htm，同时 img 元素的源文件就是 http://www.crazytribe.net/images/logo.gif。

属性 target 指定文档中所有链接的默认打开窗口。该属性最常见的应用是在框架 Frame 页中。

7.3.3 HTML 基本语法

从上面的代码示例可以看出，HTML 文件就是含有许多 HTML 标记的普遍文本文件。所有 HTML 标记都放在一对尖括号<>中，绝大多数标记是成对出现的（不成对的标记称为“空标记”），由起始标记和对应的结束标记组成，结束标记比起始标记只多一个斜杠“/”（例如<title>和</title>、<body>和</body>、<font>和</font>），起始标记和结束标记之间的就是被该标记描述的内容。

1. 一般标记

一般标记的形式是：

```
<x>受控超文本</x>
```

其中，x 代表标记名称。<x>和</x>就如同一组开关：起始标记<x>为开启某种功能，而结束标记</x>（始标记前加上一个斜线/）为关闭该功能，受控的超文本信息便放在两标记之间，可以是文本、文件或另一个元素。例如，“<i>HTML 语言</i>”表示用斜体字显示“HTML 语言”。

标记之中还可以附加一些属性，用来对标记做进一步的说明或限定，即使用

```
<x a1="v1",a2="v2",...,an="vn">受控超文本</x>
```

的形式。其中，a1,a2,...,an 为属性名称，而 v1,v2,...,vn 则是其所对应的属性值，属性值加不加引号，目前所使用的浏览器都可接受，但依据 W3C 的新标准，属性值是要加引号的，所以最好养成加引号的习惯。例如，“<font face="楷体" color="#FF0000"> HTML 语言</font>”表示用红色楷体字显示“HTML 语言”。

一个标记的标记体中可以包含另外的标记。如<head>和</head>之间包含了<meta>、<title>和 <style>三种标记，但两种标记的作用范围不能交叉。

需要注意的是，“<”与标记名称（如 body、font 等）之间不能有空格，标记名称不分大小写。

2. 空标记

空标记的形式是：

<x/>

这种形式的标记称为空标记，它不包含受控文本。例如，“<hr/>”表示显示一条水平线，“<br/>”表示换行。

空标记中也可以附加属性，即使用

<x a1="v1",a2="v2",...,an="vn" />

的形式，例如，“<hr color="#FF0000" size="3" />”表示显示一条红色的、粗细为 3 像素的水平线。

目前所使用的浏览器对于空标记后面是否要加“/”并没有严格要求，即在空标记最后有“/”和没有“/”都不影响其功能，但是 W3C 定义的新标准（XHTML1.0/HTML4.0）建议空标记应以“/”结尾，如果希望文件能满足最新标准，那么最好加上“/”。

3. HTML 语言约定规则

在编辑超文本标记语言文件和使用有关标记符时有一些约定或默认的要求。

① 文本标记语言源程序的文件扩展名默认使用.htm 或.html，以便于操作系统或程序辨认。在使用文本编辑器时，注意修改扩展名。常用的图像文件的扩展名为.gif 和.jpg。

② 超文本标记语言源程序为文本文件，其列宽可不受限制，即多个标记可写成一行，甚至整个文件可写成一行；若写成多行，浏览器一般忽略文件中的回车符（标记指定除外）；对文件中的空格通常也不按源程序中的效果显示。完整的空格可使用特殊符号“ ”表示；文件路径使用符号“/”分隔。

③ 标记符中的标记元素用尖括号括起来，带斜杠的元素表示该标记说明结束；大多数标记符必须成对使用，以表示作用的起始和结束；标记元素忽略大小写。许多标记元素具有属性说明，可用参数对元素作进一步的限定，多个参数或属性项说明次序不限，其间用空格分隔即可；一个标记元素的内容可以写成多行。

④ 标记符号，包括尖括号、标记元素、属性项等必须使用半角的西文字符，而不能使用全角字符。

7.3.4 Dreamweaver 使用 HTML 举例

HTML 定义的标记比较多，而且每个标记还可以带有多个属性，要完全掌握各个标记及其属性的意义及其使用有一定难度。一般用户并不需要记住这么多标记和属性，只要掌握标记和属性的用法（最主要的就是多数标记成对出现、属性写在起始标记内），甚至不需要记住标记名称、属性名称和属性值，都可以借助 Dreamweaver 轻易地书写 HTML 代码。在“代码”视图下，只要在页面编辑窗口适当的地方（一个起始标记可以出现的地方）输入 HTML 标记的标志“<”，Dreamweaver 马上就会列表显示出所有可用的标记名称供选择，如图 7-30 所示。

同样，如果记不住某一个标记有哪些可用的属性，不知道某一个属性可以取哪些值，都可以用类似的方法让 Dreamweaver 列表显示。要让 Dreamweaver 列表显示某一个标记的属性，只需要在输入起始标记名称后（“>”之前）输入空格即可。

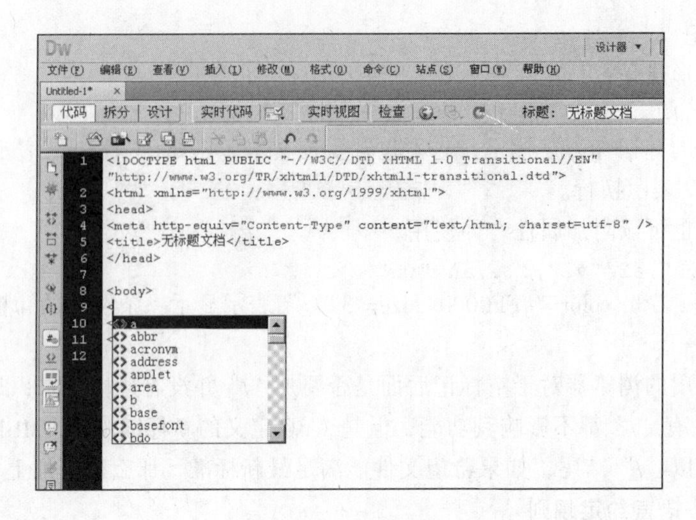

图 7-30 标记自动列表

如在图 7-31 中，准备为“HTML 语言”这几个字设置字体、颜色等，但只知道这些是使用 font 标记来设置，具体属性名称记不住，因此在 font 后面输入一个空格，Dreamweaver 即列表显示出 font 标记可用的所有属性，其中就包括要用的 color、face、size 等。

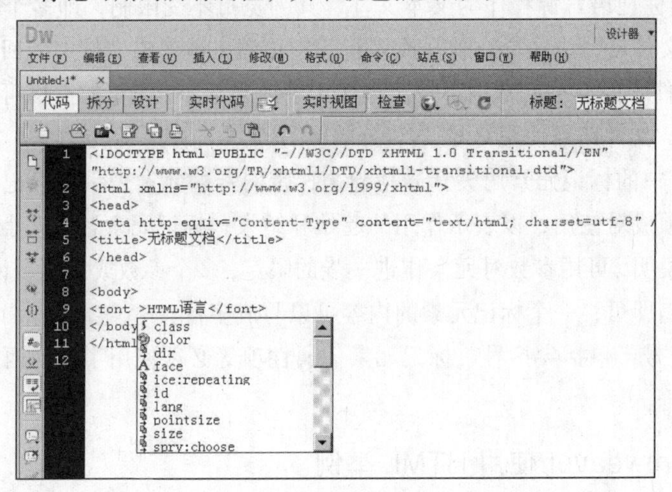

图 7-31 属性自动列表

在图 7-31 中选择了一个属性（比如 color）后，Dreamweaver 会继续自动列出该属性可用的值供选择，如图 7-32 所示。

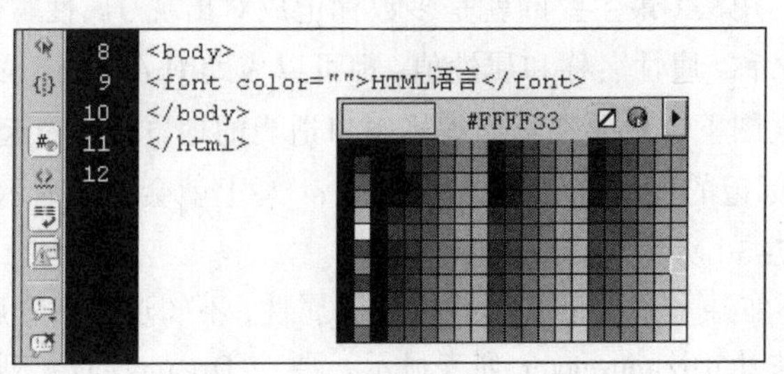

图 7-32 属性值自动列表

虽然基本不用记忆 HTML 标记及其属性也能编写 HTML 代码，但每一步都进行选择效率很低，因此，对一些常用的标记、属性和属性值，最好能熟练地掌握。这些标记包括页面、文本、段落、图片、超链接、表格等方面的标记。

7.4 表格、框架与表单

表格又称表，既是一种可视化交流模式，又是一种组织整理数据的手段。网页中，常用表格来对网页中其他元素定位，将复杂的元素有条理的分布到网页各个位置——网页布局。框架是网页中经常使用的页面设计方式，框架的作用就是把网页在一个浏览器窗口下分割成几个不同的区域，实现在一个浏览器窗口中显示多个 HTML 页面。使用框架可以非常方便地完成导航工作，让网站的结构更加清晰，而且各个框架之间绝不存在干扰问题。利用框架最大的特点就是使网站的风格一致。通常把一个网站中页面相同的部分单独制作成一个页面，作为框架结构的一个子框架的内容给整个网站公用。表单是网站管理者与浏览者沟通的纽带，是一个网站成功与否的关键。有了表单，网站不仅仅是“信息提供者”，也是“信息收集者”。通过表单，网站可以收集到网络客户端的信息，经过服务器处理后再返回信息给用户。表单通常用来做用户登录、留言簿、网上报名、产品订单、网上调查及搜索界面等。

7.4.1 表格

一个表格可以看成有若干行组成，每一行由若干单元格组成，与表格有关的标记主要有<table>、<caption>、<tr>、<td>和<th>。<table>用来标记一个表格，<caption>用来标记表格标题，<tr>用来标记一行，<td>用来标记一个单元格，<th>用来标记标题行中的单元格。

表格标记格式如下：

```
<table width="x" height="y" border="n">
  <caption>表格标题</ caption>
  <tr>
    <th>标题行单元格 1 内容</th>
    <th>标题行单元格 2 内容</th>
    …
  </tr>
  <tr>
    <td>第一行单元格 1 内容</td>
    <td>第一行单元格 2 内容</td>
    …
  </tr>
  …
  </table>
```

1. **创建表格**

(1) 插入表格

在网页中插入表格步骤如下：

① 将光标定位在要插入表格的地方。

② 单击“插入”面板中“常用”选项卡中的插入表格按钮，弹出“表格”对话框。

③设置表格行、列数及单元格边距、单元格间距、表格宽度等，如图 7-33 所示。当“边框”中输入“0”时，在浏览器窗口将不会看到表格。

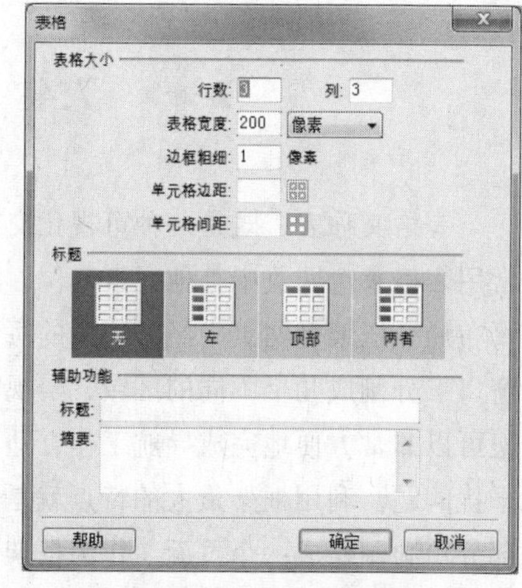

图 7-33 “表格”对话框

(2) 导入表格数据

当数据以文件形式存放在磁盘上，就可以直接通过导入数据而创建一表格。方法是：单击“常用”选项卡上的表格数据图标，或者选择“文件”→“导入”→“表格式数据”命令，在出现的“导入表格数据”对话框中，选择要导入的、保存为.txt 的数据文件。

(3) 表格基本操作

① 添加表格内容。将光标置于要添加内容的单元格内，插入图片或输入文字。

② 改变表格大小。改变表格大小有两种方法：其一是在属性面板上修改参数；其二是将鼠标放在表格边框上，当光标变为双向箭头时拖动鼠标即可。

③ 添加行与列。将光标置于某行或列，右击，在弹出的快捷菜单中选择“表格”→“插入行/插入列”命令，将会在当前行（列）的上边（前边）插入一新行（列）。

④ 删除行与列。

选择行或列，按【Delete】键，或右击鼠标选择相应的命令。

2. **设置表格属性**

表格中有两个重要的元素，就是整体表格和单元格，它们有各自的属性面板，可以分别设置参数。

(1) 选择表格

① 选择整个表格。选中整个表格较方便的方法是将光标置于表格内，按【Ctrl+A】组合键，也可以将光标放在左上角的单元格内，拖动光标到右下角的单元格。

② 选择表格中的行或列。要选中表格的某行（列），可将光标移到该行（列）的左（上）侧边框线处，当光标变成黑色实心箭头时单击即可。

③ 单元格的选择。单击某个单元格，则该单元格被选中；按住【Ctrl】键的同时单击单元格，可选取不连续的单元格，而按住【Shift】键的同时单击单元格，可选取连续的单元格。

(2) 设置表格整体属性

当选中整个表格后，表格属性面板如图 7-34 所示，可以设置表格参数。

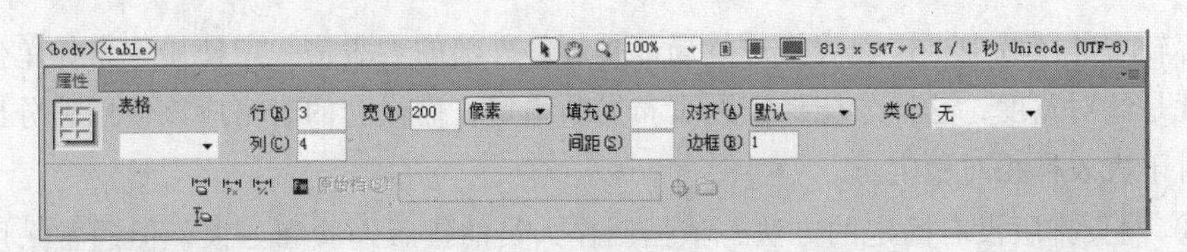

图 7-34　表格属性面板

（3）设置行、列和单元格属性

选中行、列或单元格后，在属性面板上设置相应的属性，如图 7-35 所示。

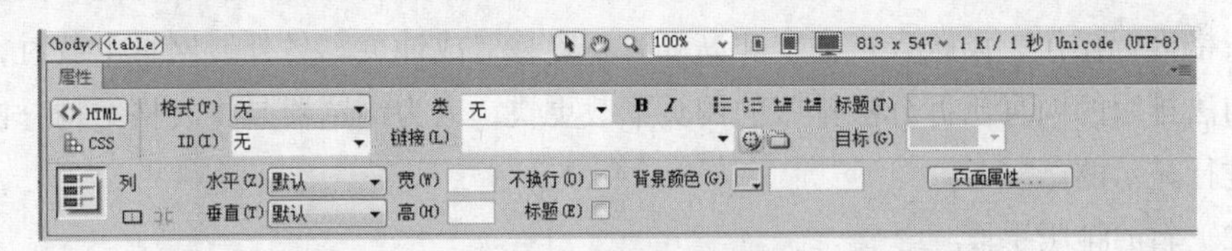

图 7-35　单元格属性面板

在当前对话框中可以设置宽、高数值，单击背景颜色，可以设置个性化的单元格显示背景色彩。

单击“页面属性”按钮，出现“页面属性”对话框，如图 7-36 所示。在该对话框中，可以设置整个页面的外观、链接、标题等属性参数。

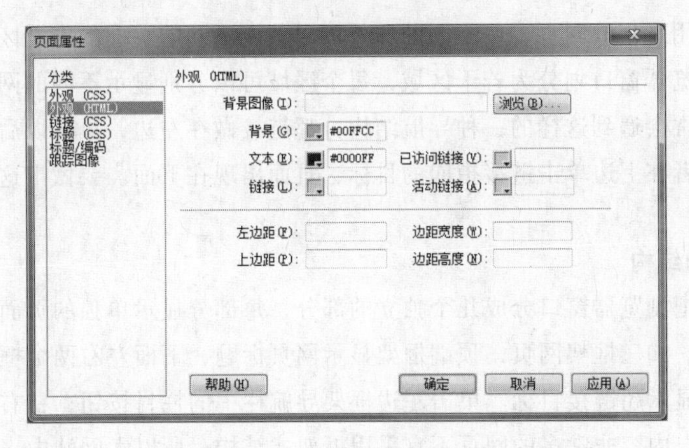

图 7-36　“页面属性”对话框

3. 用表格排版

网页中插入了许多页面元素，如文字、图片、动画、表格等，它们在网页中的位置是不固定的。例如，文字段落会根据浏览器的大小自动换行。因此，网页的外观效果取决于浏览器窗口大小和显示分辨率。用表格排版可以固定页面元素，使网页内容的布局相对稳定。可以把表格看成一个架子，东西放在架子上位置就固定了。单纯利用表格排版是一项技巧性很强的工作，特别是页面内容较多时，需要更多的经验。

（1）表格排版原则

① 使用表格排版，应当把网页中的所有页面元素都放入表格中，而不是在网页的某个局部使用表格。

② 在网页内容较多的情况下，通常使用一个大表格划分出页面布局的区域，在某

个内容较多的区域中再嵌套表格进行局部排版。外部的大表格一定使用像素作单位，表格宽度是绝对宽度，这样才能保证网页布局的稳定；而嵌套的表格应该使用百分比作单位，对于大表格相对稳定。

③ 网页排版没有固定的方法，依据制作人员的排版经验和习惯。但通常采用表格叠加的方法较好。比如，建 3 个表格，第一个表格放网页的标题图片，第二个表格放网页的主要内容，在这个表格中可以拆分表格或再嵌套表格，第三个表格中可以放置网页的版权声明和联系地址等内容。用表格叠加法排版比用表格拆分法更容易些，因为对单独的表格进行操作，设置表格宽度和高度时不容易造成冲突。另外，网页下载时，用表格叠加法排版的网页比拆分法排版的网页下载更快，因为浏览器是将表格结构分析清楚后才进行显示的。

（2）新的排版手段

现在 Dreamweaver 提供了更多、更便利的排版工具，例如，可以利用层和结构视图排版。在页面内容不多的情况下，采用层技术进行网页布局排版更容易。如果页面内容较多，情况复杂，可以使用结构视图进行排版。

7.4.2 框架

框架可以用来划分网页，使不同的文件可以载入不同的页面的定义区域中。框架的作用就是把浏览器窗口划分为若干区域，每个区域可以分别显示不同的网页。在浏览网页的时候，常常会遇到这样的一种导航结构：超链接做在左边，单击以后链接的目标出现在右面；或者在上边单击链接指向的目标，页面出现在下面。要做出这样的效果，必须使用框架。

1. 框架的结构

框架可以把浏览器窗口分成几个独立的部分，每部分显示单独的页面，页面的内容是互相联系的。如三框架网页，顶端框架显示网页标题，下面左右两个框架，左边显示导航栏，右边显示超链接目标。单击左边框架导航栏中的栏目按钮，在右边框架里显示超链接的对象。内容非常多的网页不宜采用框架式结构，所以大网站中，几乎所有的网页都不是框架式网页。

框架式网页是由 $N+1$ 个网页组成的，N 是框架数。例如，一个三框架的框架式网页一共有 4 个网页。N 个网页中只有一个是真正的框架网页——框架集网页。

比如，要打开一个框架网页，就要双击框架集网页（没有网页内容只包含框架结构）的名字。其他几个网页是各个框架中的内容网页，单击内容网页的名字只能打开一个单独的网页。单个框架、框架集与内容网页的关系如图 7–37 所示。

框架（Frames）由框架集（Frameset）和单个框架（Frame）两部分组成。框架集是一个定义框架结构的网页，包括网页内框架的数目、每个框架的大小、框架内网页的来源和框架的其他属性等。单个框架包含在框架集中，是框架集的一部分，每个框架中都放置一个内容网页，组合起来就是浏览者看到的框架式网页。

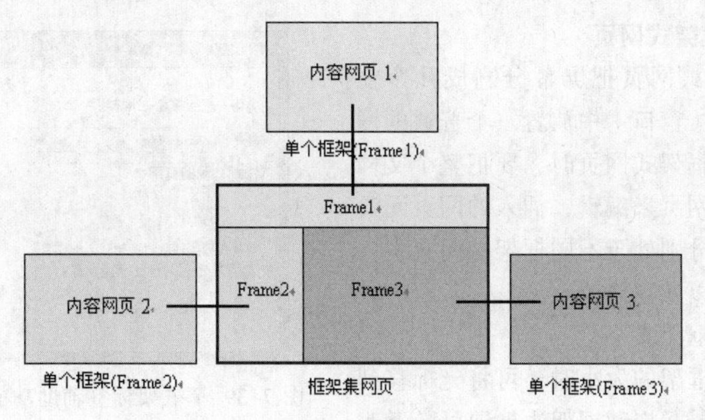

图 7-37　框架结构

2. 创建框架

创建框架总是要从一个已有的网页上开始，创建框架的方法为：

① 新建一个普通网页，命名后将其打开。

② 选择“插入”→“HTML”→“框架”→“左对齐”命令，如图 7-38 所示。在该菜单的最后一级菜单命令中可以选择执行一种预设置的框架结构命令，网页将按选择的框架形式拆分。

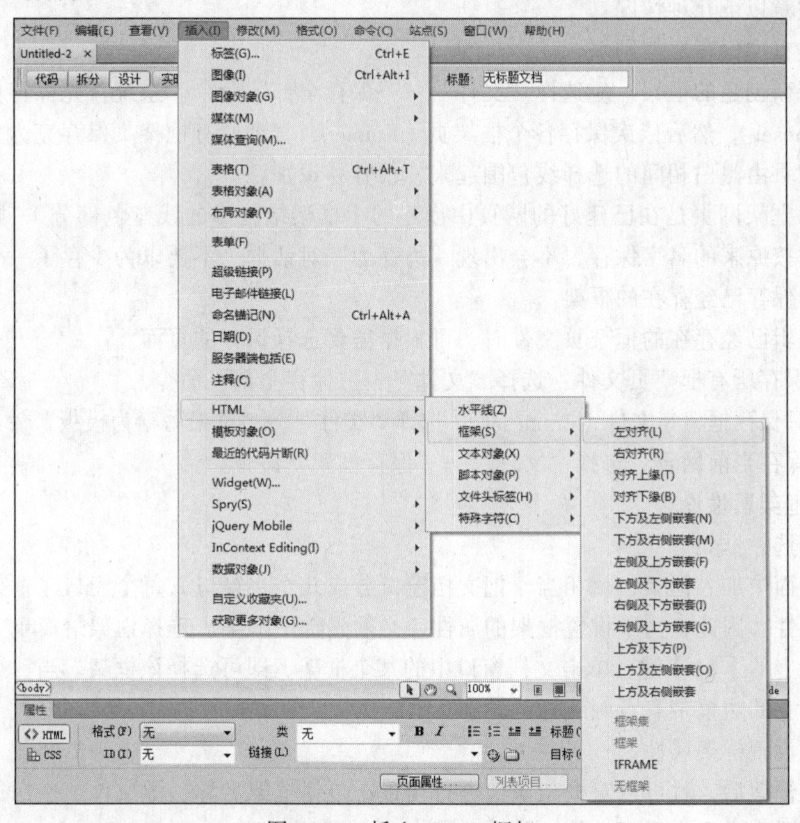

图 7-38　插入 HTML 框架

③ 执行创建框架命令后，出现如图 7-39 所示的“框架标签辅助属性”对话框。在该对话框中可以设置各个框架部分的标题内容。

3. 编辑框架式网页

虽然框架式网页把屏幕分割成几个窗口，每个框架（窗口）中放置一个普通的网页，但是编辑框架式网页时，要把整个文档窗口当作一个网页来编辑，插入的网页元素根据所在位置分别处于不同框架的网页中，框架的大小可以随意修改。

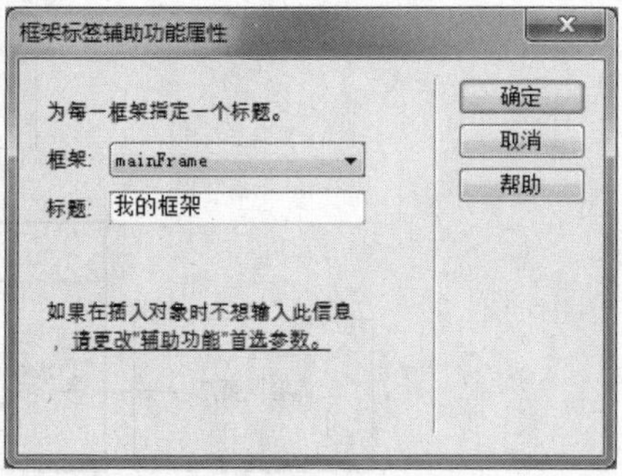

（1）改变框架大小

当要改变框架的大小时，可将光标移到框架线处，用鼠标拖动框架边框即可随意改变框架大小。

图 7-39 “框架标签辅助功能属性”对话框

（2）删除框架

用鼠标把框架边框拖动到父框架的边框上，可删除框架。应注意框架是不可以合并的。

4. 保存框架

由于框架式网页有多个网页文件，所以保存框架式网页要谨慎小心。保存框架式文件需要注意以下几种情况：

（1）首次保存框架网页

对于新创建的框架，应选择“文件”→“保存全部”命令。系统首先保存框架集文件（Frameset），然后依次保存各个框架页（Frame），直到所有框架页保存完为止。被保存的框架页由黑白相间的选择线包围起来，很容易识别。

如果框架网页是在已建好的网页中创建的（框架结构中的浅蓝色部分），则保存已有网页时按原来的名字保存，不会出现“另存为”对话框（不要以为少存了一个网页）。

（2）保存已经存在的框架

当编辑已经存在的框架页文件时，可根据需要选择保存的页面。

① 保存所有框架页文件：选择“文件”→“保存全部”命令。

② 只保存框架集文件（Frameset）：选择“文件”→“框架另存为模板”命令。

③ 保存当前网页：选择“文件”→“保存框架”命令。

5. 框架属性设置

（1）选择框架

在页面中加入框架，就相当于把文档窗口分成几个小窗口，每个窗口（框架）都有自己的属性。因此，为了设置框架的属性，必须先选中框架。选择框架最简单方法是，按住键盘上的【Alt】键，单击文档窗口中的某个框架，即可选择该框架。当一个框架被选择时，它的边框带有点画线样的轮廓。

（2）设置框架属性

选中框架后，就可以对框架属性进行设置，包括框架名称、源文件、空白边距、滚动条、重置大小和边框属性等。

6. 在框架中使用超链接

在框架式网页中制作超链接时，一定要设置链接的目标属性，即确定链接的目标文档显示窗口问题。当将某框架中的一段文本或一幅图像链接到一目标时，则其属性面板的“目标”编辑框相对于普通页面将有所变化，除了原有的_blank、_parent、_self和_top外，还包括各框架的名字。如图 7-40 所示的框架，其属性面板的“目标”编辑框中的项目内容和含义如下：

_blank：目标内容显示在新窗口中。

_parent：目标内容显示在父框架集或包含该链接的框架窗口中。

_self：目标内容显示在原窗口中（默认窗口无须指定）。

_top：目标内容显示在整个浏览器窗口并删除所有框架。

_mainFrame：目标内容显示在名为 mainFrame 的框架中。

_leftFrame：目标内容显示在名为 leftFrame 的框架中。

_ MainFrame：目标内容显示在名为 MainFrame 的框架中。

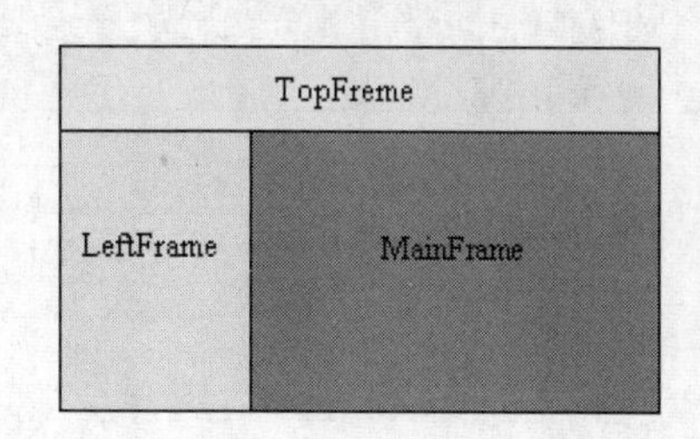

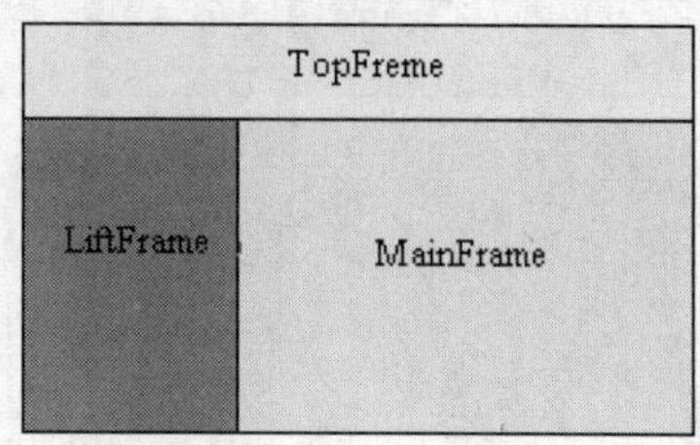

图 7-40　不同的目标框架

7.4.3　表单的制作

在 Dreamweaver 中，表单是作为一个容器，一个表单中包含若干表单对象，如文本域、按钮、复选框、下拉菜单等。每个表单中包含的表单元素可根据需要设置，但至少要包含一个“提交”按钮，当浏览者将信息输入表单并单击“提交”按钮时，信息才被发送到 Web 服务器。

表单有两个重要的组成部分：表单对象和表单处理程序。

1. 表单对象

表单对象是用于输入数据的元素，如“文本域”“按钮”“复选框”“列表/菜单”等。

2. 表单处理程序

表单处理程序就是用于处理输入数据的服务器程序。表单（里的数据）被“提交”到服务器后，就由事先编好的表单处理程序来处理，然后服务器再将处理结果传回浏览者的计算机中，就是结果界面。当由于表单的处理需要编程序（一般用 JSP、ASP、PHP 等编写表单处理程序），超出本书范围，所以本书中只介绍表单如何制作，不介绍表单如何处理。

由于将表单中输入的数据发送到服务器时是以整个表单为单位进行的，单个表单对象中的数据无法发送。所以，向网页中加入表单对象前，必须先在网页中插入空白表单。

举例：制作个人会员注册表单。

先在页面上插入一个（空白）表单，然后制作表格，并在表格中输入文字提示，最后再加入用于浏览时输入数据的表单对象。具体步骤如下：

① 选择“插入”→“表单”→“表单”命令，在页面中插入一个表单（作为容器），

在设计视图中，表单用红色虚轮廓线表示（网页浏览时不显示），如图 7-41 所示。如果没有见红色轮廓线，可选择“查看”→“可视化助理”→“不可见元素”命令将其显示出来。

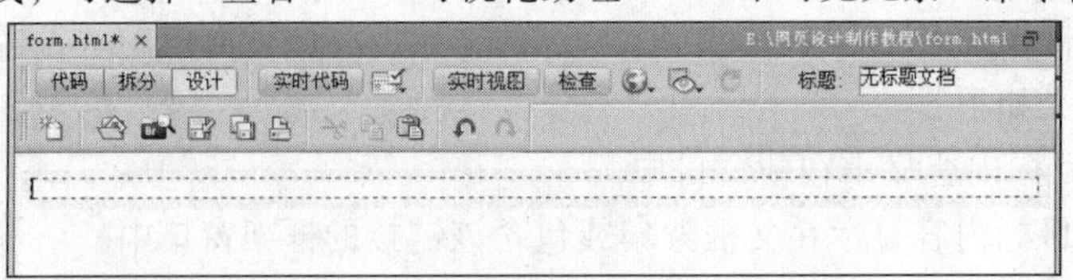

图 7-41　在网页中加入表单

② 在表单中插入一个 12 行、2 列的表格，并分别将第一行和最后一行合并单元格，形成图 7-42 所示的空白表格。

③ 在表格中输入文字，形成图 7-43 所示的表格。

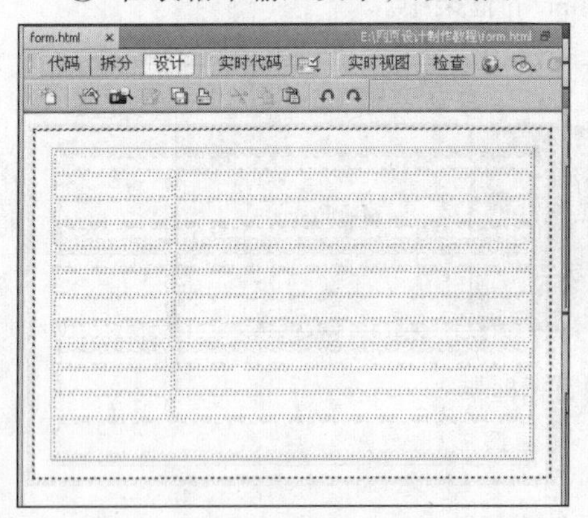

图 7-42　表单中的表格

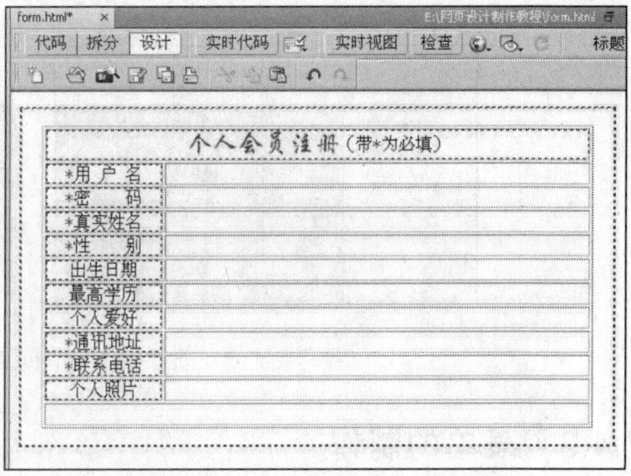

图 7-43　在表格中填入文字

④ 最后在表格中（当然也在表单中）合适的位置插入相应表单对象，形成图 7-44 所示完整表单。

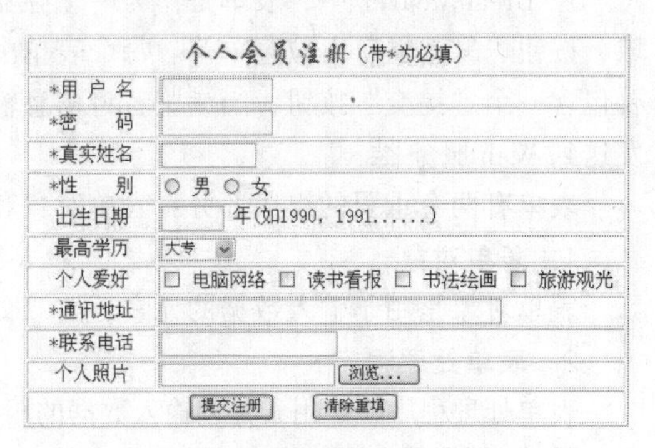

图 7-44　会员注册页面完整表单

在网页中创建表单，一般先插入表单，然后加入表单对象。如果未插入表单而直接插入表单对象，Dreamweaver 会提示是否加入表单。

表单创建后，可以开始为其设置属性。要设置属性就必须先选中表单，选择表单的方法有两种：一种是通过单击该表单轮廓选中表单；另一种是从文档窗口左下角的标签选择器中选择<form>标签。选中表单后，表单的属性面板如图 7-45 所示。

图 7-45　表单属性面板

其中各选项的含义如下：

① 表单 ID：设置标识表单的唯一名称。命名表单后，可以使用脚本语言（如 JavaScript

或 VBScript）引用或控制该表单。如果不命名表单，则系统会自动为表单命名 formX（X 为数字序列），如 form1，用户每向页面中添加一个表单，X 值自动加 1。

② 动作：指定表单处理程序的文件名或路径。用户可在文本框中直接输入完整路径，也可通过单击文件夹图标进行定位查找。

③ 方法：设置表单数据传输到服务器的方法，分为默认、GET 和 POST 三种。

- 默认：使用浏览器的默认设置将表单数据发送到服务器。通常，默认方法为 GET 方法。
- GET：将值追加到请求该页的 URL 中。
- POST：在 HTTP 请求中嵌入表单数据。

选择数据传送方式时，一般不要使用 GET 方法发送长表单，原因在于：URL 的长度限制在 8192 个字符以内，如果发送的数据量太大，数据将被截断，可能导致意外或处理失败的结果。除此以外，在发送机密用户名和密码、银行账号等信息时，也不要使用 GET 方法。

④ 编码类型：指定对提交给服务器进行处理的数据使用编码类型。如果要创建文件上传域，应指定为 multipart/form-data 类型。

⑤ 目标：指定一个窗口，并在该窗口中显示调用程序返回的数据。目标值有以下几种。

- _bank，在新的窗口中打开目标文档。
- _parent，在显示当前文档的窗口的父窗口中打开目标文档。
- _self，在提交表单所使用的窗口中打开目标文档。
- _top，在当前窗口的窗体内打开目标文档。可用于确保目标文档占用整个窗口，即使原始文档显示在框架中。

⑥ 类：为表单对象应用一个已有的 CSS 样式。

7.5 CSS 技术

CSS 是 Cascading Style Sheets 即“层叠样式表”的简称。CSS 样式表的运用，对于网站整体风格及页面布局有着极其重要的作用。利用 CSS 样式不仅可以对网页中的文本进行精确的格式化控制，如设置字体、字号、颜色、背景、字符间距、行距、段落缩进等，还可以设置网页的背景颜色或图片，设置各种链接动态效果（改变颜色、不出现下画线等）。使用 CSS 样式，不仅便于对页面的统一布局和网站的整体风格进行控制，也使得网页的维护、更新更加容易。目前使用 CSS 样式来控制网页外观已经逐渐成为主流。

7.5.1 CSS 样式

1. CSS 样式简介

CSS 样式表是格式设置的集合，通过定义 CSS 样式表，可以将网页内容和显示格式分开，从而能够更灵活地控制页面的外观。与 HTML 格式不同的是，对 CSS 样式进行修改时，应用该样式的文本格式会自动发生改变。CSS 样式有三种类型：

（1）自定义样式

与 Word 中使用的样式类似，可以在任何文本上应用自定义 CSS 样式。如果网页中应用了“自定义样式”，在其 HTML 代码中会出现 class="　"的字样，引号内是使用的自定义样式的名字。

（2）HTML 标记样式

对现有 HTML 标记的重新定义。创建或改变这类样式时，所有应用该标记的文本会自动更新。如利用 CSS 重新定义 Paragraph，标记<p>代表的格式。

（3）样式选择器

样式选择器是一种特殊类型的样式，专门设置链接文字的格式属性。样式选择器共有 4 种：

a:link：正常状态下链接文字的样式。

a:active：当前被激活的链接的样式。

a:visited：已访问过的链接的样式。

a:hover：鼠标放置在链接文字上的文字样式。

其中，最后一种 a:hover 最常用也最有用。

对文本的手工格式化会覆盖 CSS 样式，所以，应用 CSS 样式之前，应删除手工设置的 HTML 格式或 HTML 样式。

2. CSS 的规则与结构

一个样式表由样式规则组成，以告诉浏览器如何去显示一个文档。CSS 规则每一条规则都是单独的语句，由两部分组成：选择符和声明（declaration），而声明又由属性及其对应的值组成。选择符可包含一种或多种属性，其作用是决定网页上的哪一部分应该样式化；属性告诉浏览器要改变什么；属性的值告诉浏览器要改变成什么。图 7-46 表示一条样式规则。

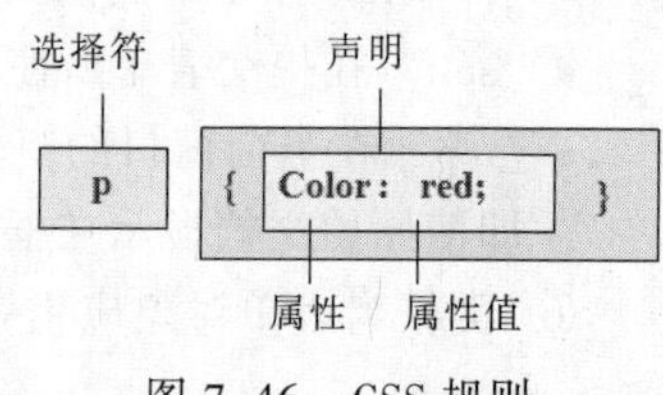

图 7-46　CSS 规则

① 选择符（selector）：选择符是规则中用于选择文档中要应用样式的那些元素。该元素可以是（X）HTML 的某个标签（如本例中<p>标签被选中），也可以是页面中指定的 class（类）或者 id 属性限定的标记。

② 声明：声明包含在一对花括号“{}”内，用于告诉浏览器如何渲染页面中与选择符相匹配的对象。声明内部由属性及其属性值组成，并用冒号隔开，以分号结束，声明的形式可以是一个或者多个属性的组合。

③ 属性（property）：属性是由官方 CSS 规范约定的，而不是自定义的（个别浏览器私有属性除外）。

④ 属性值（value）：属性值放置在属性名和冒号后面，具体内容跟随属性的类别而呈现不同形式，一般包括数值、单位以及关键字。

7.5.2　将 CSS 样式加入到 HTML 文档

如果想通过 CSS 控制网页外观，就要让 CSS 样式与 HTML 文档建立某种关系。这里介绍 3 种在网页中插入 CSS 样式表方法：内联样式表、内部样式表和外部样式表，不同的样式表，其适用范围和引用方式都不同。

1. 在 HTML 标记符中嵌入样式信息——内联式样式表的使用

内联样式表是把 CSS 样式与 HTML 标签混合使用。其形式如下：

```
<ul>
<li style="font:'隶书';font-size:16px;color:#00C">内联式样式表的使用
</li>
</ul>
```

内联样式表虽然是一种快捷的方式，但是不利于以后的统一修改和表现的一致性，所以不提倡使用。

2. 在 HTML 文档的首部定义样式信息——内部样式表的使用

内部样式表的定义位于页面标签的<head>和</head>之间，且使用<style>标签进行包裹。引用在<body>和</body>之间，如图 7-47 所示。

例如：在页面中插入内部样式。

当在设计视图中建立 CSS 样式内部样式表，即在“新建 CSS 规则”对话框中选择规则定义“仅限此文档”并定义样式属性后，Dreamweaver 会自动在<head>和</head>之间插入<style>…</style>标记将样式定义代码放在其中。

```
2   <html xmlns="http://www.w3.org/1999/xhtml">
3   <head>
4   <meta http-equiv="Content-Type" content="text/html;
     charset=utf-8" />
5   <title>无标题文档</title>
6   <style type="text/css">
7   .red {
8       font-size: 18px;
9       font-family: "仿宋";
10      color: #F00;
11  }
12  </style>
13  </head>
14
15  <body>
16  <p class="red">二、内部样式表的使用</p>
17  <p>   内部样式表的定义位于页面标签的&lt;head&gt;和
    &lt;/head&gt;之间，且使用&lt;style&gt;标签进行包裹。
    引用在&lt;body&gt;和&lt;/body&gt;之间。
18  </p>
19  </body>
20  </html>
```

图 7-47　插入内部样式

3. 链接外部样式表文件

外部样式表是目前在实际工作中使用最为广泛的一种形式。它将 CSS 样式定义单独作为一个文件存放（文件扩展名为.css），然后在页面中使用<link>标签链接到这个样式文件，以便实现多个页面调用同一个外部样式文件的目的。

例如：在页面中插入外部样式。

将外部样式表链接到网页，只需要在网页编辑状态下选择“格式”→“CSS 样式”→“附加样式表”命令，在出现如图 7-48 所示的“链接外部样式表”对话框后，输入外部样式表文件名即可。

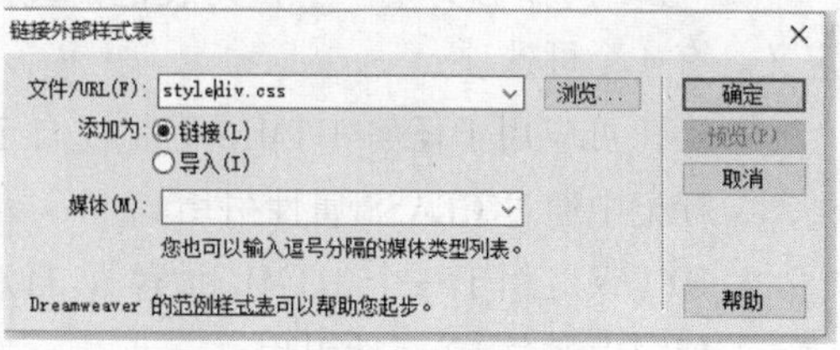

图 7-48　“链接外部样式表”对话框

对话框中各种参数的意义如下：

① 链接：表示只读取外部 CSS 样式表信息，不把信息导入网页文档。

② 导入：表示将外部 CSS 样式表的信息导入当前的网页文档。

③ 媒体：表示样式表的适用设备。取值为 all 表示用于所有输出设备，screen（默认）表示用于计算机屏幕，print 表示用于打印机，handheld 表示用于手持设备，tv 表示用于电视类型的设备，等等。

本例中使用<link>标签链接了事先创建的外部样式表 stylediv.css，通过附加外部样式表操作，将网页与外部样式表建立链接。由于外部样式表可以应用于多个页面，所以只需在外部样式表中修改一次，更改就会反映到所有与该样式表相链接的网页上，如

图 7-49 所示。这样不但减轻了工作量，使代码量最小，而且有利于后期修改和维护，网站建设中应尽量使用外部样式表。

```
1  <!DOCTYPE html PUBLIC "-//W3C//DTD XHTML 1.0 Transitional//EN"
   "http://www.w3.org/TR/xhtml1/DTD/xhtml1-transitional.dtd">
2  <html xmlns="http://www.w3.org/1999/xhtml">
3  <head>
4  <meta http-equiv="Content-Type" content="text/html; charset=utf-8" />
5  <title>无标题文档</title>
6  <link href="style/stylediv.css" rel="stylesheet" type="text/css" />
7  </head>
8
9  <body>
10 三、外部样式表的使用
11 </body>
12 </html>
```

图 7-49　使用外部样式

7.5.3　设计和引用 CSS

创建 CSS 样式的过程实际上就是确定 CSS 样式的形式、类型、格式的过程。样式表的创建方法有以下两种，一是使用 Dreamweaver 提供的 CSS 样式表工具来创建 CSS 样式；二是在“代码”视图中直接在网页头部输入 CSS 样式表的代码。通过样式工具创建样式表的步骤如下：

单击 CSS 样式面板下角的新建样式按钮，或者选择“格式”→“CSS 样式”→“新建”命令，打开“新建 CSS 规则”对话框，如图 7-50 所示。

① 确定是建立单独的 CSS 样式文件，还是在当前网页中插入 CSS 样式。在“规则定义:”中的“选择定义定义规则的位置”下拉列表框中有两个可选项：“仅限该文档”表示创建内部样式表，样式定义放在网页内部；“新建样式表文件”表示创建外部样式表，样式定义在单独的样式文件中，选择此项后单击“确定”按钮，弹出“保存样式表文件为”对话框，要求将样式保存成一个样式文件。

② 在“选择器类型”下拉列表框中选择一种选择器，确定要创建哪种形式的样式定义。有 4 个可选项：

- 类（可应用于任何 HTML 元素）：自定义 CSS 样式，这种样式可以在任何 HTML 标记中通过 CLASS 属性引用。
- ID（仅应用于一个 HTML 元素）：自定义 CSS 样式，这种样式可以在一个 HTML 标记中通过 ID 属性引用。
- 标签（重新定义 HTML 元素）：重新定义特定 HTML 标签的默认格式。选择此选项时，“选择器名称”下拉列表框中列所有可以修改的 HTML 标记名称，用户可从中选择一个标记来重新定义。
- 复合内容（基于选择的内容）：重新定义特定元素组合的格式，可为某一标记组合定义样式。例如：body p 是指网页中所有段落；body h1 是指网页中所有用 h1 定义的部分；a:link 是指已建立的链接；a:visited 是指已经访问过的链接；a:hover 是指鼠标悬浮在其上的链接；a:active 是指鼠标点击时的链接。

③“选择器名称”框中输入样式名称或选择标记（组合）名称。如果创建的是自定义样式，则样式名称必须以英文点（.）开头（如果没有输入开头的点，Dreamweaver 也

会自动加上一个点），名称使用字母和数字组合。

④ 设置 CSS 样式的格式。

单击“确定”按钮后，会弹出样式设定对话框如图 7-51 所示，在这里可以完成创建 CSS 样式的格式设置。左侧的“分类”窗口为样式的类型，选择一种类型后，在“类型”一侧设置相应的参数。在对话框中完成规则定义后，单击“确定”按钮完成样式表的创建。

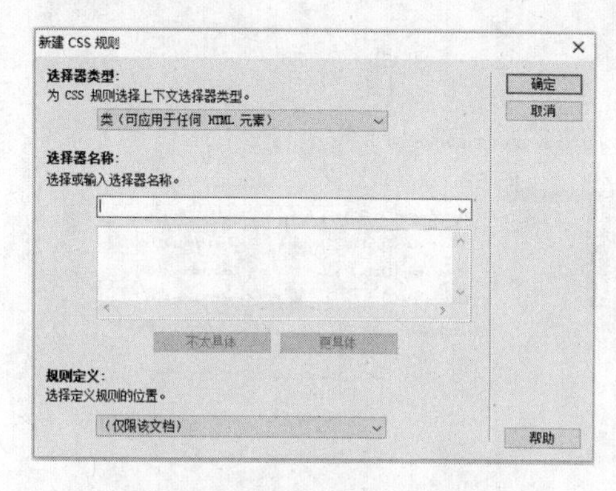

图 7-50 “新建 CSS 样式”对话框

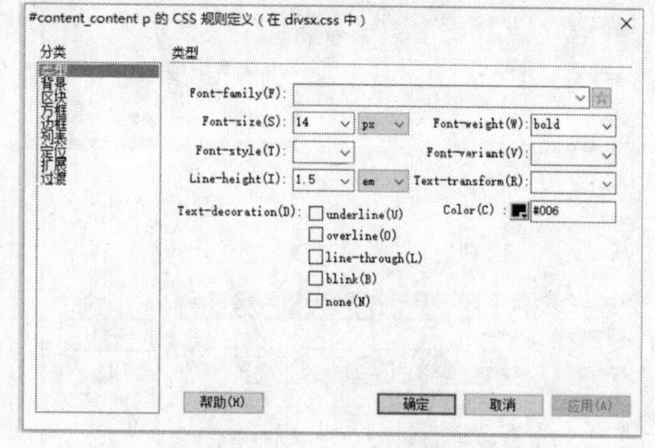

图 7-51 CSS 规则定义

7.5.4 CSS 样式应用实例

在 3 种 CSS 样式类型中，HTML 标记样式和样式选择器是自动应用于网页的，应用 CSS 样式主要指的是应用自定义样式。应用自定义 CSS 样式的步骤如下：

① 将光标放置在要应用样式的区域。

② 打开 CSS 面板，在 CSS 面板上选择要应用的自定义样式。

③ 单击“应用”按钮，使“应用”项处于选中状态。

下面通过一个实例介绍如何应用 CSS 样式来修饰网页。从而掌握 CSS 样式的相关操作。操作步骤如下：

① 创建外部 CSS 样式表文件。

在 CSS 面板上单击“新建”按钮，打开“新建 CSS 样式”对话框，如图 7-52 所示，在“选择器名称”文本框中输入 CSS 样式的名称 red；在“选择器类型”下拉列表框中选择“类（可应用于任何 HTML 元素）”；在“规则定义”下拉列表框中选择“（新建样式文件）”，单击“确定”按钮。

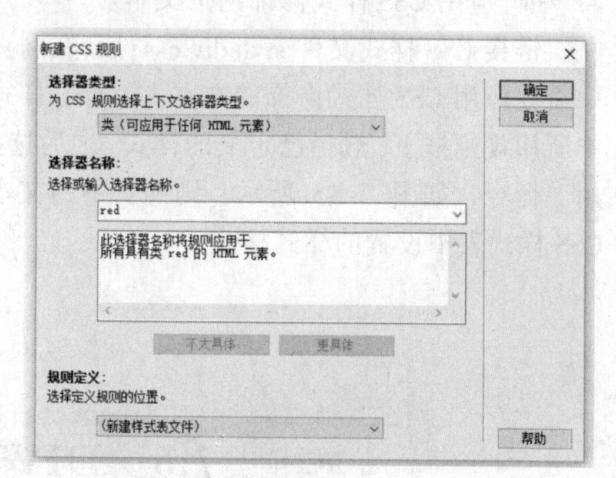

图 7-52 “新建 CSS 样式”对话框

在弹出的对话框中输入 CSS 样式文件名称 stylediv.css，单击“保存”按钮，如图 7-53 所示。

② 编辑 CSS 样式。

单击“保存”按钮后，建立 CSS 样式表文件，弹出 CSS 样式设置对话框，可以设置自定义样式.red 的格式，如图 7-54 所示，单击“确定”按钮。

添加新样式：创建了样式文件后，可以继续向文件中添加其他新的样式。例如，想再新建一个 HTML 标记样式，操作如下：单击 CSS 面板上的新建按钮，在弹出的“新建样式”对话框的“类型”项中选择“重定义 HTML 标签”，并在“标签”项中选择 p，在 CSS 样式格式设置对话框中，设置具体参数。

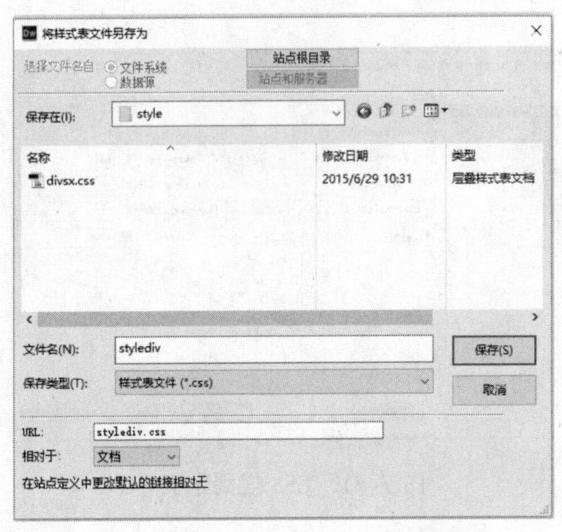

图 7-53　保存样式文件对话框

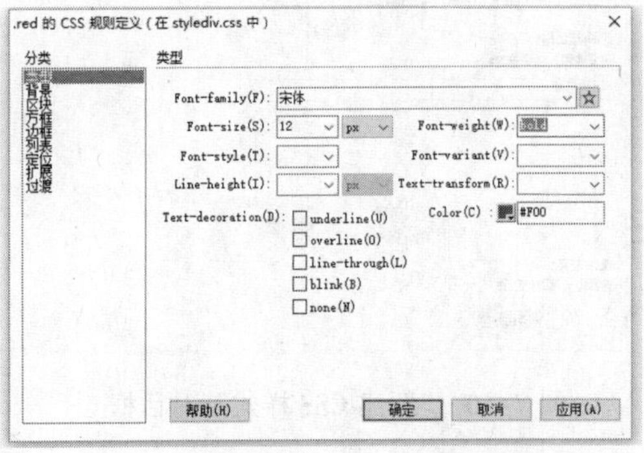

图 7-54　设置 CSS 样式.red 的格式

③ 链接 CSS 样式文件。

将样式表文件与网页相链接的方法是：在站点中打开想使用样式的网页文件，再单击 CSS 面板上的 “链接”按钮，弹出链接外部样式文件对话框，选择样式文件目录下的 CSS 样式文件 stylediv.css，单击“确定”按钮，将外部的 CSS 样式表链接到当前网页。

④ 应用 CSS 样式修饰网页文本。

链接 CSS 样式文件 stylediv.css 后，在网页中选中需要应用 CSS 样式修饰的文本。在 CSS 样式面板中所用规则框下，选择已定义的样式，之后选择“应用”命令，如图 7-55 所示，则网页中的文本变为 CSS 样式表中设置的样式格式。

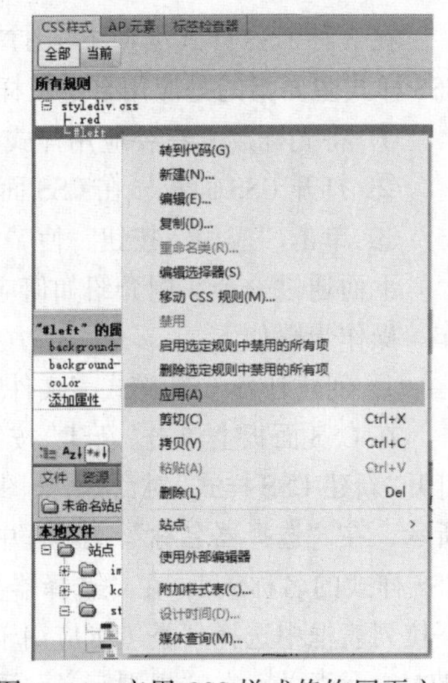

图 7-55　应用 CSS 样式修饰网页文本

7.6　DIV+CSS 网页布局

DIV+CSS 布局方法因其高度的灵活性，以及内容与表现分离的特点，而成为目前比较流行的布局方法。和 table 排版相比，table 的优势表现在于思路简单，但其升级很困难，一旦页面设计完成，重新排版相当于重新设计。其次显示慢，必须等表格内容全部显示出来页面才能显示完整。而 DIV+CSS 将美工与后台操作完全分离，DIV 各个模块可以分别下载，提高了下载速度。在 XHTML 网站设计标准中，不再使用表格定位技术，而是采用 DIV+CSS 的方式实现各种定位。

7.6.1 认识 DIV

在 XHTM 中，每一个标签都可以称作容器，能够放置内容。<div>标签与其他 XHTML 标签一样就是一个区块标记。是 XHTML 中专门用于布局设计的容器对象，用来为 XHTML 文档中大块内容提供结构和背景，它可以把文档分割为独立的、不同的部分。

以 DIV 对象为核心的页面布局中，通过层来定位，通过 CSS 定义外观，最大限度地实现了结构和外观彻底分离的布局效果。即<div>与</div>之间相当于一个容器，可以容纳文字、图片、段落、表格等元素。

7.6.2 使用 DIV 标签

1. 定义层

使用 DIV 标签创建 CSS 布局块并在文档中对它们进行定位。插入 DIV 标签具体步骤如下：

① 在“文档”窗口中，将插入点放置在要显示 DIV 标签的位置。

② 选择“插入”→“布局对象”→“DIV 标签”命令。在“插入”栏的“布局”类别中单击“DIV 标签”按钮，出现“插入 DIV 标签”对话框。

③ 在“插入 DIV 标签”对话框中，可以进行以下操作：

插入：在插入点（光标放置的位置上）插入<div>标签；在开始标签之后（<body>标签的后面）插入<div>标签；在结束标签之前（</body>结束标签的前面）插入<div>标签。

类：选择一个类。

ID：选择一个 ID。

“新建 CSS 规则”按钮：单击此按钮，会打开“新建 CSS 规则”对话框。

使用“新建 CSS 规则”，可以添加<div>标签的类和 ID。

④ 在对话框中设置好各项以后，单击“确定”按钮，即可将<div>标签插入文档中，如图 7-56 所示。

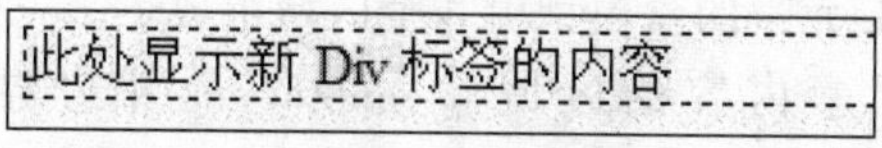

此处显示新 Div 标签的内容

图 7-56 定义层

DIV 标签以一个框的形式出现文档中，并带有占位符文本。将指针移到该框的边缘上时，Dreamweaver 会高亮显示该框。如果已经给 DIV 标签分配了绝对位置，它就可充当一个 Dreamweaver 层。

2. 盒子模型

所有 HTML 元素可以看作盒子，网页可以看成由一个个“盒子”组成，如图 7-57 所示。

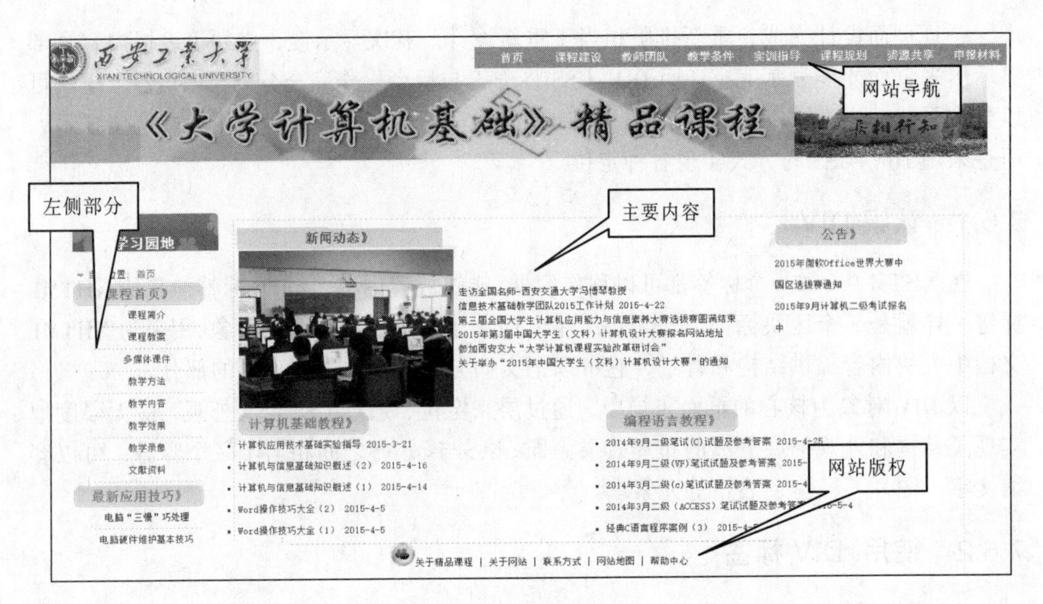

图 7-57　网站布局

由图 7-57 可以看出，页面分为上（网站导航）、中、下（版权声明）3 个部分，中间部分又分为左（学习园地）、中（主要部分），这些版块就像一个个的盒子，这些盒子中放置着各种内容，页面就是由这些盒子拼凑起来的。

在使用 CSS 进行布局过程中，CSS 盒模型（Box Mode）是控制页面元素显示方式的重要概念。盒模型将页面中的每个元素看作一个矩形框，这个框由元素的内容、内边距（padding）、边框（border）和外边距（margin）组成，如图 7-58 所示。

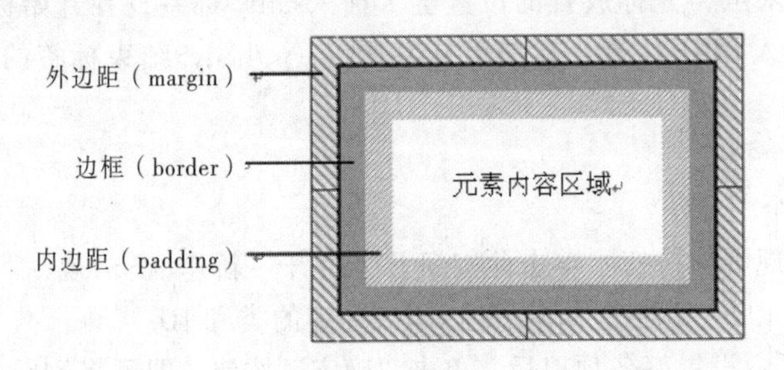

图 7-58　盒子模型

在 CSS 中规定 HTML 元素的盒模型由 4 个区域组成。

content：指显示元素内容的区域。content 的外边界包围的矩形区域称为 content-box。

padding：内边距。内边距位于元素内容区域与边框之间，影响这个区域的属性是 padding 属性，默认值为 0。该属性的值可以是长度值和百分比值，但不允许是负值。padding 的外边界包围的矩形区域称为 padding-box。内边距区域是指 padding-box 减去 content-box 构成的矩形环区域。

border：边框。边框是围绕在元素内容与内边距的线。border 的外边界包围的矩形区域称为 border-box。边框区域是指 border-box 减去 padding-box 构成的矩形环区域。

margin：外边距。margin 属性用于设置元素边框的所有 4 个方向的外边距属性，控制环绕某元素的矩形区域与其他元素之间的距离。包括 margin-top、margin-right、margin-bottom 和 margin-left 四个属性。左、右两边的外边距对所有元素都起作用，而上、下两边的外边距只对块级元素才起作用。该属性可以使用任何长度单位，如像素、英寸、毫米或 em。

盒模型的宽度：盒模型的宽度=左外边距（margin-left）+左边框（border-left）+左内边距(padding-left)+内容宽度(width)+右内边距(padding-right)+右边框(border-right)+右外边距（margin-right）

盒模型的高度：盒模型的高度=上外边距（margin-top）+上边框（border-top）+上内边距（padding-top）+内容高度（height）+下内边距（padding-bottom）+下边框（border-bottom）+下外边距（margin-bottom）

3. 设置浮动与清除浮动

利用 CSS 样式布局页面结构时，浮动（float）是使用率较高的一种定位方式。浏览器根据元素在 HTML 文档中出现的顺序，按从左向右、从上到下依次排列。当某个元素被赋予浮动属性后，该元素便脱离文档流向左或向右移动，直到它的外边缘碰到包含框或另一个浮动框的边框为止。浮动属性是 CSS 中的定位属性，用法如下：

float：浮动方向（left、right、none）。left 为左浮动，right 为右浮动，none 是默认值表示不浮动。

① 没有使用浮动的 3 个 DIV 示例，如图 7-59 所示。

HTML 结构代码：

```
<div id="first">第 1 块 div</div>
<div id="second">第 2 块 div</div>
<div id="third">第 3 块 div</div>
```

CSS 样式代码：

```
#first, #second, #third{
        width:100px;
        height:50px;
        border:1px #333 solid;
        margin:5px;
}
```

② 使用浮动示例如图 7-60 所示。

CSS 样式中加入 float:left。

```
#first, #second, #third{
        width:100px;
        height:50px;
        border:1px #333 solid;
        margin:5px;
    float:left;
}
```

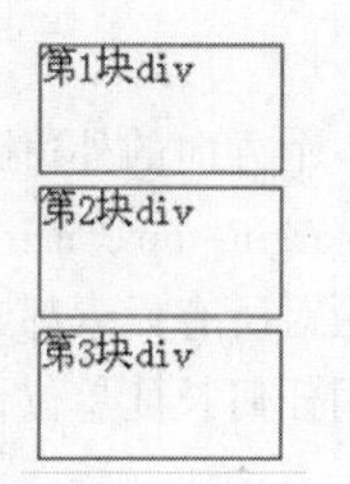

图 7-59　没有使用浮动

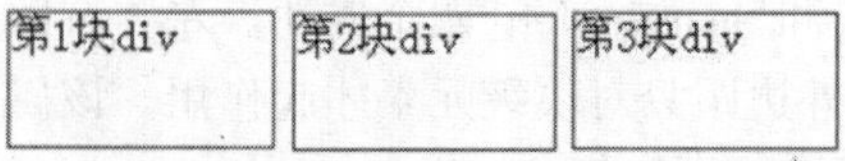

第1块div　第2块div　第3块div

图 7-60　使用浮动

4. clear 清除

在 CSS 样式中，浮动与清除浮动是相互对立的，使用清除浮动不仅能够解决页面错位的现象，还能解决子级元素浮动导致父级元素背景无法自适应子级元素高度的问题。清除浮动主要利用的是 clear 属性中的 both（左右两侧均不允许浮动元素）、left（左侧不允许浮动元素）和 right（右侧不允许浮动元素）3 个属性值清除由浮动产生的效果。

7.6.3　利用 DIV 和 CSS 实现页面布局实例

本节使用 DIV+CSS 布局的方法创建一个最简单的页面，效果如图 7-61 所示。页面结构包含以下几部分：

① 标题区（header），用来显示网站的标志和站点名称等。

② 导航区（navigation），用来表示网页的结构关系，如站点导航，通常放置主菜单。

③ 主功能区（content），用来显示网站的主题内容，如商品展示、公司介绍等。

④ 页脚（footer），用来显示网站的版权和有关法律声明等。

DIV+CSS 设计步骤如下：

① 明确页面组成，通过 DIV 对页面进行分块，分块内容包括 Banner、content(主题内容)、links（菜单导航）和 footer（脚注）几个部分，每个部分可以通过不同的 id 进行标识。有了以上的分析，可以设计成图 7-61 的近似布局模型。

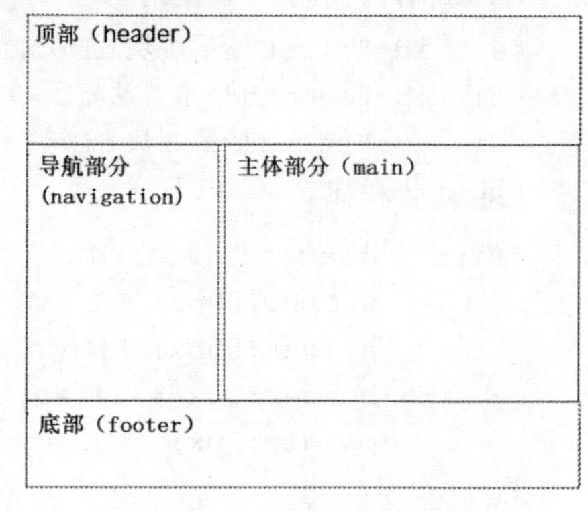

图 7-61　页面布局模型

② 首页布局 DIV+CSS 代码分析。

- 建一个网页，命名为 index.html，在<body>与</body>之间写入 DIV 的基本结构，代码如下：

HTML 结构代码：

```
<body>
   <div id="Container">
   <div id="header">顶部（header）</div>
   <div id="navigation">导航部分(<strong> navigation</strong>)</div>
   <div id="main">主体部分（main）</div>
   <div id="footer">底部（footer）</div>
   </div>
</body>
```

<div>（Division）元素在文档内定义了一个区域，<div>元素包括文本、表格、表单、

图像、插件等各种页面内容。如果要使<div>标签显示特定的效果，或者在某个位置上显示 HTML 内容，就要为<div>标签定义 CSS 样式。

- 使用 Dreamweaver 提供的 CSS 样式面板，单击“新建样式”按钮建立一个 css.css 文件，内容如下：

CSS 样式代码：

```
/*主面板样式*/
#container {
   width:980px;
   margin:0px auto;/*主面板 DIV 居中*/
}
/*顶部面板样式*/
#header {
  width: 100%;
  height: 150px;
  border: 1px #F00 solid;
  background-color: #CCC;
}
/*导航部分面板样式*/
#navigation {
  width: 20%;
  height: 300px;
  border: 1px #F00 solid;
  float: left;
  background-color: #C33;
}
/* 主体部分面板样式*/
  #main {
  width: 75%;
  height: 300px;
  border: 1px #F00 solid;
  float: right;
  background-color: #FFC;
}
/*底部面板样式*/
#footer {
  width: 100%;
  height: 100px;
  border: 1px #F00 solid;
  clear: both;
  background-color: #3F6;
}
```

③ 最后在<head>与</head>之间加入链接外部样式表 css.css 的代码：

```
<link href="css.css" rel="stylesheet" type="text/css" />
```

保存文件，用浏览器打开，这时已经可以看到页面的基本布局，如图 7-62 所示。

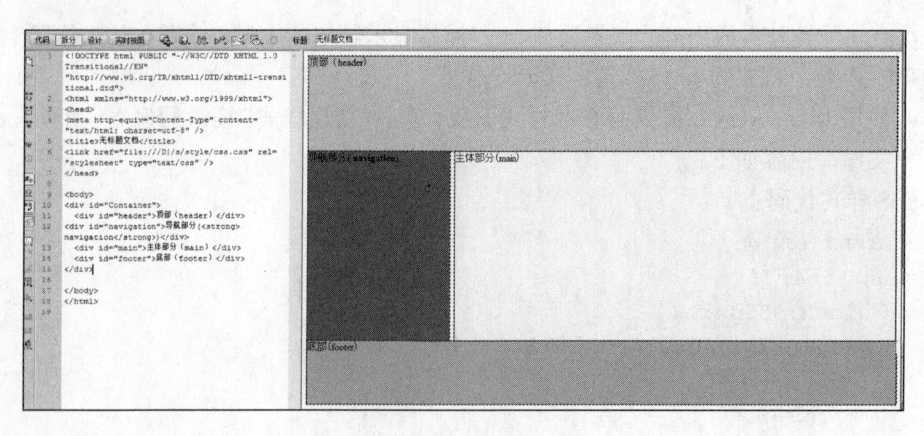

图 7-62　页面布局

本 章 小 结

网站是指在 Internet 上一块固定的面向全世界发布消息的地方，通常由用于展示特定内容的众多相关网页合组成，用户可以通过网页地址访问其信息资源，从而实现了无限范围的信息共享。Dreamweaver CS6 是一款功能强大的可视化的网页编辑与管理软件，可以说是目前最常用的一种所见即所得的网页制作与站点管理工具，它能将网页界面自动翻译成对应的 HTML 语言，它是针对专业网页设计师的可视化网页开发工具，利用它不仅可以轻松地创建跨平台和跨浏览器的页面，也可以直接创建具有动态效果的网页而不用自己编写源代码。用户可以根据自己的喜好和工作方式，重新排列面板和面板组，自定义工作区。

第 8 章　信息管理技术

学习目标：

- 掌握关系数据库系统的基本概念和基础知识；
- 掌握按步骤设计简单关系数据库的方法；
- 熟练掌握 Microsoft Access 数据库管理系统软件的基本使用；
- 掌握对数据进行增加、删除、修改、查询的基本操作方法。

随着计算机技术的发展，计算机已被广泛应用到社会的各个领域。信息行业也是一样，可以说是日新月异。目前的手机通信和自动化办公系统的应用已经非常的广泛，数据和信息充斥着社会生活的每个角落。怎样对这些数据进行收集和保护是一个问题。数据的信息管理不单单是流水性的，更要为以后的查询以及删除等功能创造方便，这样管理的效率才会得到提高。在计算机的绝大多数应用中，信息管理的应用占大部分。常用的数据库管理系统 Access、SQL Server、 Oracle、MySQL、FoxPro 和 Sybase 等。

8.1　数据库基础

数据库技术是信息社会的重要基础技术之一，对于大量的数据使用数据库进行存储管理比通过文件进行存储管理具有更高的效率。下面首先介绍有关数据库的基本概念。

8.1.1　数据库的基本概念

1. 数据

数据（Data）是数据库中存储的基本对象。所谓数据，就是能被计算机识别与处理的符号。数据的种类很多，如数字、文字、表格、图形、图像、声音等都属于数据。

2. 数据库

数据库（Database，DB）指存储在计算机内、有组织、可共享的数据集合。它按一定的数据模型组织、描述和存储，具有较小的冗余度、较高的数据独立性和易扩展性，可被多个不同的用户共享。

3. 数据库管理系统

数据库管理系统（Database Management System，DBMS）是数据库系统的核心，是负责数据库的建立、使用和维护的软件，主要功能包括数据库的定义、数据操纵、数据库运行管理、数据库的建立和维护。数据库管理系统是支持人们建立、使用和修改数据库的软件系统。它是位于用户和操作系统之间层面的数据管理软件。它为用户或应用程序提供访问数据库的方法，包括数据库的建立、查询、更新及各种数据控制。

4. 数据库应用程序

数据库应用程序是指用 Visual Basic 或 Delphi 等开发工具开发的程序，用来实现某种具体的功能，例如各种财务管理系统、信息管理系统等。数据库应用程序是在操作系统和数据库管理系统的支持下开发和运行的，它利用数据库管理系统提供的各种手段访问一个或多个数据库及其数据。DBMS 可以分为层次型、网状型、关系型和面向对象型等几种类型。

5. 数据仓库

数据仓库是一个面向主题的、集成的、相对稳定的、反映历史变化的数据集合，用于支持管理决策。对于数据仓库的概念，可以从两个层次理解：①数据仓库用于支持决策，面向分析型数据处理，它不同于企业现有的操作型数据库；②数据仓库是对多个易购数据源的有效集成，集成后按照主题进行重组，并包含历史数据，而且存放在数据仓库中的数据一般不再修改。

8.1.2 数据库系统的组成

数据库系统是指在计算机系统中引入数据库后的系统，一般由数据库、数据库管理系统（及其开发工具）、软件、硬件和用户构成。

1. 数据库（DataBase，DB）

数据库是依照某种数据模型组织起来并存放二级存储器中的数据集合。简单来说，DataBase 本身可视为电子化的文件柜——存储电子文件的处所，用户可以对文件中的数据进行新增、截取、更新、删除等操作。

2. 数据库管理系统

数据库管理系统是对数据进行管理的软件系统，它是数据库系统的核心软件。数据库的一切操作，包括创建各种数据库对象，如表、视图、存储过程等，以及应用程序对这些对象的操作（如插入数据到表中，对表中原有数据的检索、修改、删除等），都是通过数据库管理系统进行的。

DBMS 可以分为层次型、网状型、关系型和面向对象型等几种类型。

数据库在建立、使用和维护时由数据库管理系统统一管理，统一控制。数据库管理系统使用户方便地定义数据和操作数据，并能够保证数据的安全性、完整性、并发性及发生故障后的系统恢复。

3. 软件

软件指负责数据库存取、维护和管理的软件系统，通常称为数据库管理系统。它对数据库中数据资源进行统一管理和控制，起到将用户程序和数据库数据隔离的作用。数据库管理系统是数据库系统的核心，其功能强弱体现了数据库系统的性能优劣。

4. 硬件

硬件主要指计算机。鉴于数据库系统的要求，数据库主机或数据库服务器外存要足够大，存取效率要高，主机的吞吐量大，作业处理能力强。对于分布式数据库而言，计算机网络也是基础环境。

5. 用户

用户指使用数据库的人员。数据库系统中主要有终端用户、应用程序员和管理员三类用户。终端用户是指那些无太多计算机知识的工程技术人员及管理人员。他们通过数据库系统提供的命令语言、表格语言以及菜单等交互式对话手段使用数据库中的数据。应用程序员是为终端用户编写应用程序的软件人员，他们设计的应用程序主要用于使用和维护数据库。数据库的建立、使用和维护等工作只靠一个 DBMS 远远不够，还要有专门的人员来完成，这些人称为数据库管理员（DataBase Administrator，DBA）。数据库管理员是指全面负责数据库系统正常运转的人员，他们负责对数据库系统本身进行深入的研究。

由上面可以知道，数据库系统（DataBase System，DBS）是由计算机软、硬件资源组成的系统，它实现了有组织地、动态地存储大量关联数据，方便多用户访问。通俗地讲，数据库系统可把日常的一些表格、卡片等的数据有组织地集合在一起，输入计算机中，然后通过计算机处理，再按一定要求输出结果。

8.2 设计和创建数据库

8.2.1 数据库设计——模型与结构

现实世界中，个体间总存在着某些联系。反映到信息世界中，就是实体的联系，由此构成实体模型。反映到数据库系统中，是记录间的联系。将实体模型数据化，转化成数据模型，这个过程就是抽象实际数据和设计数据库的过程。

设计数据库系统时，一般先用图或表的形式抽象地反映数据彼此之间的关系，称为建立数据模型。数据模型应满足 3 方面要求：①能比较真实地模拟现实世界。②容易为人所理解。③易于在计算机上实现。

在数据库系统中针对不同的使用对象和应用目的，采用不同的数据模型。常用的数据模型一般可分为两类：概念模型和数据模型。

1. 概念模型

概念模型也称信息模型，它是按用户的观点来对数据和信息建模，主要用于数据库设计，即只在概念上表示数据库中将存储一些什么事物，这些事物之间有什么联系，而不管这些事物和联系在数据库中是怎么实现存储的。一般采用 E－R（Entity－Relationship）图表示。

在 E-R 图中，用矩形表示实体，用椭圆形表示实体的属性，并用无向边把实体与其属性连接起来。例如，图 8-1 就是一个学生实体的 E－R 图。

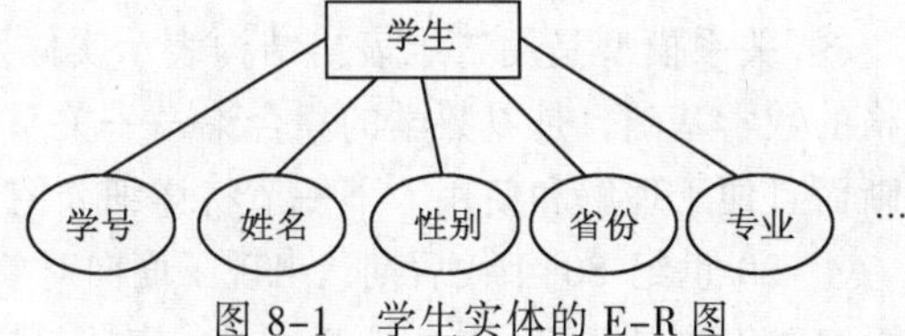

图 8-1 学生实体的 E-R 图

我们知道，客观世界中的各个实体之间通常存在着关联。在 E－R 图中，用菱形表示实体之间的联系，菱形框内是联系名。用无向边把菱形分别与有关实体相连接，在无向边旁标上联系的类型（1∶1、1∶n 或 m∶n）。若实体之间联系也具有属性，则把属性和菱形也用无向边连接上。图 8-2 是学生选课模型 E-R 图，其中实体的属性被省略了。

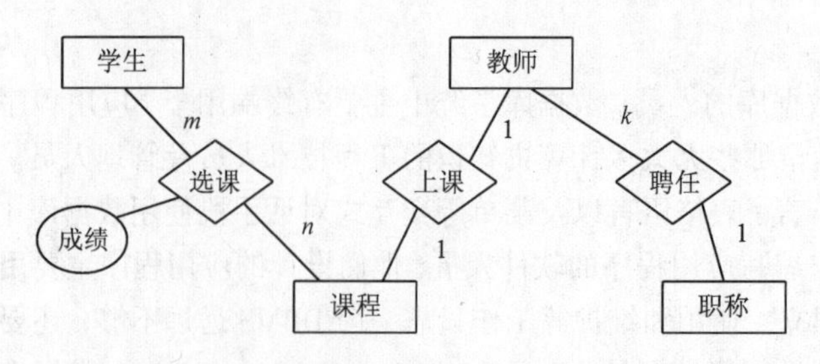

图 8-2　学生选课模型 E-R 图

2. 数据模型

数据模型指在数据库系统中表示数据之间逻辑关系的模型，该模型着重于在数据库系统中的实现，是按计算机系统的观点对数据建模，主要用于 DBMS 的实现。目前，最常用的数据模型有层次模型（Hierarchical Model）、网状模型（Network Model）、关系模型（Relational Model）和面向对象数据模型（Object Oriented Model）。

① 层次模型（Hierarchical Model）表示数据间的从属关系结构，其总体结构像一棵倒置的树，根结点在上，层次最高；子结点在下，逐层排列，在不同的结点（数据）之间只允许存在单线联系，层次模型的示例如图 8-3 所示。其主要特征如下：

- 有且仅有一个结点无双亲，此结点称为根结点，如图 8-3 中的学院。
- 除根结点外，其余结点均有且仅有一个双亲，如图 8-3 中的学院包含的各系。

② 网状模型（Network Model）是层次模型的扩展，其总体结构呈现一种交叉关系的网状结构，在两个数据之间允许存在两种或多于两种的联系。其主要特征如下：

- 有一个以上结点无双亲；
- 允许结点有一个以上双亲。

网状模型表示的是一种较复杂的数据结构，可以表示数据间的纵向关系与横向关系。这种数据模型在概念上、结构上都比较复杂，操作上也有很多不便。网状模型的示例如图 8 - 4 所示。

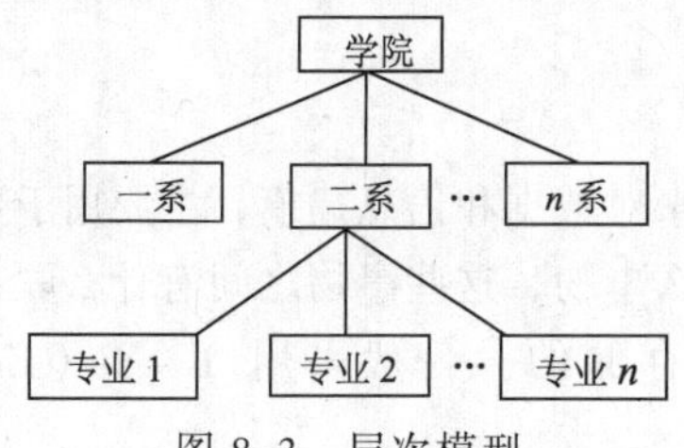

图 8-3　层次模型

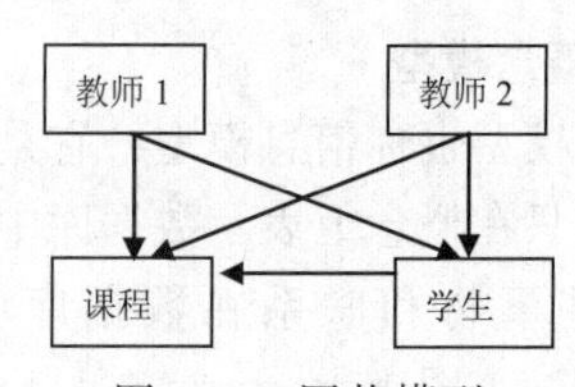

图 8-4　网状模型

③ 关系模型是用二维表格结构表示实体及实体之间联系的数据模型。关系模型有严格的数学基础，是以数学的集合论——关系代数为理论基础，抽象级别比较高，简单清晰而且便于理解和使用。下一节将详细介绍关系模型及其数学背景。

④ 20 世纪 80 年代后期，出现了面向对象数据库系统，它基于扩展的关系数据模型或面向对象数据模型，其主要特点是：支持包括数据、对象和知识的管理；在保持和继承第二代数据库系统的技术基础上引入面向对象技术；对其他系统开放，具有良好的可移植性、可连接性、可扩展性和互操作性。

8.2.2 关系数据库设计

关系数据库用数学的方法来处理数据库中的数据。1970 年 IBM 公司的研究员 E.F.Codd 发表了题为《大型共享数据库的关系模型》的论文，把关系代数应用到数据处理中，开创了关系模型数据库理论，启动了数据库界的运动，奠定了关系理论基础。20 世纪 80 年代以后推出的数据库管理系统（DBMS）几乎都支持关系模型，非关系系统的产品也大都加上了关系接口。这些商用数据库技术的运行，特别是微机 RDBMS 的使用，使数据库技术日益广泛地应用到企业管理、情报检索、辅助决策等各方面，成为实现和优化信息系统的基本技术。

1. 关系模型的数据结构

关系数据库系统是支持关系模型的数据库系统。关系模型是建立在严格的数学理论基础上的，在关系模型中，现实世界的实体以及实体间的各种联系均用关系来表示。

在用户看来，关系数据模型的逻辑结构是一张二维表，如表 8-1 中的学生档案就是一个关系模型。关系数据模型和现实生活中日常使用的表格在直观上是一致的，一个表格由一个表名、一个表头和一个表体三部分组成。“学生基本情况表”是表名，表头由一些属性名组成，每个属性名对应于一列，属性名必须唯一，表体由一些行或记录组成。由关系数据结构组成的数据库系统称关系数据库系统。

为什么将这张二维表称为一个关系呢？下面将阐述关系的数学内涵。

关系模型建立在严格的集合代数的基础上，这里从集合论的角度给出关系数据结构的形式化定义。

表 8-1 学生基本情况表

字段 ↓（指向“籍贯”列）

学号	姓名	年龄	性别	院（系）	籍贯	入学成绩
03001	张维	20	男	计算机	山西	621
03002	张珊	19	女	电子	湖南	578
03003	李岷	21	男	机械工程	山东	603
…	…	…	…	…	…	…

主键 —— 学号；按学号索引（各行）；记录 ←（指向行）

2. 关系定义

关系的定义是从域出发的。

定义 1： 域（Domain）。域是一组有相同数据类型的值的集合。

即域是值的集合。如{0，1，2，3}是域，其值为 0，1，2，3。

定义 2： 笛卡儿积（Cartesian Product）。给定一组域 D_1，D_2，…，D_n，这些域中有些是可以相同的，则 $D_1 \times D_2 \times \cdots \times D_n = \{(d_1, d_2, \cdots, d_n) \mid d_i \in D_i, i=1, 2, \cdots, n\}$称为笛卡儿积。其中每个$(d_1, d_2, \cdots, d_n)$称为元组，元组中的每个 d_i 称为分量。

定义 3： 关系。$D_1 \times D_2 \times \cdots \times D_n$ 的子集称为在域 D_1，D_2，…，D_n上的关系，表示为 $R(D_1, D_2, \cdots, D_n)$。这里 R 表示关系的名字，n 是关系的度。

$D_1 \times D_2 \times \cdots \times D_n$表示的是域上所有可能的组合，在现实生活中很多元组是无意义的数据，而一个关系肯定包含在 $D_1 \times D_2 \times \cdots \times D_n$之中，因此在数学上把关系定义为一组域

$D_1 \times D_2 \times \cdots \times D_n$ 上的笛卡儿积的子集。

笛卡儿积可表示为一个二维表。表中的每行对应一个元组，表中的每列对应一个域。

例如，给出 3 个域：D_1=老师集合、D_2=专业集合、D_3=学生集合。它们的取值情况是：老师集合={李辉，张建斐}，专业集合={计算机专业，信息专业}，学生集合={王鹏，孙丽，武浩}。其笛卡儿积 $D_1 \times D_2 \times D_3$={（李辉，计算机专业，王鹏），（李辉，计算机专业，孙丽），（李辉，计算机专业，武浩），（李辉，信息专业，王鹏）（李辉，信息专业，孙丽），（李辉，信息专业，武浩），（张建斐，计算机专业，王鹏），（张建斐，计算机专业，孙丽），（张建斐，计算机专业，武浩），（张建斐，信息专业，王鹏），（张建斐，信息专业，孙丽），（张建斐，信息专业，武浩）}。

其中，课题组是上述笛卡儿积 $D_1 \times D_2 \times D_3$ 的子集，称为在域老师、专业、学生上的关系，如表 8-2 所示，其中关系中的每一个元组表示一个课题组。即关系课题组为：课题组（老师，专业，学生）={（李辉，计算机专业，王鹏）、（李辉，计算机专业，孙丽）}。

表 8-2　二 维 表

老　师	专　业	学　生
李辉	计算机专业	王鹏
李辉	计算机专业	孙丽

综上，关系笛卡儿积的子集，所以关系可形象化为一个二维表，表的每行对应一个元组，表的每列对应一个域。由于域可以相同，为了加以区分，必须对每列起一个名字，称为属性。*N* 目关系必有 *N* 个属性。

若关系中的某一属性组的值能唯一地标示一个元组，则称该属性组为候选码。

若一个关系有多个候选码，则选定其中一个为主码。它可以唯一确定一个元组。

下面对关系的术语作一个归纳：

- 关系（Relation）：一个关系对应一张二维表，表名即为关系名。
- 元组（Tuple）：表中的一行即为一个元组。
- 属性（Attribute）：表中的一列即为一个属性。
- 域（Domain）：属性的取值范围。
- 分量：元组中的一个属性值。
- 主码（Key）：表中的某个属性组，它可以唯一确定一个元组。
- 外键：外键是本关系的一个属性（组），它不是本关系的主关系键，但却是另一关系的主关系键，则称这个属性（组）为本关系的外部关系键。
- 关系模式：对关系的描述，一般表示为：关系名（属性 1，属性 2，…，属性 *n*）。

表 8-3 总结了关系、表等一系列术语之间的对照关系。

表 8-3　关系数据模型术语之间的对照关系

在关系理论中	在关系数据库中	某些软件开发商
关系	表	数据库文件
元组	行	记录
属性	列	字段

3. **关系模型的 3 类完整性规则**

为了维护数据库中数据与现实世界的一致性，关系数据库中的数据进行更新与删除操作必须遵循以下 3 类完整性规则的约束。

（1）实体完整性规则

若属性 A 是基本关系 R 的主属性，则属性 A 不能取空值。实体完整性规则规定基本关系的所有主键的值不能为空或部分为空，如果出现空值，那么主码起不了唯一标识的作用。

（2）参照完整性规则

现实世界中的实体之间往往存在某种联系，在关系模型中实体及实体间的联系都是用关系来描述的，这样就自然存在着关系与关系间的引用。参照完整性规则定义了外码与主码之间的引用规则。若属性 F 是基本关系 R 的外码，它与基本关系 S 的主码 K_S 相对应（基本关系 R 和 S 不一定是不同的关系），则对于 R 中每个元组在 F 上的值必须为：

- 或者取空值（F 的每个属性值均为空值）。
- 或者等于 S 中某个元组的主码值。

换句话说，外键要么在参照关系中有值，要么取空值。

（3）用户定义的完整性

任何关系数据库系统都应该支持实体完整性和参照完整性规则。除此之外，不同的关系数据库系统根据其应用环境的不同，往往还需要一些特殊的约束条件，用户定义的完整性就是针对某一具体关系数据库的约束条件。它反映某一具体应用所涉及的数据必须满足的语义要求。例如，某个属性必须取唯一值，某些属性值之间应满足一定的函数关系，某个属性的取值范围在 0 ~ 200 之间等。关系模型应提供定义和检验这类完整性的机制，以便系统进行统一处理，而不是由应用程序承担这一功能。

4. **关系数据库设计基本步骤**

根据数据库原理，将数据库设计分成 6 个阶段，如图 8-5 所示。

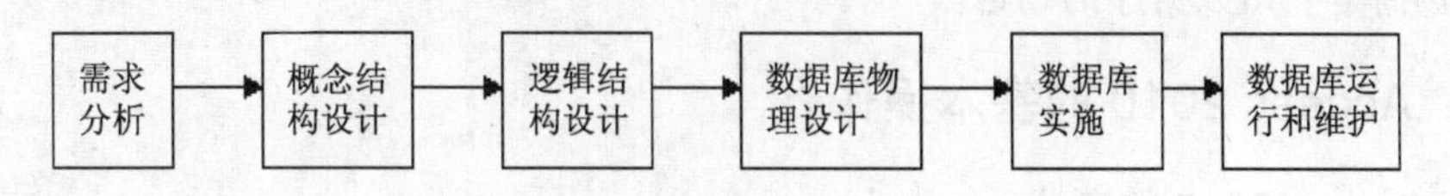

图 8-5　据库设计步骤

① 需求分析阶段。准确了解与分析用户需求（包括数据与处理），并进一步对各个环节抽象。需求分析是整个设计过程的基础，是最困难、最耗费时间的一步。需求分析做得不好，甚至会导致整个数据库设计的返工。

② 概念结构设计阶段。它是整个数据库设计的关键。通过对用户需求进行综合、归纳与抽象，形成一个独立于具体 DBMS 的概念模型，可以用 E-R 图表示。

③ 逻辑结构设计阶段。将概念结构转换为某个 DBMS 所支持的数据模型，对其进行优化。

④ 数据库物理设计阶段。为逻辑数据模型选取一个最适合应用环境的物理结构（包括存储结构和存取方法）。确定得到的关系数据模型最后反映在物理设备上是个什么样的物理结构。

⑤ 数据库实施阶段。运用 DBMS 提供的数据语言（如 SQL）及宿主语言（如 C 语言），根据逻辑设计和物理设计的结果建立数据库，编制与调试应用程序，组织数据入库，并进行试运行。

⑥ 数据库运行和维护阶段。数据库应用系统经过试运行后即可投入正式运行。在数据库系统运行过程中必须不断地对其进行评价、调整与修改。

设计一个完善的数据库应用系统，往往是这 6 个阶段不断重复的过程。需求分析是数据库设计的基础。不论采用什么方法，都必须扎扎实实搞好需求分析。概念设计阶段的关键是对需求分析的结果进行抽象，确定实体、属性以及实体之间的联系。逻辑设计阶段主要是将 E-R 图向关系模型转换，要解决的关键问题是如何将实体和实体间的联系转换为关系模式，以及如何确定这些关系模式的属性和码，处理好属性命名的冲突问题，具有相同码的关系模式进行合并。数据库物理设计及实施是逻辑设计结果的具体实现，完全依赖于给定的硬件环境和数据库产品。总之，数据库设计各阶段是密切相关的，应保证各阶段工作的一致性和规范化。

8.3 Access 2010 的应用

数据库是按照数据结构来组织、存储和管理数据的仓库，是一个应用领域的通用数据处理系统，数据共享性不仅满足了各用户信息，而且满足了各用户之间信息通信的要求。数据库有很多种类型，从最简单的存储有各种数据的表格到能够进行海量数据存储的大型数据库系统在各个方面得到了广泛的应用。对于数据量较小的应用，一般选用 Access 作为数据库，因为 Access 数据库比较简单，功能也比较齐全，数据的备份、复制都很方便，且程序发布时不需要额外单独安装其他的数据库管理软件。因此，在功能能够满足要求的条件下，Access 数据库往往成为一些小型数据库软件的首选。本节以 Access 数据库为例简单介绍数据库的结构。

8.3.1 Access 2010 的基本操作

1. Access 2010 的启动

启动 Access 和启动一般应用程序相同，有 4 种启动方式，即常规启动、桌面快捷方式启动、“开始”菜单启动和通过已存在文件快速启动。最常用的就是从“开始”菜单中启动。选择“开始”→“程序”→Microsoft Access 2010 命令，就启动了 Access。如果桌面有 Microsoft Access 2010 快捷方式图标，也可以双击图标快速启动 Access 应用程序。

2. Access 2010 的窗口界面

成功启动 Access 2010 后，屏幕上会出现 Access 2010 的工作首界面，如图 8-6 所示。Access 2010 的工作首界面提供了创建数据库的导航，当选择新建空白数据库或新建 Web 数据库，或者选择其他模板后就正式进入 Access 2010 的工作界面。

Access 工作界面与 Windows 中其他应用程序一样，由标题栏、选项卡、功能区、导航栏、状态栏及数据库对象窗口等组成，如图 8-7 所示。

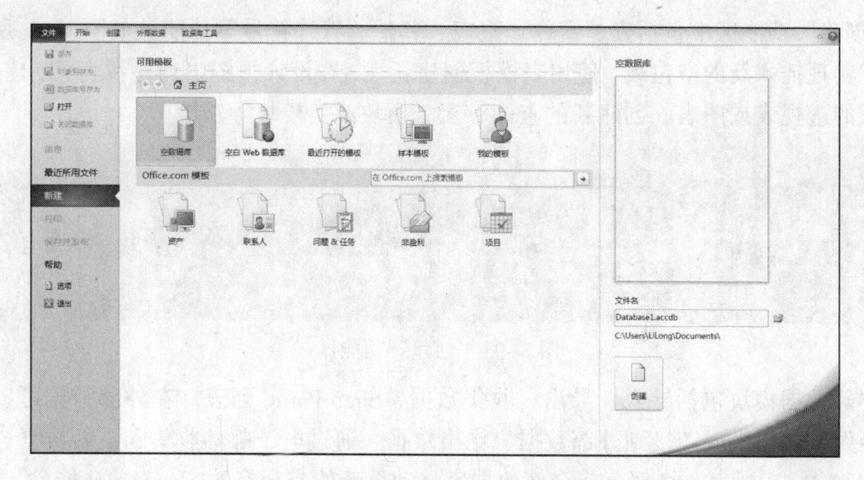

图 8-6　Access 2010 工作首界面

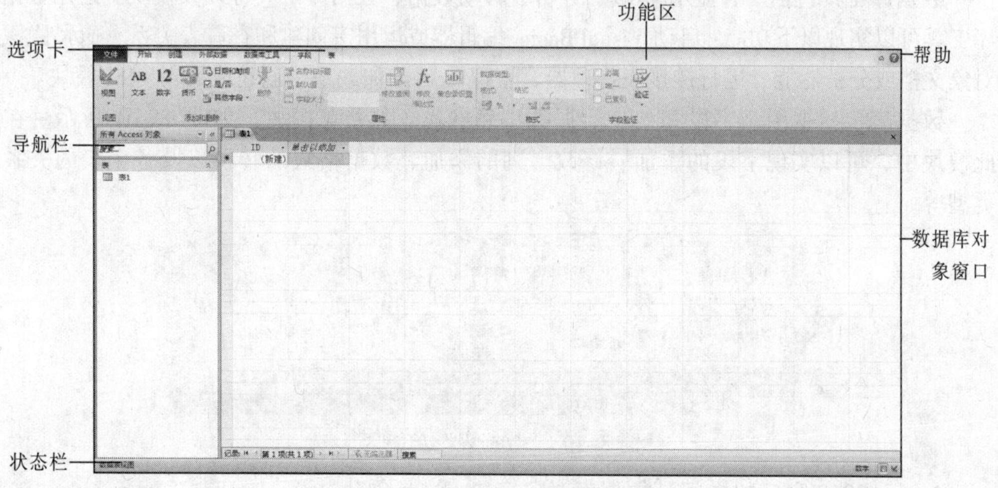

图 8-7　Access 2010 工作界面

Access 2010 最突出的新界面元素称为功能区。功能区是一个包含多组命令且横跨程序窗口顶部的带状选项卡区域，如图 8-8 所示。功能区是菜单和工具栏的主要替代部分，并提供了 Access 2010 中主要的命令界面。它将通常需要使用菜单、工具栏、任务窗格和其他用户界面组件才能显示的任务或入口点集中在一个地方便于操作。打开数据库时，功能区显示在 Access 主窗口的顶部，它在此处显示了活动命令选项卡中的命令。

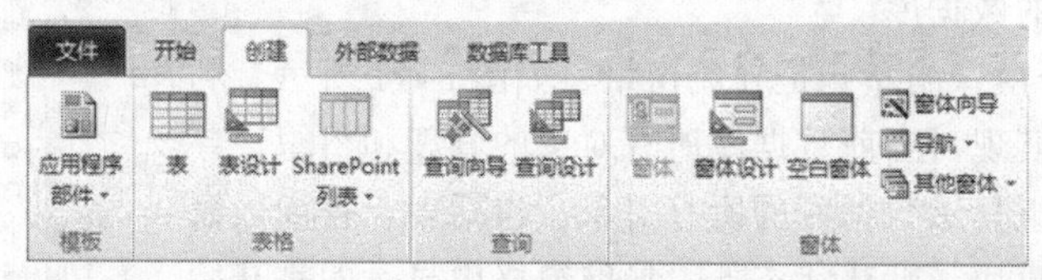

图 8-8　Access 2010 功能区

功能区主要有多个功能区组成，这些功能区上有多个按钮组。在 Access 2010 中，主要的命令功能区包括“文件”“开始”“创建”“外部数据”和“数据库工具”。

“开始”功能区用来对数据库进行基本操作，分为视图、剪贴板、字体、格式文件、记录、排序和筛选、查找、中文简繁转换等分组，在每个分组中可以实现不同的功能。

“创建”功能区中包括表、窗体、报表、其他、特殊符号等功能，如图 8-9 所示。主要有实现插入新的空白表，使用表模板创建新表，在设计视图中创建新表、创建窗体、创建新的透视表或图表、创建新的查询、宏、模块或类模块等功能。

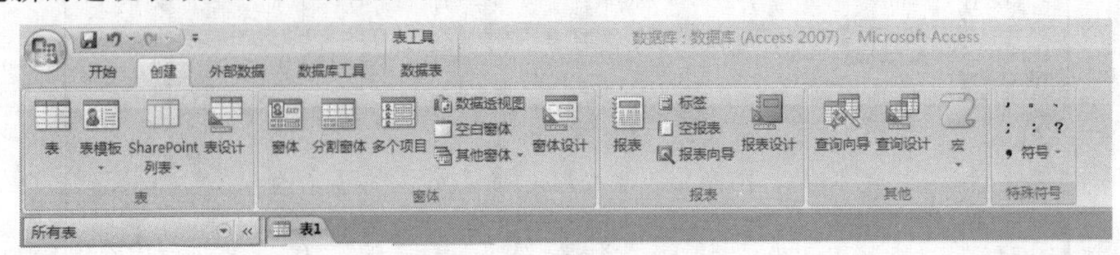

图 8-9 “创建”功能区

外部数据模块包括导入、导出、收集数据、SharePoint 列表。在外部数据可以实现的功能如下：导入或链接到外部数据、导出数据、通过电子邮件收集和更新数据、使用联机 SharePoint 列表、将部分或全部数据库移动至新的或现有的 SharePoint 网站。

数据库工具包括宏、显示/隐藏、分析、移动数据、数据库工具等几大模块。运用数据库工具可以实现以下功能：启动 Visual Basic 编辑器或运用宏创建和查看表关系、显示/隐藏对象文档或分析性能、运行链接表管理器、管理 Access 加载项、创建或编辑 VBA 模块。

数据表包括视图、字段和列、数据类型和格式、关系等模块，如图 8-10 所示。在此模块中，可以实现字段的添加、修改、列的添加、数据格式的转换以及各个表的关系类型等。

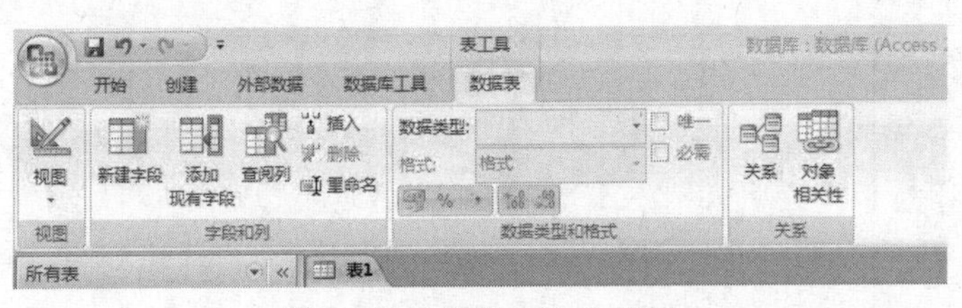

图 8-10 “数据表”功能区

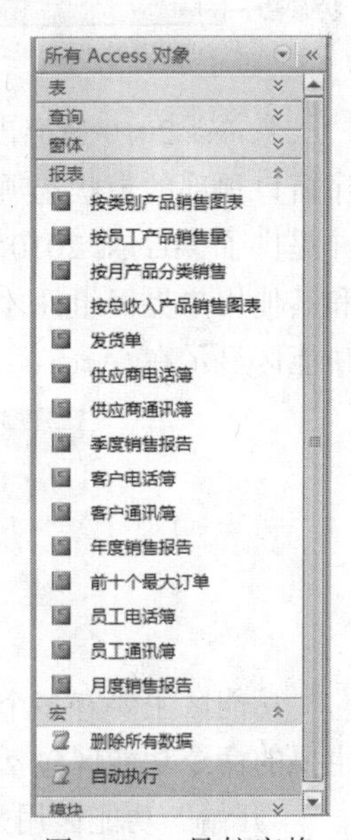

图 8-11 导航窗格

Access 2010 窗口的中间是数据库对象窗口，这是创建、设计数据库的地方。在“数据库”窗口上边的“创建”列表框中列出了 Access 2010 所有的数据库对象，用户可以通过表对象来存储自己的数据，通过窗体来浏览、输入及更新表中内容，用查询来检索符合指定条件的数据，用报表以特定的方式来分析和打印数据。在“创建”列表框的“文件”列表框中可以新建或者打开已有的数据库。

Access 2010 窗口的左侧是导航窗格，如图 8-11 所示。利用导航窗格可以实现对当前数据库所有对象的管理和组织。导航窗格按类别分组显示数据库的所有对象，包括表、查询、窗体、报表、宏和模块。默认状态下，导航窗格中显示的是开始工作的相关任务，如果要执行其他任务，可以单击导航窗格右上角的▾按钮，在弹出的下拉列表中选择相应的任务选项。如果启动程序时没有显示导航窗格，可以通过窗口中左上角的»打开导航窗格，单击导航窗格右上角的«按钮可以将其关闭。

3. 打开数据库

在 Access 2010 中选择“文件”选项卡中的“打开”命令，或者按【Ctrl+O】组合键，弹出“打开”对话框。在“打开”对话框的文件列表中选择要打开的文件，然后单击“打开”按钮，即可打开指定的数据库。

Access数据库不仅包含存储数据的表对象,还包含操作或控制数据的其他对象,Access数据库文件就是表和其他对象的集合。Access 数据库包含以下数据库操作对象：

① 表（数据表）：是数据库中用来存放数据的场所，是数据库的核心和基础，各数据表间通过主键连接。

② 查询：在数据库的一个或多个表中检索所需信息。

③ 窗体：用于显示、输入、编辑数据及控制应用程序执行的操作界面。

④ 报表：用于控制显示或打印数据的输出格式。

⑤ 宏：是对若干 Access 操作命令序列的定义，执行宏实际上是由系统自动执行宏定义中的一系列命令。

⑥ 模块：用 Access 提供的 VBA 语言编写的程序段。

4. 数据库的保存

当用户新建一个数据库时，系统会提示用户选择数据库的保存位置，数据库通常保存在一个扩展名为.mdb 的文件中。如果在数据库中新建一个数据对象，系统会提示用户保存数据对象并为其起名。如果对数据库中的数据对象作了修改，关闭窗口时，系统会自动保存所作的修改而不再提示。

5. Access 2010 的退出

退出 Access 可以选择“文件”→“关闭数据库”命令，待文件关闭后再选择“文件”→“退出”命令；也可以单击控制菜单图标，在弹出的菜单中选择“关闭”命令；或者单击屏幕右上角的“关闭”按钮也可以退出 Access 2010。

8.3.2 数据库存储结构的设计与创建

数据库是关于特定的主题或任务的信息集合，不同的主题或任务的信息集合起来构成了不同的数据库。以什么样的方式来组织信息直接影响到数据库的效率，通常需要建立多个数据库相互配合来达到自己的目的。这种配合意味着数据库间的关系存在，因而出现了关系型数据库。Microsoft Access 2010 就是一种关系型数据库管理系统，它通过各种数据库对象来管理信息，数据库对象包括表、查询、窗体、报表、宏和模块。用户将自己的数据存储在表中，通过窗体来浏览、输入及更新表中内容，用查询来检索符合指定条件的数据，用报表以特定的方式来分析和打印数据。

1. 数据库的设计

合理的设计是创建一个高效、功能强大的数据库的基础，是对数据实施各种操作的前提。设计数据库存储结构的步骤如下：

（1）确定创建数据库的目的

设计数据库的首要任务是确定数据库的目的以及使用方法。根据用户的需求，确定用什么数据库保存表和用什么表保存字段，以及将要生成什么报表。在这一阶段，要充分地和用户交流，共同讨论、确定需要数据库解决的问题。

（2）确定该数据库中需要的表

表是创建其他数据库对象的基础，因此设计好表的结构是创建数据库的关键。在设计表时，应按以下原则对信息进行分类：

① 表间不应有重复信息，每条信息只保存在一个表中。

② 每个表应该只包含关于一个主题的信息。

（3）确定表中需要的字段

表中每个字段与主题直接相关，并且表中的全部字段要包含需要的所有信息，其中必须包含能定义为主关键字的字段，即唯一确定每条记录的字段。在确定每个字段时，应该注意下列问题：

① 每个字段直接与表的主题相关。

② 不包含推导或计算的数据。

③ 保护所需的所有数据。

④ 以最小的逻辑部分保存信息。

（4）明确主键

一般地，数据库中每个表必须包含表中能够唯一地标识每个记录的单个字段或多个字段，也就是要确定主键。

（5）确定表之间的关系

各个表中存储了不同信息，并且已定义了主关键字段，所以需要将每个表中相关信息结合到一起，这就必须定义 Microsoft Access 数据库中的表之间的关系。一个良好的数据库设计在很大程度上取决于该数据库中关系的定义。

（6）优化表的设计

在设计完表、字段和关系后，就应该检查该设计，并找出任何可能存在的不足。因为现在改变数据库的设计要比更改已经填满数据的表要容易得多。

（7）输入数据并创建其他数据库对象

如果表的设计已达到设计规则，就应该向表中添加所有的数据，然后就可以创建所需的任何查询、窗体、报表、数据访问页、宏和模块等其他数据对象。

（8）使用分析工具

“表分析向导器”能分析表的设计，建立新的表结构和关系，并在合理的情况下，在相关的表中重构原来的表，“性能分析器”能分析整个数据库，并能提出建议来改善数据库。

2. 新建数据库

新建一个数据库常用两种方法：第一种方法是创建一个空数据库，即建立一个不包含表、查询、窗体和报表等数据对象的空数据库；第二种方法是使用 Access 中提供的数据库模板创建数据库，即在“数据库向导”的提示下一步一步地创建数据库。

如果想创建关于特定的主题或任务的数据库，可以建立一个不包含数据库对象的空数据库，然后根据用户的实际需求设计表、窗体、报表等数据库对象。在 Access 启动窗口中单击“空数据库”选项，在其中输入要保存数据库的文件夹及新建的数据库的名字，例如学生信息管理系统，然后单击“创建”按钮，如图 8-12 所示。创建好的空数据库即显示在屏幕上。至此只创建了一个空数据库，之后还要根据用户的需求继续创建表对象，并向表中输入数据，然后再创建基于表中这些数据的查询、窗体、报表和模块等数据库对象。

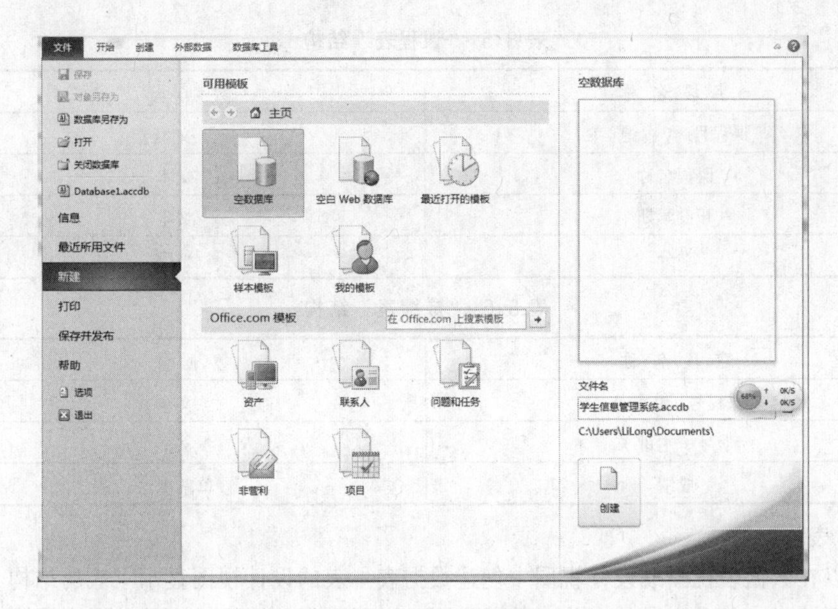

图 8-12　修改数据库名称

8.3.3　表的创建与基本操作

数据表（简称“表”）是记录的集合，是数据库的基本组成部分。一个数据库里可以有多个数据表，它们包含了数据库的所有信息。表是一种关于特定主题的数据集合，最好为数据库的每个主题建立不同的表，以提高数据库的效率，减少输入数据的错误率。表中的数据都以行（称为记录）和列（称为字段）的格式来组织。

在建立数据表之前，应根据任务的需要考虑建立什么样的表。每个表都有表名和结构，一个好的表的设计，可让用户快速获取和更新数据。因此在设计表时应注意：表中不应该包含重复的信息；一条信息只在表中保存一次，以便于维护；每个表应该只包含关于一个主题的信息，这样可以独立于其他主题维护每个主题的信息；为字段选择合适该数据的具有最小长度的字段类型。

表的设计包括：设置字段名、设置字段的数据类型、设置字段的说明、设置字段的属性、设置主关键字等。用户根据具体需求设计完成后，即可进行表的创建。

下面在 Microsoft Access 2010 中建立一个“ 学生信息管理系统.mdb”数据库，包括“学生表”“课程表”“成绩表”三个数据表，表结构如表 8-4～表 8-6 所示。

表 8-4　“学生表”结构

字段名称	数据类型	字段名称	数据类型
学号（主键）	文本	邮编	文本
姓名	文本	出生日期	日期/时间
性别	文本	班级	文本
专业	文本	简历	备注
电话	整型	照片	OLE 对象
地址	文本	—	—

表 8-5 “课程表”结构

字 段 名 称	数 据 类 型
课程号 （主键）	文本
课程名称	文本
开设学期	文本
学分	整型

表 8-6 “成绩表”结构

字 段 名 称	数 据 类 型
课程号（主键）	文本
学号（主键）	文本
成绩	单精度型

1. 表的创建

可以在数据表视图或设计视图中创建数据表。表的设计视图显示了表的结构，可以编辑和浏览表中各个字段的名称、数据类型、说明和相关属性。表的数据表视图显示了表中各条记录，可以在其中编辑和浏览表中的记录、字段。

（1）通过“设计”视图创建一个表

表设计视图的功能十分强大，是最常用的创建表的方法。在“创建”功能区的“表格”分组中，单击“表设计”按钮，屏幕显示“设计视图”窗口，如图 8-13 所示。此时，插入点位于第一行的“字段名称”单元格中，准备输入表的第一个字段的名称，根据需要输入表中字段名称、数据类型及字段属性，输入完成后，单击工具栏的“保存”按钮，并输入表的名称。在保存数据时，会弹出一个提示框，提示用户是否建立主键，一般情况下要建立一个主键，单击“是”按钮即可。

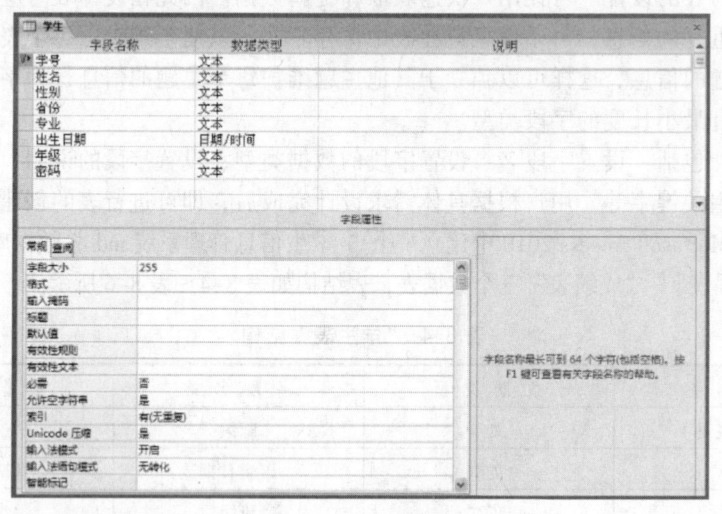

图 8-13 设计视图

（2）通过“数据表视图”创建表

在数据表视图中可以通过直接输入数据的方法方便、快捷地创建表对象。在数据库窗口中，选定“创建”列表框下的“表”，或者单击“文件”列表框下的“新建”按钮，在“新建表”对话框中，选择“空数据库”，即可得到一个数据表。在该表的顶部排列着字段 1、字段 2 和字段 3 等。双击“字段 1”，就可以输入新字段名，用同样的方法，可以依次将表的其余字段根据需要重命名。在表中输入记录时，每列要输入一致的类型及格式，Access 2010 会根据第一个记录中输入的信息推测该字段中保存的数据的类型。输入完成后，单击工具栏中的“保存”按钮，输入表的名称，在保存数据的同时，将删除空字段。在保存数据时，会弹出一个提示框，提示用户是否建立主键。单击“是”按钮即可建立主键。

2. 定义字段及数据类型

由上文可以看出创建表实际上就是向表中添加用户需要的各种数据类型的字段，以便存储各种类型的数据。字段的数据类型用于定义字段应该存储什么类型的数据。例如，对于一个存储学生成绩的表中包括的“总分”字段，就应该将此字段定义为数字类型而不能包含文本字符。在创建表对象时候，首先应该考虑表中应该包含一些什么字段，以及各个字段应该选定哪种数据类型。对于表字段应从以下几方面考虑：

① 在表的字段中将输入哪种数据类型的值。例如，不能在“数值”数据类型的字段中保存文本类型的数据。

② 字段中输入的数据的最大长度。

③ 对字段中的值将执行何种操作。例如，Microsoft Access 2010 可以对数字和货币字段进行求和、求均值等操作，却不能对文本字段中的值进行此类型操作。

④ 是否要根据此字段的值进行排序、建立索引或进行分组。备注、超链接和 OLE 对象字段都不能作排序或索引。

⑤ 若对字段排序应采取何种方式。例如，若将日期/时间数据类型的值存储为文本类型，将不能按照时间进行正确的排序。

（1）字段的数据类型

Microsoft Access 提供了 10 种数据类型，每种类型都有其不同的使用方法，这 10 种数据类型的使用方法及最大长度如下：

① 文本（Text）数据类型：用于存储文本数据，例如姓名、地址等字符串形式的数据类型，其最大长度为 255 个字符。设置“字段大小”属性可以控制可输入文本数据的最大字符长度。

② 备注（Memo）数据类型：备注数据类型也用于存储文本数据，它与文本数据类型的区别在于：备注数据类型中可以输入一些特殊的字符，而在文本数据类型中则不允许。另外，备注数据类型最大存储长度为 65 535 个字符，并且不能指定备注数据类型的字段大小。

③ 数字（Number）数据类型：数字数据类型用来存储数值数据。可根据实际需要来设置数字数据类型的精度为整数、长整数或实数。其数据长度可设置为 1、2、3、4 或 8 个字节。

④ 日期/时间（Date/Time）数据类型：日期/时间数据类型用来存储日期或时间数据，其长度固定为 8 个字节。

⑤ 货币（Currency）数据类型：货币数据类型用于存储关于“金额”的数值数据，但此数值数据最多只能包含 4 位小数，其长度固定为 8 个字节。

⑥ 自动编号（Auto Number）数据类型：自动编号数据类型是一种特殊的存储数值、数据的数据类型。当某个字段被赋予自动编号数据类型时，则在添加新记录时，新记录的值自动设置为上一条记录此字段的值加 1。此种数据类型的数据长度固定为 4 个字节。

⑦ 是/否（Yes/No）数据类型：这种数据类型用来存储真（True）、假（False）两个逻辑值。其长度固定为 1 位。

⑧ OLE 对象（OLE Object）数据类型：OLE 对象数据类型用于存储链接或嵌入 Microsoft Access 表中的类似于 Microsoft Word 文档、Microsoft Excel 工作表、图像、声音等的对象。其最大长度可为 1 GB（受磁盘空间限制）。

⑨ 超链接（Hyperlink）数据类型：超链接数据类型用于存储到文件、网页或文件位置的超链接。其最大长度可为 2 048 个字符。

⑩ 查阅向导（Lookup Wizard）数据类型：查阅向导数据类型的字段允许使用另一个表中的某字段值来定义此字段的值。从数据类型列表中选择此选项，将打开向导以进行定义。其长度通常为 4 个字节。

（2）设置字段的属性

在表的“设计视图”中还可以设置字段的属性。

①“字段大小”属性：用来设置文本、数字或自动编号数据类型的字段中可输入的数据的最大长度，其他数据类型的最大长度都是固定的。文本数据类型字段大小属性可设置为 1～255，其默认值为 50。设置文本数据类型字段的字段大小属性可直接在特性参数区中的 Field Size 编辑框中输入设置。自动编号数据类型的字段大小属性可设置为“长整数”或“同步复制 ID”。数字数据类型字段的字段大小属性可以有多种选择。

②“数据格式”属性：表示数据应该如何显示打印。对于各种不同的数据类型，可以设置不同的格式。对于每种类型，Microsoft Access 应用程序在一方面提供了一些预先定义的显示格式，另一方面还提供了一种格式设置字节，根据不同的数据类型，显示不同的数据形式。

③“输入掩码”属性：表示应该按何种方式来输入数据。对于各种不同的数据类型，可以设置不同的输入掩码。例如，输入时间/日期数据类型的数据时，可以设置以 2006/3/1 的形式输入数据，而不是以“2006 年 3 月 1 日”的形式输入。对于每种数据类型，Microsoft Access 2010 应用程序在一方面提供了一些预先定义的输入掩码格式，在另一方面也提供了一些输入掩码设置字节。

④“字段的有效性规则”属性：是指在该字段中输入的数据必须符合给定的限制条件。否则输入的数据无效，输入焦点一直停留在此字段中，直到输入的数据符合限制条件为止。例如，对于“学生成绩”字段一般设置为数字类型，并且输入的数据必须是非负数，且一般要小于100，也即“学生成绩>=0 且学生成绩<=100”，就是对于“学生成绩”字段定义的有效性规则。

⑤ 字段的“有效性文本”属性：是指当在字段中输入的数据不符合字段定义的有效性规则时，Access 应用程序将弹出一个包含此有效性文本字符串的错误提示对话框，提示用户输入数据错误，应重新输入。

⑥“标题”属性：设置字段的标题，用于设置窗体和报表。

⑦“默认值”属性：设置数字、文本和日期字段的默认值。

⑧“必填字段”属性：设置是否允许空值存在。

⑨“索引”属性：设置字段是否要使用索引，可以选择不使用索引、允许重复索引、禁止重复索引。

（3）定义主关键字

每一个表都可以设置一个主关键字。主关键字作为表对象中每条记录的唯一标识，用于快速地查找和组合一个或多个不同表中的信息。主关键字可以是表中的一个字段，也可以是多个字段的组合。在前面介绍创建数据表时，已经涉及用户自己定义主关键字，即在创建完毕数据表之后，根据系统提示定义主关键字。也可以建立好数据表之后，在表的设计视图中，选定要定义为主关键字的字段并右击，在弹出的快捷菜单中选择“主键”命令，便定义了主关键字。

（4）修改数据表结构

在建立数据表时，有可能设计得不很完善。Access 允许在创建表后，甚至在输入数据后修改表的结构。对表结构的修改包括：删除字段、添加字段、改变字段的类型、改变字段的查阅方式和字段有效性规则。修改数据表一般是在表设计器中进行的。在输入数据后，修改表的结构一定要对数据库进行备份。以免在修改表的结构时造成数据的丢失。

① 更改表中的字段名。在 Access 2010 中，可以随时更改表中字段名而不会影响到字段中的数据。但会影响到其他基于该表创建的数据库对象，其他数据库对象对表中该字段的引用必须作相应的修改方可生效。可以在“设计”视图中，也可以在“数据表”视图中更改字段名。下面是在“设计”视图中更改字段名称的方法：在“设计”视图中打开表，双击要更改的字段名称，输入新的字段名称，命名方式必须符合 Microsoft Access 对象命名规则；然后单击工具栏中的“保存”按钮，保存所作的更改。查询、窗体、报表等数据库对象中对该字段的引用都将作相应的更新。

② 添加和删除字段。首先在“设计”视图中打开相应的表。若要将字段插入表中，单击要在其前面插入字段的那一行，单击“表格工具/设计”功能区“工具”分组中的“插入行”按钮。如果要将字段添加到表的最后一列，则在“字段名称”中单击字段结尾的第一个空白行，输入相应字段名称，并在“数据类型”列中，选择所需的数据类型。删除字段时，选择要删除的字段，如果要选择一组字段，可以在按下【Ctrl】键的同时，在要删除字段中拖动光标。然后单击“表格工具/设计”功能区“工具”分组中的“删除行”按钮，即可删除该字段，同时删除该字段的数据。

③ 改变字段的数据类型。如果表中包含数据，则需要在更改数据类型或字段大小之前先备份表。然后在“设计”视图中打开相应的表，单击要更改字段的“数据类型”选项，在下拉列表中选择新的数据类型，最后单击工具栏中的“保存”按钮。

④ 设置表有效性规则。在数据表中有些字段的取值有一定的限制，如在产品表中，“数量”字段不能小于 0 就是一个有效性规则。在 Access 中，还可以设置表中每一条记录的有效性规则。例如，在“成绩表”中的“总评”字段的值应等于“平时×0.3+考试×0.7”，否则这一条记录为非法数据。

下面以“成绩表”中的“总评”字段的值应等于“平时×0.3+考试×0.7”这个有效性规则为例，介绍如何设置表的有效性规则。打开“成绩表”的设计器，然后右击“总评”字段，在弹出的快捷菜单中选择“属性”命令，打开“表属性”对话框，单击“有效性规则”按钮，然后单击其右侧的⋯按钮，打开“表达式生成器”对话框，在“表达式生成器”对话框中，双击“总评”选项，再在“操作符”选项里双击“=”按钮；然后双击“平时”选项，双击“*”按钮，从键盘输入 0.3，再双击“+”按钮，然后依次双击“考试”“*”选项，从键盘输入 0.7，再单击“确定”按钮。关闭“表属性”对话框，单击工具栏中的“保存”按钮，保存对表的修改。系统提示用户数据完整性规则已经更改，是否对已有的数据进行检查，单击提示框中的“是”按钮，让系统对表中的数据进行检查。

3. 表的基本操作

表的基本操作包括在数据表视图中直接添加数据、编辑数据表字段中已有数据，以及如何在多用户环境下编辑数据。

（1）在表中输入数据

在“数据表视图”中可以直接添加数据。首先在“数据表视图”中打开相应的表，然后单击工具栏中的“新记录”按钮，就可以输入所需数据了。输完后单击工具栏中的“保存”按钮，确保输入的数据存到表中相应的字段中。

（2）编辑表中数据

在“数据表视图”中打开相应的表，将插入点定位到需要修改处，输入修改的数据。如果要删除或复制记录，首先选择要删除和复制的记录，然后通过单击功能区的“复制”按钮或“删除”按钮完成相应操作。最后单击工具栏中的“保存”按钮，确保输入的数据存到表中相应的字段中。

（3）设置表间的关系

在数据库中为每个主题都设置了不同的表后，必须告诉 Microsoft Access 如何将这些不同表中的信息合并在一起，并按照需要的顺序来显示信息，这样的协调需要利用关系来完成。定义表间的关系，然后可以创建查询、窗体及报表以从多个表中立刻显示信息。

关系通过匹配关键字字段中的数据来完成，关键字段通常是两个表中使用相同名称的字段。在大多数情况下，这些匹配的字段是表中的主关键字，且对于每一记录提供唯一的标识符，并且在其他表中有一个外部关键字。Microsoft Access 中的关系主要有一对多关系、多对多关系、一对一关系三种类型。

① 一对一关系：是指对于 *A* 表中的 1 个记录仅能在 *B* 表中有 1 个且唯一的 1 个记录相匹配。

② 一对多关系：是最常用的类型。在 *A* 表中的 1 个记录能与 *B* 表中的许多记录匹配，但是在 *B* 表中的一个记录仅能与 *A* 表中的一个记录匹配。

③ 多对多关系：在多对多关系中，*A* 表中的记录能与 *B* 表中的许多记录匹配，并且在 b 表中的记录也能与 *A* 表中的许多记录匹配。此关系的类型仅能通过定义第三个表（称为联结表）来达成，它的主键包含两个字段，即来源于 *A* 表和 *B* 表两个表的外部键。多对多关系实际上是使用第三个表的两个一对多关系。

在 Access 中可以对表间的关系进行定义和编辑。

（4）定义表间的关系

要定义关系，首先在“关系”窗口中添加要定义关系的表，然后从表中拖动关键字字段，并将它拖动到其他表中的关键字字段上。具体操作步骤如下：

① 关闭所有打开的表，不能在已打开的表之间创建或修改关系。

② 单击“数据库工具”功能区“关系”分组中的“关系”按钮，屏幕显示“关系”窗口，在“关系”窗口中，如果数据库没有定义任何关系，将会自动显示“显示表”对话框。如果需要添加一个关系表，而“显示表”对话框却没有显示，则单击“关系工具/设计”功能区“关系”分组中的“显示表”按钮；如果以前保存了数据库各表间的关系，则在“关系”窗口中显示此布局，如图 8-14 所示。

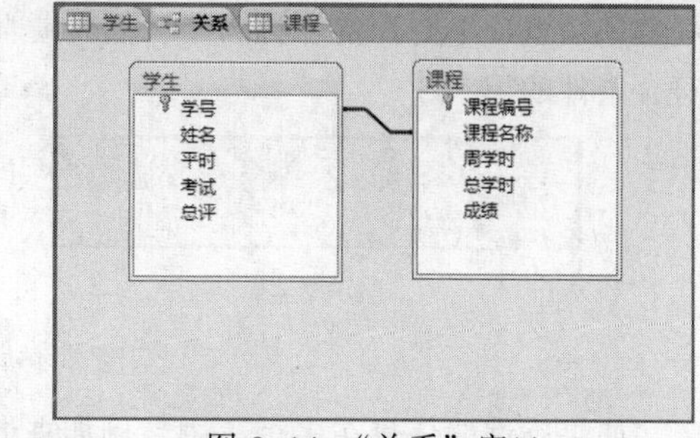

图 8-14 “关系”窗口

③ 在“显示表”对话框中，双击要作为相关表的名称，然后关闭“显示表”对话框。

④ 在“关系”窗口中，从一个表中将所要的相关字段拖动到其他表中的相关字段上，在大多数的情况下，是将表中的主关键字字段拖动到其他表的外部关键字的相关字段上，相关字段不需要有相同的名称，但它们必须有相同的数据类型，以及包含相同种类的内容。此外，当匹配的字段是数字类型字段时，它们必须有相同的“字段大小”属性设置。

（5）在表之间定义多对多关系

首先创建两个具有多对多关系的表，再创建称作结合表的第三个表，并将其他两个表中定义为主关键字的字段添加到这个表中。在结合表中，主关键字字段和外键的功能相同，可以像在其他表中一样，将其他的字段添加到结合表中。在结合表中，将主键设置为包含其他两个表中的主键字段。在两个主表和结合表之间，分别定义一个一对多关系，这样就建立了两个表间的多对多的关系。

（6）编辑已有的关系

在“数据库”窗口中，单击“数据库工具”功能区“关系”分组中的“关系”按钮，显示“关系”窗口。如果没有显示要编辑的表的关系，单击“关闭工具/设计”功能区“关系”分组中的“显示表”按钮，并双击每一个所要添加的表。然后在“关系”窗口中，双击要编辑关系的关系连线，显示“编辑关系”对话框。在其中设置关系的选项，单击“编辑关系”对话框中的“连接类型”按钮，选择所需要的连接类型。若要删除关系，单击要删除关系的关系连线，然后按【Delete】键。

8.3.4 数据查询

对于表中的数据，可以利用查询将它们根据不同的要求组织在一起，也可以根据某一特定的目的查找符合条件的数据。

1. 查找符合条件的记录

用户可以在很多数据中按照一定的规则从一个或多个表中查找符合条件的数据，并按照所需的排列次序显示。下面介绍利用向导和设计器两种方式来创建查询。

（1）使用向导创建查询

Access 应用程序提供了“查询向导”帮助创建查询。在数据库窗口中，创建“学生成绩表”和“学生情况表”，如图 8-15 所示，然后单击“创建”功能区“查询”分组中的“查询向导”按钮，在打开的对话框中选择“简单查询向导”选项，弹出“简单查询向导”对话框。在对话框中，选择“学生成绩”表中的“姓名”“学号”“英语”3 个字段，然后单击“下一步”按钮，进入“简单查询向导”第二个对话框，在其中设置选择查询为“明细查询对象”，再单击“下一步”按钮，进入“简单查询向导”第三个对话框，在其中设置简单查询的名称为“学生成绩查询”，最后单击“完成”按钮，就查到了所有符合条件的记录。

学号	姓名	性别	专业
1202210430	李峰	男	机电
1205210425	吴敏	女	会计
1206210410	张辉	男	计算机

（a）学生

学号	姓名	性别	专业	英语
1206210410	张辉	男	计算机	80
1202210430	李峰	男	机电	90

（b）学生

图 8-15　查询示例

如果查询的信息在多个表中，例如查询学生姓名、成绩及专业信息，必须首先建立“学生成绩表”和“学生情况表”表间关系，然后在“查询向导”的引导下一步步创建查询，查询结果如图 8-16 所示。

学号	姓名	英语	高数	物理
1202210430	李峰	90	80	83
1206210410	张辉	80	85	75
1206210425	吴敏	77	78	80

图 8-16　多表查询结果示例

（2）使用设计器创建查询

在数据库窗口中，单击“创建”功能区“查询”分组中的“查询设计”按钮，弹出“显示表”对话框。在“显示表”对话框中，用户可以选择一个或多个表，添加到设计视图的窗口中。如果用户选择多个表，这多个表必须直接或间接地存在着某种关系。例如，选择“成绩表”后，单击“添加”按钮，则向查询设计视图中添加此表，然后单击“关闭”按钮。在查询设计视图中，窗口分为两部分，如图 8-17 所示，上部显示了新建对象中要使用的所有表对象，每个表对应于一个字段列表，下部是定义查询的设计表格。其中，“字段”选项设置定义查询对象时要选择表对象的哪些字段；“表”选项设置字段的来源；“排序”选项定义字段的排序方式；“显示”选项设置选择字段是否在“数据表视图”中显示出来；“条件”选项设置字段限制条件。单击数据表中所选择的字段，就将这些字段添加到查询设计器下面的表格中。

在查询的设计过程中，如果想查看查询的结果，可单击“设计”功能区“结果”分组中的“!”按钮，此时将显示查询的结果。查询对象窗口下部设计表格中的“条件”栏用来输入各个字段的限制条件，只有满足字段限制条件的数据才会在执行选择查询对象时被选择。如果要选择字段值为某个特定值的记录，可直接把特定值输入“条件”这一行，如果限制条件的字段是文本类型，则应用双引号括起来。如果要选择符合多个限制条件之一的记录，可在“条件”这一行中用 or 等关键字把这个限制条件连接起来。用户除了可以直接输入字段特定值外，还可以输入<、>等比较操作符。可以为很多字段设置限制条件，此时只有所有符合限制条件的记录才会被查询对象选择。例如，在“英语”列的“条件”行中输入查询条件>=80 and <=90。

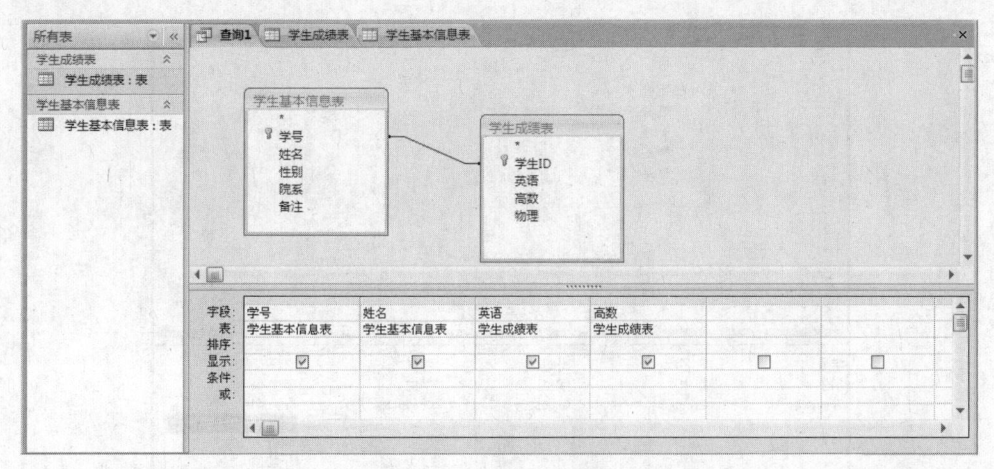

图 8-17　查询设计视图

2. 总计查询的建立

总计查询实际上是一种特殊的选择查询对象。有时候用户并不关心表中各条记录的数据，而是关心记录中某些字段的统计值，如平均值和总计值。这种功能在其他数据库系统中操作起来比较复杂，但 Access 2010 中却只需简单设置即可，这种功能称为总计查询。

先从最简单的分组数据统计着手介绍如何创建综合查询对象。例如，要总计查询每个班考试情况，首先启动查询设计器，按照创建简单查询的方法在“字段”栏中引入“班级”“平时”“考试”“总评”等字段，然后单击“开始”功能区“记录”分组中的“合计”按钮Σ，在设计器下部出现总计行，如图 8-18 所示。

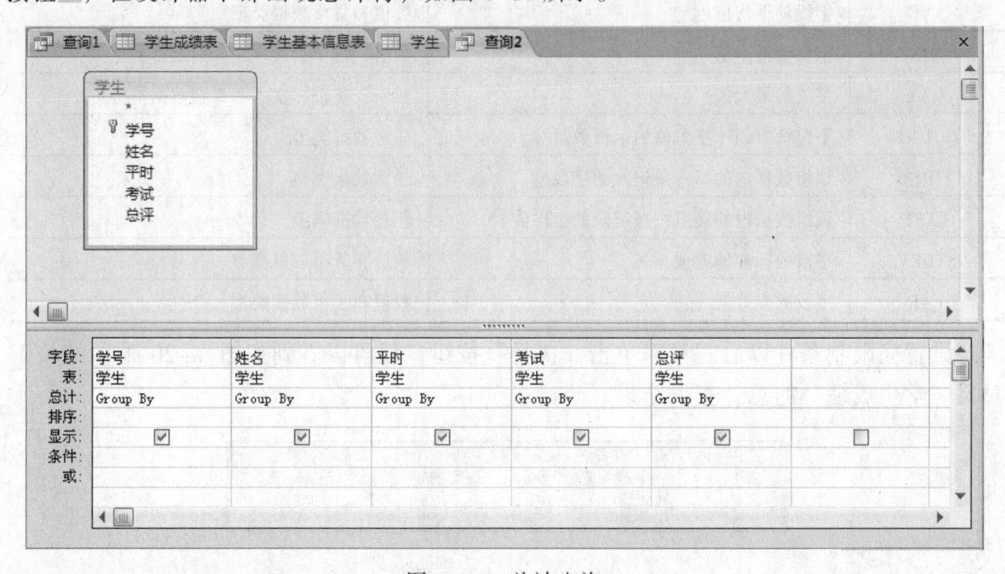

图 8-18　总计查询

在字段“总评”的总计行中，从下拉列表框中选择“平均值”统计函数，如图 8-19 所示。Access 应用程序一共提供了 9 种统计函数，分别对应 9 种不同的基本统计方式。这些函数的名称、功能和相对应的字段数据类型范围如表 8-7 所示。

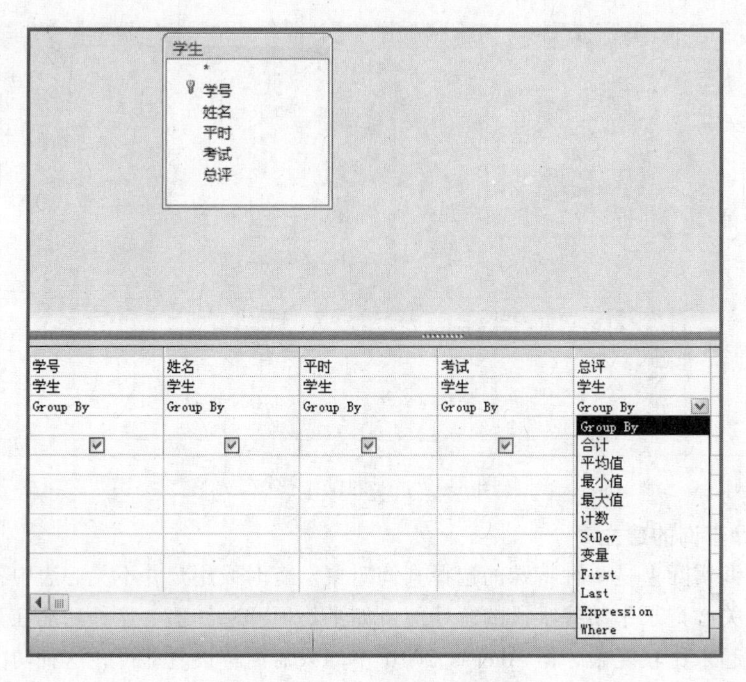

图 8-19 统计函数下拉列表框

表 8-7 Access 的 9 种统计函数

函　　数	返　回　值	函数处理的数据类型
SUM	字段值的总和	数值和货币数据类型
AVG	字段的平均值	数值和货币数据类型
MIN	字段的最小值	数值、货币、文本和日期数据类型
MAX	字段的最大值	数值、货币、文本和日期数据类型
COUNT	不包括 Null（空）值的字段数量	任意数据类型
FIRST	该组数据内的第一条记录的字段值	任意数据类型
LAST	该组数据内的最后一条记录的字段值	任意数据类型
STDEV	字段的标准偏差值	数值和货币数据类型
VAR	字段的方差值	数值和货币数据类型

设置完限制条件以后，只需单击“执行”按钮，就可以看到如图 8-20 所示的关于对象“学生成绩”的总计查询结果。

学号	姓名	平时	考试	总评
201	李强	90	85	86.5
202	张楠	87	92	90.5
203	周海	88	87	87.3

图 8-20 总计查询结果

3. 查看或修改 SQL 语句

如果比较熟悉 SQL 语句，可直接对查询的基础 SQL 语句进行操作。实际上，每个选择查询对象都对应一个以关键字 SELECT 开头的 SQL（结构化查询语言 Structure Query Language）语句。SQL 语句用于选择、删除、插入、更新表中的记录，或创建和删除表。

首先打开已有的查询“设计视图”窗口并右击，在弹出的快捷菜单中选择“SQL 视图”命令，则显示等效于在“设计”视图中所创建查询的 SQL 语句，如图 8-21 所示。如果要进行修改，可以在 SQL 语句中进行相应的修改。

```
SELECT 学生.学号, 学生.姓名, 学生.平时, 学生.考试, 学生.总评
FROM 学生
GROUP BY 学生.学号, 学生.姓名, 学生.平时, 学生.考试, 学生.总评;
```

图 8-21　SQL 语句示例

本章小结

本章介绍了数据库、关系模型的基本概念，以及 Access 2010 的应用。数据库是按照数据结构来组织、存储和管理数据的仓库。数据库管理系统用于建立、使用和维护数据库，是对数据库进行统一的管理和控制，以保证数据库的安全性和完整性。Access 是微软发布的数据库管理系统，被企业和喜爱编程的开发人员利用它来制作处理数据的桌面系统，也常被用来开发简单的 Web 应用程序。

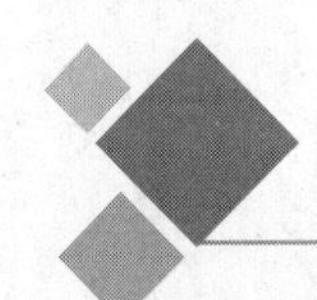

第9章　多媒体技术

学习目标：

- 了解多媒体技术概念与特点；
- 熟悉多媒体计算机系统的基本组成原理；
- 掌握与理解多媒体文字、音频、图形图像与视频等技术与特点；
- 掌握声音媒体的计算机处理过程与相关计算方法；
- 了解主流多媒体软件产品的名称以及大概制作过程方法。

多媒体技术是现代计算机技术的重要发展方向，也是现代计算机技术发展最快的领域之一。多媒体技术与通信技术的结合将从根本上改变现代社会的信息传播方式，是社会信息化高速公路的基础。

本章主要介绍多媒体技术的基本概念，多媒体数据的特点，多媒体的关键技术等，同时对多媒体硬件设备进行相应的介绍。多媒体的制作与创作时的基本原则，以及对多媒体的制作与创作的常用的编辑制作工具进行简单介绍。

9.1　多媒体技术概述

多媒体技术使计算机系统具有综合处理文字、语音、图像、图形和视频信息的能力，其丰富的多多媒体信息、方便的交互性和实时性，改善了人机界面，改善了计算机的使用方式，丰富了计算机的应用领域。

9.1.1　多媒体的概念及特点

日常生活中媒体传递信息的基本元素是声音、文字、图像、动画、视频、影像等，这些基本元素的组合就构成了人们平常接触的各种信息。计算机中的多媒体就是用这些基本媒体元素有机组合来传递信息的。

1. 基本概念

多媒体来自英文 Multimedia，该词由 Multimple（多）和 Media（媒体）复合而成，而对应的单媒体是 Menomedia。多媒体是两个或两个以上的单媒体的有机组合。多媒体在计算机领域中有两种含义：一是指以存储信息的实体，如磁带、硬磁盘、软磁盘、光盘和半导体存储器等；二是指信息的载体，如数字、文本、图形、图像、声音、视频等。

多媒体技术中的媒体是指后者。

国际电报电话咨询委员会（Committee of Consultative International Telegraphic and Telephonic，CCITT）[现为国际电信联盟（International Telecommunication Union，ITU）]的 ITU-T 将媒体分为 5 类：

① 感觉媒体（Perception Medium）：是指人们的感觉器官接触信息的形式，如视觉、听觉、触觉、味觉、嗅觉。

② 表示媒体（Representation Medium）：是指信息的表示和表现形式，如文本、图形、图像、声音、视频等。

③ 显示媒体（Presentation Medium）：是指用于输入和输出信息的媒体，分为输出媒体（如显示器、打印机、音箱等）和输入媒体（如键盘、鼠标、话筒、摄像机等）。

④ 存储媒体（Storage Medium）：是用于存放数字化的感觉媒体的载体，如硬盘、光盘等。计算机可以随时加工处理和调用存放在存储媒体中的信息编码。

⑤ 传输媒体（Transmission Medium）：是指用于传输媒体的载体，如双绞线、同轴电缆、光导纤维等。

一般来说，如不特别强调，所说的媒体都是指表示媒体。

多媒体计算机技术（Multimedia Computing）即多媒体技术就是利用计算机技术综合处理多种媒体信息——文本、图形、图像和声音，使多种媒体信息建立逻辑连接，集成为一个系统并具有交互性。

2. 多媒体技术的特点

多媒体技术是一门综合的高新技术。它是集声音、视频、图像、动画等多种媒体于一体的信息处理技术，它可以接收外部图像、声音、影像等多种媒体信息，经过计算机加工处理后，以图片、文字、声音、动画等多种形式输出，实现输入/输出方式的多元化，改变了计算机只能处理文字、数据的局限，使人们的工作、生活更加丰富多彩。多媒体技术主要具有以下特点：

（1）多维性

多维性是指多媒体技术具有的处理信息范围的空间扩展和放大能力。利用多媒体技术能将输入的信息加以变换加工，增加输出的信息的表现能力，丰富显示效果。

（2）集成性

多媒体技术是结合文字、图形、声音、图像、动画等各种媒体的一种应用，是一个利用计算机技术来整合各种媒体的系统。媒体依其属性的不同可分成文字、音频和视频。

（3）交互性

所谓交互性是指人的行为与计算机的行为互为交流沟通的关系。这也是多媒体与传统媒体最大的不同。

9.1.2 多媒体元素及其特征

多媒体涉及大量不同类型、不同性质的媒体元素。这些媒体元素数据量大，同一种元素数据格式繁多，数据类型之间的差别极大。多媒体的信息中媒体元素是指可显示给用户的媒体组成。

1. 文本（Text）

文本是多媒体作品中最基本的信息。通过对文本显示方式的组织，多媒体应用系统可以显示的信息更易于理解。文本数据可以在文本编辑软件中制作，如 Microsoft Word 等所编辑的文本文件大都可被输入多媒体应用系统中，也可以直接在制作图形的软件或多媒体编辑软件中一起被制作。

常见的文本分为非格式化文本文件和格式化文本文件。非格式化文本文件是指只有文本信息而无任何有关格式的信息，又称为纯文本文件，如 TXT 文件。格式化文本文件是指带有各种文本排版信息等格式信息的文本文件，如 DOC 文件，该文件中带有段落格式、字体格式、文章的编号、分栏、边框等格式信息。文本的多样化是指文字的变化，即字的格式、字的定位、字体、字的大小以及由这 4 种变化的各种组合形成的。

2. 图形（Graphic）

图形一般是指用计算机绘制的画面。图形的格式是一组描述点、线、面等几何图形的大小、形状及其位置、维数的指令集合。在图形文件中只记录生成图形的过程和方法，因此也称矢量图。通过读取这些指令并将其转换为屏幕上所显示的形状和颜色而生成图形的软件通常称为绘图程序。

对于图形，可以分别控制处理图中的各个部分，如在屏幕上移动、旋转、放大、缩小、扭曲而不失真。不同的图形元素可以在屏幕上重叠并保持各自的特性。因此，图形主要用于表示线框型的图画、工程制图、美术字等。

对图形来说，数据的记录格式是关键的内容，直接影响图形数据操作的方便性。在计算机中图形的存储格式大小都不固定，要视各个软件的特点由开发者自定。微机上常用的矢量图形文件有.3ds（用于 3D 造型）、.dxf（用于 CAD）、.wnf（用于桌面出版）等。

图形技术的关键是图形的制作和再现，图形只保存算法和特征点，所以相对于图像来说，图形占用的存储空间较小；而在图形再现时需要重新计算，故显示速度较图像慢；在打印输出和放大时，图形的质量较高，而图像在此情况下通常会发生失真。

3. 图像（Image）

图像是以数字化形式存储的任意画面，画面中的各个点（称为像素点 pixel）的强度和颜色等信息用二进制代码表示，通常称为位图图像（Bitmap）。用于度量位图图像内数据量多少的参数通常表示为 ppi（每英寸像素）。位图图像适合表现层次和色彩比较丰富、包含大量细节的图像。

图像文件的存储格式有多种，主要有 BMP、PCX、TIF、TGA、GIF、JPG 等。一般数据量较大。可以表达真实的照片，也可以表现复杂绘图的某些细节。

图像的关键技术是图像的扫描、编辑、压缩、解压缩和色彩的一致性再现等，处理时一般要考虑分辨率、图像灰度和图像文件大小 3 个因素。

4. 音频（Sound）

声音根据其内容可以分为波形声音、语音和音乐。

① 波形声音（wave）是数字化了的声音，是由计算机对任何声音进行采样量化后得到的离散化信号，实际上包含了所有的声音形式，通常称为数字音频（audio）。

② 语音（voice）也可以表示为波形声音，但波形声音表示不出语音的语言、语音学内涵。语音是对讲话声音的一次抽象。

③ 音乐（music）比语音更规范，是符号化了的声音，但音乐不能对所有的声音都进行符号化。乐谱是符号化声音的符号组，表示比单个符号更复杂的声音信息内容。

5. **动画**（animation）

动画就是运动的图画。用计算机实现的动画有两种，一种叫造型动画，另一种叫帧动画。帧动画是由一幅幅连续的画面组成的图像序列，这是产生各种动画的基本方法。

为什么一幅幅静态的画面连续播放，就可看到动态的图像画面？这是由于人的眼睛具有视觉暂停现象，在亮度信号消失之后亮度感觉仍然可以保持 1/20～1/10 s 的时间。动态图像（动画）就是根据这个特性而产生的。从物理意义上看，任何动态图像都是由多幅连续的图像序列构成的，沿着时间轴，每一幅图像保持一个很短的时间间隔，顺序地在人眼感觉不到的速度（每秒 25 ~ 30 帧）下换成另一幅图像，连续不断转换形成运动的感觉。电影和计算机中的动画都是如此。

6. **视频**（Video）

视频是用摄像机拍摄的连续自然场景。视频与动画一样是由连续的画面组成，只是画面图像是自然景物的图像。二者的区别在于：视频是对视频信号源（如电视机、摄像机等）经过采样和数字化后保存，是对真实世界的记录；而动画是用人工合成的方法对真实世界的一种模拟。

视频有如下几个重要技术参数：

① 帧速：每秒播放的静止画面数（帧/秒）。为了减少数据量，可适当降低帧速。若帧速在 16 fps（Frame Per Second）以上，便可达到比较满意的效果。

② 数据量：未经过压缩的数据量为帧速乘以每幅图像数据量。假设一幅图像为 1 MB，则每秒的数据量将达到 25 MB（PAL 制式），经过压缩之后将减少为原来的几十分之一甚至更少。

③ 画面质量：画面质量除了原始图像质量外，还与视频数据的压缩比有关。压缩比超过一定值，画面质量下降。

9.1.3 多媒体数据压缩技术

数据的压缩处理包括数据的压缩和解压缩过程。压缩是一个编码过程，即将原始数据经过编码进行压缩，以便存储与传输，解压缩是一个解码过程，即对编码数据进行解码，还原为可以使用的数据。

数据压缩方法有很多种，可以根据不同的方法进行分类。

1. 根据解码后数据是否能够完全无丢失地恢复进行分类

① 无损压缩（可逆压缩）：解码数据与原始数据严格相同，即压缩是没有任何损失或无失真的。这种压缩方法压缩比例低，一般在 2：1~5：1 之间，用于文本、数据

的压缩。典型的编码方法有 LZW 编码、哈夫曼（Huffman）编码、算术编码、游程编码等。

② 有损压缩（不可逆压缩）：解码数据与原始数据有一定误差，即压缩是有损失的或有失真的。由于允许一定程度的失真，故主要用于图像、声音、动态视频等数据的压缩。压缩比例高，可达百分之一。常用的编码方法有：PCM、预测编码、变换编码、插值和外推法、子带编码、小波编码等。

2. 根据压缩编码方法的原理进行分类

① 预测编码（Prediction Coding，PC）：是一种针对空间冗余和时间冗余的压缩方法。其原理是利用已被编码的点的数据值预测邻近的一个像素点的数据值。对于语音，就是通过预测去除语音信号时间上的相关性；对于图像，帧内预测去除空间上的冗余性，帧间预测去除时间上的冗余性。预测根据某个模型进行，如果选取较合适的模型并利用人的视觉特性，则会获得较高的压缩比。这种编码技术比较成熟、简便，所以目前大多数语音、图像编码中都采用这种编码技术，如语音中的 LPC（线性预测）、图像中的 ADPCM（自适应预测）等。

② 变换编码（Transform Coding，TC）：也是一种针对空间冗余和时间冗余的压缩方法。其原理是将图像光强矩阵（时域信号）变换到系数空间（频域）上进行编码压缩处理。在空间上具有强相关的信号，反映在频域上是某些特定区域的能量常常集中在一起，或者是系数矩阵的发布具有某些规律。可以利用这些规律分配频域上的量化比特数，从而达到压缩的目的。

③ 统计编码：最常用的统计编码是哈夫曼（Huffman）编码。这种编码方法是根据信息熵的原理，用短码表示出现概率大的数据，用长码表示出现概率小的数据，这样可以保证总的平均码最短。其编码效率主要取决于需编码的符号出现的概率分布，越集中则压缩比越高。这是一种无损压缩技术，在语音和图像编码中常常和其他方法结合使用。

④ 分析-合成编码：这种编码方法是通过对原数据的分析，将其分解成一系列更适合于表示的“基元”或从中提取若干具有更为本质意义的参数，编码仅对这些基元或特征参数进行。译码时则借助于一定的规则或模型，按一定的算法将这些基元或参数“综合”成原数据的一个逼近。这种编码方法可能得到极高的数据压缩比。

9.1.4 多媒体技术的应用

多媒体符合信息社会的应用需求。目前，多媒体应用系统丰富多彩、层出不穷，已深入到人们学习、工作和生活的各个方面。其应用领域从教育、培训、商业展示、信息咨询、电子出版、科学研究到家庭娱乐，特别是多媒体技术与通信、网络相结合的远程教育、远程医疗、视频会议系统等。这些新的应用领域该人们的生产和生活带来了巨大的变革。

1. 教育、培训应用领域

在多媒体的应用中，教育、培训应用大约占 40%。多媒体教育、培训始于计算机辅助教学。它是提高教学质量和普及教育的有效途径，根据教学的基本原理，利用计算机对信息具有的大容量存储、高速处理等特点，通过与用户之间的交互活动，用最优化的教学方式来实现教学目标的教学手段。它既可代替教师进行课程的教学，也可作为常规课堂教学的补充手段。

2. 商业展示、信息咨询应用领域

多媒体技术与触摸屏技术的结合为商业展示和信息咨询提供了新的手段，现已广泛应用于交通、商场、饭店、宾馆、邮电、旅游、娱乐等公共场所，如大商场的导购系统。以多媒体技术制作的产品演示光盘为商家提供了一种全新的广告形式，商家通过多媒体演示光盘可以将产品表现得淋漓尽致，客户通过多媒体演示光盘自由观看广告，直观、经济、便携，效果非常好。它可用于房地产公司、计算机销售公司、汽车制造厂商等多种行业的展示。

3. 多媒体电子出版物

计算机多媒体技术的发展正在改变传统的出版业，CD-ROM 大容量、低成本及能重现声、文、图、像等信息的特点更加快了电子出版物的发展。多媒体电子出版物是一种新型的信息媒体，它将文字、声音、图片、图像、动画、视频等多种媒体与计算机程序融合，以电子信息的形式存放在 CD-ROM 中。从本质上说，多媒体电子出版物是一种应用软件产品，是由计算机软件控制，并对其多媒体对象进行综合处理编辑的结果。

4. 多媒体通信

多媒体通信技术使计算机的交互性、通信的分布性及电视的真实性融为一体，多媒体通信技术的广泛应用能极大地提高人们的工作效率，减轻社会的交通负担，改变人们传统的教育和娱乐方式。多媒体技术与通信技术结合形成了新的应用领域，如视频会议、可视电话、双向电视、电子商务、远程教学、远程医疗等。

5. 家庭娱乐

多媒体技术由于能处理图文、声像等，软件制造商们已开发了丰富多彩的多媒体游戏和娱乐软件，摆脱了以往的单调，有较好的视听效果且交互性强，给人以身临其境的感觉。例如，DVD 使人们能在计算机上观看具有高清晰度的画面质量、更具震撼力的音响效果的影视节目。

9.1.5 多媒体技术的发展

目前，多媒体技术主要向以下几个方向发展。

1. 多媒体通信网络的研究和建立

多媒体通信网络的研究和建立将使多媒体从单机、单点向分布、协同多媒体环境发展，在世界范围内建立一个可全球自由交互的通信网。对该网络及其设备的研究和网上分布应用与信息服务研究将是热点。未来的多媒体通信将朝着不受时间、空间、通信对象等方面的任何约束和限制的方向发展，其目标是“任何人，在任何时刻，与任何地点的任何人，进行任何形式的通信”。人类将通过多媒体通信迅速获取大量信息，反过来又以最有效的方式为社会创造更大的社会效益。

2. 智能处理

利用图像理解、语音识别、全文检索等技术，研究多媒体基于内容的处理，开发能进行基于内容处理的系统，是多媒体信息管理的重要方向。

3. 多媒体标准的规范

各类标准的研究建立将有利于产品规范化。以多媒体为核心的信息产业突破了单一行业的限制，涉及诸多行业，而多媒体系统集成特性对标准化提出了更高的要求，所以必须开展标准化研究，它是实现多媒体信息交换和大规模产业化的关键所在。

4. 多学科交互

多媒体技术与其他技术相结合，提供了完善的人机交互环境。同时多媒体技术将继续向其他领域扩展，并使其应用范围进一步扩大。多媒体仿真、智能多媒体等新技术层出不穷，扩大了原有技术领域的内涵，并不断创造出新的概念。

多媒体技术正在向自动控制系统、人机交互系统、人工智能系统、仿真系统等技术领域渗透，所有具有人机界面的技术领域都离不开多媒体技术的支持。这些相关技术在发展过程中创造出许多新的概念，产生了许多新的观点，正在为人们所接受，并成为研究课题之一。

9.2 多媒体系统

多媒体系统是一个能够处理多媒体信息的计算机系统，是计算机和视觉、听觉等多媒体系统综合。一个完整的多媒体系统由硬件和软件两大部分组成。其核心是一台计算机，围绕核心计算机的主要是视听等多媒体设备。因此，多媒体系统主要由 4 个部分组成：

① 多媒体操作系统：也称多媒体核心系统，具有实时任务调度、多媒体数据转换和同步执行对多媒体设备的驱动和控制，以及图形用户界面管理等。

② 多媒体硬件系统：包括计算机硬件、音频/视频处理器、多媒体输入/输出设备及信号转换装置、通信传输设备及接口装置等。

③ 多媒体处理工具：即多媒体系统开发工具软件，是多媒体系统的重要组成部分。

④ 用户应用软件：根据多媒体系统终端用户要求定制的应用软件或面向某一领域的用户应用软件系统，它是面向大规模用户的系统产品。

多媒体个人计算机（Multimedia Personal Computer，MPC），是指具有多媒体功能的个人计算机。它是在传统的个人计算机的基础上增加各种多媒体部件组成的，个人计算机通过这种扩充具有图形、图像、声音及视频处理能力。

9.2.1 多媒体系统的硬件组成

多媒体系统的硬件是整个系统的物质基础，典型的硬件结构如图 9-1 所示。整个系统由 5 部分组成。

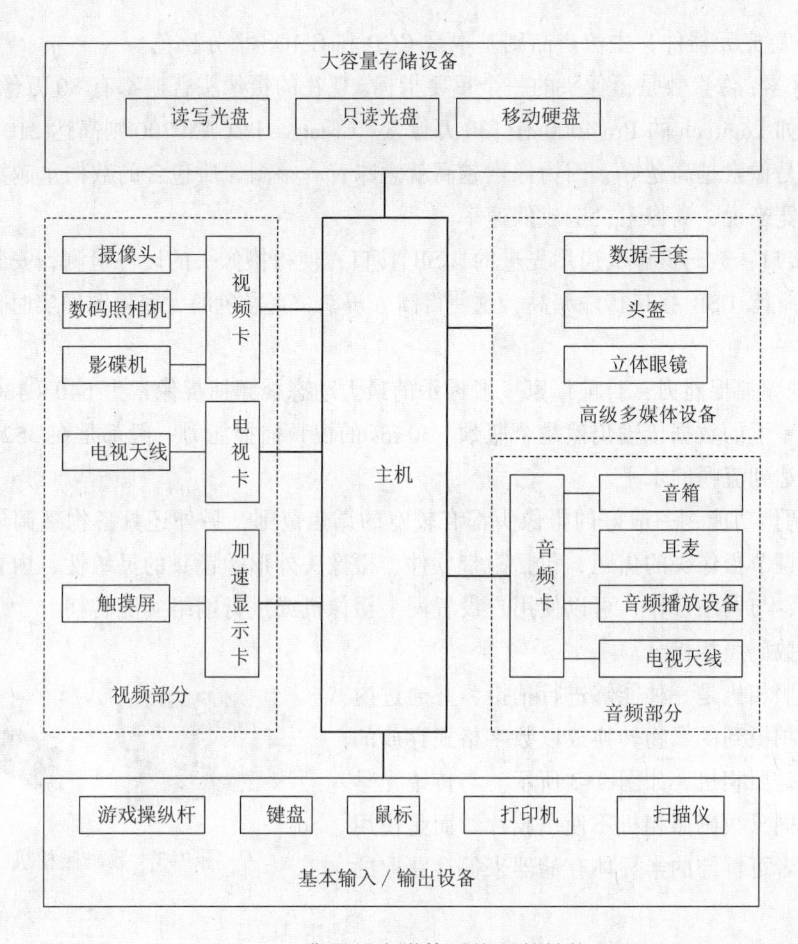

图 9-1　典型的多媒体系统硬件结构

1. 主机

主机是多媒体计算机的核心，可以是大/中型计算机，也可以是工作站，用得最多的是微型计算机。目前的微机主板上可能集成有多媒体专用芯片。

2. 视频部分

视频部分负责多媒体计算机图像和视频信息的数字化摄取和回放。主要包括视频压缩卡（也称视频卡）、电视卡、加速显示卡等。

下面详细介绍摄像头和数码照相机。

（1）摄像头

图 9-2　摄像头

摄像头是一种视频输入设备，如图 9-2 所示。摄像头基本分为两种：一种是数字摄像头，可以独立与微机配合使用；另一种是模拟摄像头，要配合视频捕捉卡使用。在此介绍的是数字摄像头。

摄像头主要的性能指标包括：

① 镜头：现在市面上的摄像头有两种感光元器件的镜头，一种是电荷耦合器（Charge Coupled Device，CCD），一般是用于摄影摄像方面的高端技术元件；另一种是比较新型的感光元器件互补金属氧化物半导体（Complementary Metal Oxide Semiconductor，CMOS）。现在的高端摄像头，如 Logitech、Creative 的产品基本都

采用 CCD 感光元器件，主流产品则基本是 CCD 和 CMOS 平分秋色。

② 像素：像素数是摄像头的一个重要指标。现在的摄像头普遍都有 30 万像素以上，高端产品如 Logitech 的 Pro 4000 有 130 万像素，Creative PCCAM 700 则高达 210 万像素。但不一定是像素越高越好，因为像素越高就意味着一幅图像所包含的数据量越大，对于有限的带宽来说，高像素会造成低速率。

③ 接口：数码摄像头应用先进的 USB 接口，使得摄像头的硬件检测，安装变得比较方便，而且 USB 接口传输率高，这使得高分辨率、真彩色的大容量图像实时传送成为可能。

④ 视频捕捉能力：目前厂家一般标示的最大动态视频捕捉像素为 640×480 像素，但高分辨率下的数据传输仍然是个瓶颈。30 fps 的视频捕捉能力一般都是在 352×288 像素时才能达到流畅的水平。

⑤ 调焦功能：一般好的摄像头都有较宽的调焦范围，另外还具备物理调焦功能，能够手动调节摄像头的焦距，包括附带软件、摄像头外形、镜头的灵敏性、内置麦克风等、另外，与网站合作，可以使用户设置网上摄像机或进行网络实况转播。

（2）数码照相机

数码照相机是一种能够进行拍摄，并通过内部处理把拍摄到的景物转换成以数字格式存放的图像的特殊照相机，如图 9-3 所示。与传统光学照相机不同，数码照相机不使用胶片，而是使用固定的或者可拆卸的半导体存储器来保存获取的图像。

图 9-3　数码照相机

数码照相机可以直接连接到计算机、电视机或者打印机上。在一定条件下，数码照相机还可以直接接到移动电话或手持 PC 上。由于图像是内部处理的，所以用户可以马上检查图像是否正确，而且可以立刻打印出来或通过电子邮件发送出去。

数码照相机的主要技术指标包括：

① CCD 像素数：数码照相机 CCD 芯片上的光敏元件数量的多少称为数码照相机的像素数。它是目前衡量数码照相机档次的主要技术指标，决定了数码照相机的成像质量。

② 色彩深度：用来描述生成的图像所能包含的颜色数。数码照相机的色彩深度有 24 bit、30 bit 及 36 bit。

③ 存储功能：影像的数字化存储是数码照相机的特色。在选购高像素数码照相机时，要尽可能选择能采用更高容量的存储介质的数码照相机。

3. 音频部分

音频部分主要完成音频信号的 A/D 和 D/A 转换及数字音频的压缩、解压缩及播放等功能，主要包括音频卡、外接音箱、话筒、耳麦、MIDI 设备等。

下面重点介绍音频部分的重要部件音频卡。

音频卡又称声卡、声音适配器，主要用于处理声音。目前很多主板上都集成了音效芯片，取代了声卡的功能，有效地提高了整机的性价比，但是与一些高端的单独存在的声卡相比，无论从声音处理效果、抗干扰性和功能种类上，都逊色许多。

（1）音频卡的主要功能

数字音频的播放：音频卡的技术指标之一是数字化量化位和立体声声道的多少。早期的音频卡是 8 位，SB16 支持 16 位立体声声道。可播放 CD-DA 唱盘及回放 WAVE 文件。

录制生成 WAVE 文件：音频卡配有话筒输入、线性输入接口。数字音频的音源可以是话筒、收录机和 CD 唱盘等，可选择数字音频参数，如采样频率、量化位数和压缩编码算法等。在音频处理软件的控制下，通过音频卡对音源信号进行采样、量化、编码生成 WAVE 格式的数字音频文件，通过软件还可进一步对 WAVE 文件进行编辑。

MIDI 和音乐合成：通过 MIDI 接口可获得 MIDI 消息。SB16 采用 FM 频率合成的方法实现 MIDI 乐声的合成以及文本-语音转换（Text-to-Speech）合成。

多路音源的混合和处理：借助混音器可以混合和处理不同音源发出的各种声音信号，混合数字音频和来自 MIDI 设备、CD 音频、线性输入、话筒及 PC 扬声器等的各种声音。录音时可选择输入来源或各种音频的混合，控制音源的音量、音调。

（2）音频卡的组成

音频卡由声音处理芯片、功率放大器、总线连接端口、输入/输出端口、MIDI 及游戏杆接口（共用一个）、CD 音频连接器等构成。

声音处理芯片：声音处理芯片通常是音频卡中最大的集成块。声音处理芯片决定了音频卡的性能和档次，其基本功能包括采样和回放控制、处理 MIDI 指令等，有的还有混响、合声等功能。

功率放大芯片：从声音处理芯片出来的信号不能直接驱动喇叭，功率放大芯片（简称功放）将信号放大以实现这一功能。

总线接口：音频卡插入计算机主板上的那一端称为总线连接端口，它是音频卡与计算机交换信息的桥梁。根据总线接口类型可把声卡分为 PCI 声卡和 ISA 声卡。目前市场多为 PCI 声卡。

输入/输出端口：在音频卡与主机箱连接的一侧有 3~4 个插孔，音频卡与外围设备的连接如图 9-4 所示。通常是 Speaker、Line In、Line Out、Mic 等。

① Speaker：连接外部音箱，将信息输出。

② Line In：连接外部音响设备的 Line Out 端，向音频卡输入信息。

③ Line Out：连接外部音响设备的 Line In 端，从音频卡输出信息。

④ Mic In：用于连接话筒，可录制解说或者通过其他软件（如汉王、天音话王等）实现语音录入和识别。

上述 4 种端口传输的是模拟信号，如果要连接高档的数字音响设备，需要有数字信号输入/输出端口。高档音频卡能够实现数字声音信号的输入/输出功能，输出端口的外形和设置随厂家不同而异。

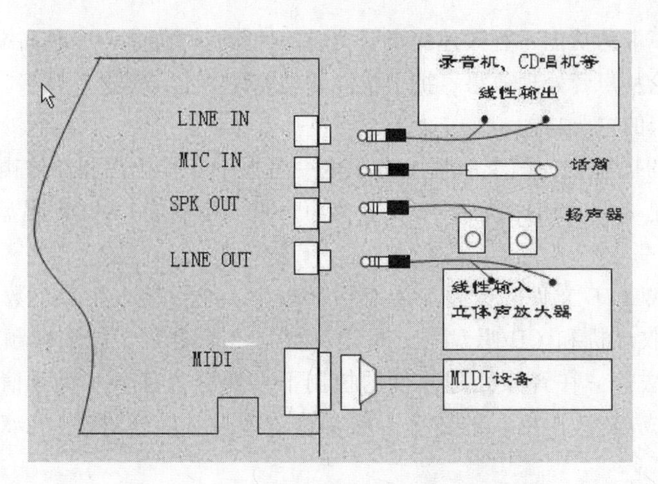

图 9-4　音频卡与外围设备的连接示意图

4. 基本输入/输出设备

基本输入/输出设备主要包括键盘、鼠标、光笔和扫描仪等。

（1）扫描仪

扫描仪是一种输入设备，如图 9-5 所示，主要用于输入黑白或彩色图片资料、图形方式的文字资料等平面素材。配合适当的应用软件，扫描仪可以进行中英文文字的智能识别。

图 9-5　扫描仪

根据扫描的原理及数字图像的指标，扫描仪的主要技术指标包括：

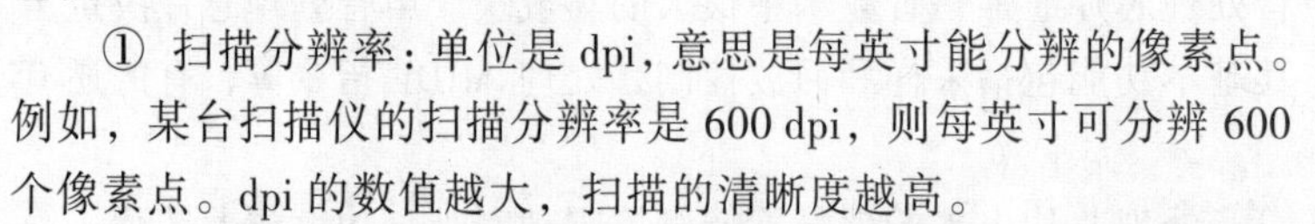

① 扫描分辨率：单位是 dpi，意思是每英寸能分辨的像素点。例如，某台扫描仪的扫描分辨率是 600 dpi，则每英寸可分辨 600 个像素点。dpi 的数值越大，扫描的清晰度越高。

② 扫描彩色精度：扫描仪在扫描时，把原稿上的每个像素用 R（红）、G（绿）、B（蓝）三基色表示，而每个基色又分若干灰度级别，即色彩精度。色彩精度越高，灰度级别就越多，图像越清晰、细节越细腻。

③ 扫描速度：在保证扫描精度的前提下，扫描速度越高越好。扫描速度主要与扫描分辨率、扫描颜色模式和扫描幅面有关，扫描分辨率越低，幅面越少，扫描速度越快。计算机系统配置、扫描仪接口形式、扫描分辨率的设置、扫描参数的设定等也会影响扫描速度。

（2）笔式输入

手写笔的出现是为了输入中文，同时还具有鼠标的作用操作 Windows，并可以作画。

手写板分为电阻式和感应式两种，电阻式的手写板必须充分接触才能写字，如图 9-6 所示。感应式的手写板又分有压感和无压感两种，其中有压感的输入板能感应笔画的粗细，着色的浓淡，但感应式的手写板容易受电器设备的干扰。

图 9-6　手写板

目前还有直接用手指来输入文字的手写系统，采用的是电容式触摸板。

5. **大容量存储设备**

由于多媒体信息需要的存储量较大，因此需要大容量的数据存储设备，主要包括有CD-ROM、磁盘、打印机、可擦写光盘等。

9.2.2 多媒体软件系统

多媒体软件系统按功能可分为系统软件和应用软件。其中，系统软件是多媒体系统的核心。具体来说，多媒体软件系统分为以下5类：

1. **多媒体驱动软件**

多媒体软件中直接与硬件打交道的软件称为多媒体驱动软件。在系统初始化引导程序的作用下，将其载入并常驻系统内存。其作用是完成设备的初始化，各种设备的操作及设备的打开、关闭，基于硬件的压缩和解压，图像的快速变换等基本硬件功能的调用。这种软件一般随硬件提供。

2. **多媒体计算机的核心软件**

即视频/音频信息处理核心部分。其主要任务是支持随机移动或扫描窗口下的运动及静止图像的处理和显示，为相关的音频和视频数据流的同步问题提供需要的实时任务调度等。

3. **多媒体操作系统**

多媒体操作系统就是具有多媒体功能的操作系统。除具有一般操作系统的功能以外，多媒体操作系统还必须具备对多媒体数据和多媒体设备的管理和控制功能，具有综合使用各种媒体的能力，能灵活地调度多种数据并能进行相应的传输和处理，且使各种媒体硬件和谐地工作。例如，目前流行的Windows系列操作系统主要适用于多媒体个人计算机。

4. **多媒体创作工具软件**

多媒体创作工具软件，是帮助开发者制作多媒体应用软件的工具，也称多媒体编辑软件。它能够对文本、声音、图像、视频等多种媒体信息进行控制和管理，并按要求连接成完整的多媒体应用软件。多媒体创作工具大多数都具有可视化的创作界面，并具有直观、简便、交互能力强和无须编程、简单易学的特点。高档的创作工具可用于影视系统的动画创作，中档的创作工具可用于创作教育和娱乐节目，低档的多媒体工具可用于商业简介的创作、家庭学习材料的编辑。例如，Cool Edit Pro、Adobe Photoshop、3D Studio MAX、Flash、Adobe Premiere、Authorware、Director等。

5. **多媒体应用软件**

多媒体应用软件是根据多媒体系统终端用户要求而定制的应用软件或面向某一领域的用户应用软件系统，是面向大规模用户的系统产品。包括一些系统提供的应用软件，如Windows系统中录音机、媒体播放器应用程序和用户开发的多媒体应用程序。

9.3 多媒体文字信息技术

在现实生活中，文字（包括字符和各种专用符号）是使用最多的信息交流工具。用文本表达信息，可以给人以充分的想象空间，在多媒体作品中文字主要用于对知识的描述性表示，比如阐述概念、定义、原理和问题以及显示标题、菜单等内容。

9.3.1 文字信息的特点

多媒体信息中的文字有两种形式：文本文字和图形文字，它们的区别如下：

① 产生的软件不同：文本文字多使用字处理软件（如记事本、Word、WPS 等），通过输入、编辑排版后生成；而图形文字多需要使用图形处理软件（如画笔、3ds Max、Photoshop 等）来制作。

② 文件的格式不同：文本文字为文本文件格式（如 .txt、.doc、.wps 等），除包含所输入的文字以外，还包含排版信息；而图形文字为图像文件格式（如 .bmp、.c3d、.jpg 等），它们都取决于所使用的软件和最终用户所选择的保存格式。图像格式所占的字节数一般要大于文本格式。

9.3.2 文本文件的格式

对于文本信息的处理，可以在文字编辑软件中完成，如使用记事本、Word、WPS 等软件，也可以在多媒体编辑软件中直接制作。建立文本信息的软件非常多，而每种软件大都保存为特定的格式，于是就有了许多不同的文件格式。常用的文本文件的格式有以下几种。

① TXT 格式：纯文本格式。在不同操作系统之间可以通用，兼容于不同的文字处理软件。因无文件头，不易被病毒感染。

② WRI 格式：一个非常流行的文档文件格式，它是 Windows 自带的写字板程序所生成的文档文件。

③ DOC 格式：由文字处理软件 Word 生成的文档格式，表现力强、操作简便。不过 Word 文档向下的兼容性不太好，用高版本 Word 编辑的文档无法在低版本中打开，在一定程度上影响了使用。

④ WPS 格式：由国产文字处理软件 WPS 生成的文档格式，老版本的 WPS 所生成的*.WPS 文件实际上只是一个添加了 1024 字节控制符的文本文件，它只能处理文字信息。而 WPS 97/2000 所生成的*.WPS 文件则在文档中添加了图文混排的功能，大大扩展了文档的应用范围。值得一提的是，WPS 向下的兼容性较好，即使是采用 WPS 2000 编辑的文档，只要没有在其中插入图片，仍然可以在 DOS 下的老版本 WPS 中打开。

⑤ RTF 格式：一种通用的文字处理格式，几乎所有的文字处理软件都能正确地对其进行存取操作。

9.3.3 文字信息的属性

丰富多彩的文本信息是由文字的多种变化而构成的。即由字体（Font）、大小（Size）、格式（Style）、定位（Align）等组合形成的。文字信息的属性一般具有以下内容。

① 字体（Font）：由于计算机系统上安装的字库不是完全相同的，所以字体的选择也会有所不同。可以通过安装字库来扩充可选择的字体，它们默认保存在 Windows 系统下的 Fonts 文件夹中。字体文件的扩展名多为 FON 及 TT（True Type），TT 支持无级缩放、

美观、实用，因此，一般字体都是 TT 形式。常用的一些装饰标志也可以以字体的形式出现。

② 格式（Style）：字体的格式主要有：普通、加粗、斜体、下画线、字符边框、字符底纹和阴影等。通过字体的格式设置，可以使文字的表现更加丰富多样。

③ 大小（Size）：字的大小在中文里通常是以字号为单位的，从初号到八号，由大到小；而在西文中却以磅为单位，磅值越大，字就越大。为了使用方便，表 9-1 列出了文字字号、磅以及毫米之间的对应关系。

表 9-1　字号、磅以及毫米之间的对应关系

字号	初号	小初	一号	小一	二号	小二	三号	小三
磅值	42	36	26	24	22	18	16	15
毫米	14.82	12.70	9.17	8.47	7.76	6.35	5.64	5.29
字号	四号	小四	五号	小五	六号	小六	七号	八号
磅值	14	12	10.5	9	7.5	6.5	5.5	5
毫米	4.94	4.32	3.7	3.18	2.65	2.29	1.94	1.74

④ 定位（Align）：字体的定位主要有：左对齐、右对齐、居中、两端对齐以及分散对齐。一般标题采用居中，其他应根据具体情况设置。

⑤ 颜色（Color）：对文字指定不同的颜色，使画面更加漂亮。

9.4　多媒体音频技术

声音是人们表达思想和情感的重要媒体，通过声音人们传递语言、交流思想、表示信息，通过声音欣赏美妙的音乐，也可以通过声音来感觉丰富多彩的大自然景象。

9.4.1　声音与计算机音频处理

声音是通过一定介质传播的一种连续的波，是一个随着时间连续变化的模拟信号，在物理学中称为声波。复杂的声波是由许多不同振幅和频率的正弦波组成。为了在多媒体计算机系统中对声音信号进行存储、传输，必须把模拟音频信号数字化，形成数字音频。

1. 声音

一切能发出声音的物体都称为声源。声音是由于声源的振动而产生的，借助于周围的空气介质，把这种振动以机械波的形式由近及远地传向远方，就形成了声波。声波传入人耳，致使耳膜也产生振动，这种振动被传导到听觉神经，就产生了“声音”的感觉。声源产生的声音是一种模拟信号，可以用波形来表示，波形近似逐渐衰减的正弦曲线，一个声音模拟波形曲线包括 3 个要素：基线、周期和振幅。

2. 声音的计算机处理

人耳听到的声音是一种声波，计算机要处理这种声波，可以通过话筒把机械振动转变成相应的电信号，这也是一种连续的模拟信号。而计算机只能处理数字信号，不能处理模拟信号，只有把这种模拟信号转换成数字信号，计算机才能够处理声音，这种转换

就是模/数转换（A/D 转换），它是由模/数转换电路实现的。

3. 音频的数字化过程

模拟信号到数字信号的转换过程包括采样、量化及编码 3 个步骤。

经过数字化处理之后的数字信息就能够像文字和图形信息一样进行存储、编辑及处理了。声音信号的数字化处理过程，如图 9–7 所示。

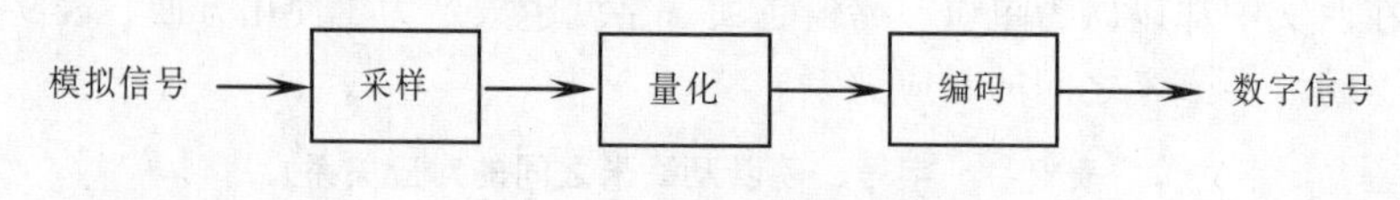

图 9–7　声音信号数字化过程

（1）采样

模拟音频信号在时间轴和幅度上都是连续的信号，而多媒体系统中传输和处理的是离散的数字量。因此，首先需要将连续变化的模拟信号转换为离散的数字量。所谓取样，就是从模拟信号中提取样本信息，即按照一定的时间间隔采样模拟信号的幅值。根据取样定理，只要取样频率不低于模拟信号带宽的 2 倍，就可以从取样的脉冲信号中无失真地恢复出原来的模拟信号。例如，普通话音信号的带宽为 4 kHz，那么取样频率可取每秒 8k 次，即每 125 μs 取样一次。采样的时间间隔决定了采样频率。采样频率就是每秒所采集的声波样本的次数。采样频率越高，则经过离散数字化的声波就越接近于其原始的波形。这就意味着声音的保真度越高，声音的质量越高，与之相对应的就是信息存储量越大。

在采样过程中还涉及一个重要概念：声道数。声道数是指所使用的声音通道的个数，也是一次采样所产生的声波个数。单声道只产生一个声音波形，双声道（立体声）产生两个声音波形。双声道的音色和音质比单声道优美动听，但是数据量是单声道的两倍。

声音的质量可以用声音信号的带宽来衡量，等级由高到低依次是 DAT、CD、FM、AM 和数字电话。另外，声音质量的度量还有两种方法：一种是客观质量度量，一种是主观质量度量。评价声音质量时，有时同时采用两种方法，有时以主观质量度量为主。

数字化的音频信号的数据量由采样频率、量化位数、声道数等因素决定。随着采样频率、量化位数、声道数的增加数据量是成倍增加的。因此，必须在音质和存储量之间取得一个平衡，选用合适的采样频率、量化位数和声道数。

（2）量化

所谓量化，就是将取样点处取得的信号幅值分级取整的过程，即将取得的模拟信号的最大幅值等分为若干等级（为了编码方便，通常为 2^n 级）。例如，若模拟信号的最大幅值为 256，而将其量化为 128（2^7）级，则将幅值在[0,2]内量化为 0；幅值在[2,4]内量化为 1；……；幅值在[254,256]内量化为 127。若量化为 32（2^5）级，则将幅值在[0,8]内量化为 0；幅值在[8,16]内量化为 1；……；幅值在[248,256]内量化为 31。在量化为 128 级时，量化后得到的整数值与实际幅值之间的误差小于 2；而当量化为 32 级时，量化后得到的整数值与实际幅值之间的误差小于 8。可见，量化分级越高，误差就越小，因此信号还原时产生的失真也就越小，但是分级越高，每个样本点所需要的编码比特数也就越多，需要传输的数据量也就越大。

（3）编码

采样量化后的二进制音频数据还要按一定的规则进行组织，以利于计算机处理，这就是编码。最简单的编码方案是直接用二进制的补码表示，也称脉冲编码调制（PCM，Pulse Code Modulation）。例如，如果量化为128级，量化后的整数值有8，16，29，110，91，25，2，则每个量化后的整数值需要用7位比特表示，它们相应的编码为0001000，0010000，0011101，01101110，01011011，0011001，0000010。

在声音信号中还有一个重要的指标：声道数。它表示在采集声音波形时，是产生一个还是两个波形，一个波形为单声道，二个波形为双声道，即立体声。立体声听起来要比单声道丰满圆润，但数据量要增加一倍。

计算机要完成模拟信号和数字信号的相互转化，就必须增加相应的转换电路设备，这就是声卡。声卡是一块可以插在计算机主板上的电路板。

9.4.2　多媒体声音的压缩与合成

在多媒体系统中，计算机所面临的不再是简单的数值，而是数值、文字、图形、图像、视频、音频等多种媒体元素，并且将它们数字化、存储和传输，其数据量很大。例如，对于高保真立体声音频信号，若采样频率为44.1 kHz，用16位采样精度，则双声道立体声音每秒所需的存储量为44.1k×16 bit×2/8=176 KB，那么650 MB的CD-ROM可存大约1小时的音乐。由此可以看出，数字化信息的数据量是巨大的。同时媒体信息容量以很高的速度不断增长。因此，只有对数据进行压缩，大大降低数据量，才能满足媒体信息处理的需求。

1. 声音压缩

（1）声音文件压缩的必要性

声音信号数据化处理后得到的数据量可以用下式来计算：

数据量 = 采样频率×采样精度/8×通道个数×时间（s）　（单位：字节）

例如，一段1分钟双声道、采样频率44.1 kHz、采样精度16位的声音数字化后不压缩，数据量为44.1×1000×2×16/8×60≈10.1 MB。

表9-2中给出了1分钟立体声，不同采样频率及采样精度的声音文件的数据量及它们的使用范围。

表9-2　1分钟声音文件的数据量一览表

采样频率/kHz	采样精度/bit	存储容量/MB	音质及应用范围
44.1	16	10.1	相当于CD音质，质量很高
22.05	16	5.05	相当于FM音质，可用于伴音、音效
	8	2.52	
11.025	16	2.52	相当于AM音质，可用于解说、伴音
	8	1.26	

由此可见，未经压缩的数字音频的数据量相当大，因此，对声音文件进行压缩处理是十分必要的。

（2）数据压缩的方法

数据压缩是将数据尽可能减少的处理。其实质就是查找和消除信息的冗余量。被压缩的对象是原始数据，压缩后得到的数据是压缩数据，二者容量之比为压缩比，对应压缩的逆处理就是解压缩。

无损压缩：压缩后信息没有损失的压缩方法。用在要求重构的信号与原始信号完全一致的情况下。无损压缩方法可以把数据压缩到原来的 1/2 或 1/4，即压缩比为 2 : 1 或 4 : 1，其基本方法是将相同的或相似的数据归类，使用较少的数据量来描述原始数据，达到减少数据量的目的。一般用于磁盘文件的压缩。常用的无损压缩方法有 Haffman、Lempei-Eiv 法。

有损压缩：压缩后的信息有一些损失的压缩方法。用在重构的信号不一定非得要与原始信号完全相同的场合。这种压缩在压缩的过程中丢掉某些不致对原始数据产生误解的信息，它是有针对性地化简一些不重要的数据，从而加大压缩力度，大大提高压缩比。

2. 声音合成

在计算机中对声音信号处理时会产生大量的数据量，在数据传输时，还必须考虑传输速度问题，为了达到使用少量的数据来记录音乐的目的，产生了合成音效技术。目前常用的有调频合成（Frequency Modulation，FM）和波表合成（Wave Table，WT）两种方式。

（1）FM 合成

FM 合成音乐的方法是：利用硬件电子电路产生具有一定基频的正弦波，通过频率的高低控制音高，通过波形的幅度去控制响度，时值的控制由信号的持续时间来确定。利用处理谐波可以改变增益、衰减等参数，这样便可创造出不同音色的音乐。

FM 合成方法的成本较低，但由于很难找出模拟真实乐器的完美谐波的组合，合成出来的乐器声音与真实乐器的声音相比较，还有一定的差距，FM 合成的声音比较单调，缺乏真实乐器的饱满度和力度的变化，真实感较差。

（2）波表合成

波表合成是为了改进 FM 合成技术的缺点而发展起来的。其原理是：将乐器发出的声音采样后，将数字音频信号事先存放于 ROM 芯片或硬盘中构成波形表。存储于 ROM 中的采样样本通常称为硬波表，存储于硬盘中的称为波表。当进行合成时，再将波表中相应乐器的波形记录播放出来，因此所发出的声音比较逼真。但各波形文件也需要大量的存储空间来记录真实乐音，因此一般同时要采用数据压缩技术。

目前许多带波表合成的声卡上都有处理芯片及存储器等部件，配备了音乐创作和演奏软件，提供 FM 音乐文件，并可利用文字编辑器写成类似简谱格式的文件，然后生成 FM 音乐文件。因此，波表合成声卡价格比一般声卡价格高。

9.4.3 音频信息的存储格式

声音信息在存储时是按一定格式存储的，在不同的操作系统和不同的软、硬件环境下有不同的存储格式。常见格式有：

1. WAV 文件

其扩展名为.wav，是 Windows 所使用的标准数字音频格式，称为波形文件。WAV 文件格式支持存储各种采样频率和样本精度的声音数据，并支持音频数据的压缩。其缺点是产生的文件过大，相应的所需存储空间大，不适合长时间的记录，必须采用适当的方法进行压缩处理。

2. MIDI 文件

MIDI（Musical Instrument Digital Interface，乐器数字接口），文件不对音乐的声音进

行采样，而是将每个音符记录为一个数字，在回放的过程中通过 MIDI 文件中的指令控制 MIDI 合成器将这些数字重新合成音乐。MIDI 文件所需存储空间小，可以满足长时间音乐的需要。但缺乏重现自然真实声音的能力。

3. MP3 文件

MP3 是 MPEG Layer 3 的简称，是一种数字音频格式。MP3 由于采用了高比率的数字压缩技术，压缩比可达到 12 : 1。经过 MP3 软件编码后，在音质几乎与 CD-DA 质量没什么差别的情况下，每分钟 MP3 声音文件大小只有 1 MB 左右，使得 640 MB 的 CD-ROM 能够存放十几个小时的 MP3 文件。

4. MOD 文件

MOD 文件最初产生于 COMMODORE 公司的 Amiga 多媒体计算机上，这种计算机以不同的采样频率和音量在 4 个独立的通道同时播放音乐，PC 上的 MOD 文件是从 Amiga 多媒体计算机上移植过来的。可以存放自然音效、语音和音乐，甚至能存储大型乐队的效果。

5. WMA（Windows Media Audio）格式

WMA 是微软发布的一种音频压缩格式，容量比 MP3 格式的文件小，支持 Stream（是在网络上可以实现一边下载一边播放的格式）流技术。WMA 格式可以将一首歌曲压缩到很小，但能保持很高的音质，有取代 MP3 格式的趋势。

6. CD 唱片

存放的是一种数字化声音，是以 16 位采样量化精度，44.1 kHz 频率采样的立体声存储的，可完全重现原始声音。CD 唱片的音质效果是以上介绍的几种声音格式中最好的，一般每张 CD 唱片可以存放 74 分钟高质量的音乐曲目。

9.4.4 音频编辑工具简介

现成搜集到的一些声音素材，往往并不符合实际工作的需要，通常要按照某种目标要求经过编辑处理后才可以使用。市场上的音频编辑软件一般都有友好直观的图形操作界面，只是在处理的细节上各有特点，如 Windows 自带的录音机，尽管功能不是很强大，但它确实是小巧实用。因此，只要掌握了其中的一种，便可触类旁通。

下面简要地介绍目前市场常用的音频处理软件。

1. Sound Forge

Sound Forge 是 Adobe 公司推出的著名音频编辑工具软件，是为音乐编辑、多媒体音效设计得很好的创作软件。Sound Forge 使用广泛，从音乐制作到游戏音效的编辑，能够满足最普通用户到最专业的录音师的所有用户的各种要求。

2. Cakewalk

Cakewalk 是美国 Twelve Tone System 公司出品的专业级音序器软件，是目前使用最为广泛的专业音乐制作软件之一。Cakewalk 的界面十分友好，与其他音频编辑软件相比，Cakewalk 更侧重于音乐的创作与制作，用它可以进行各种音色的组合，编辑各种 MIDI 信号，然后通过进一步编辑修改将最终的音乐效果输出。

3. Cool Edit Pro

Cool Edit Pro 是由 Syntrillium 公司出品的一款音频编辑软件，其界面非常直观实用。Cool Edit Pro 对于音频的编辑修改处理过程非常直接而且简便，它除了自身附带有 30 余种音频处理效果外，还支持各种 DirectX 效果器插件，同时还支持 SMPTC 以及 MIDI 时间码的同步功能，特别适合录音棚、电台对声音进行后期编辑处理。

4. Audio Editor

Ulead Media Studio Pro 6.5 之一的 Audio Editor 是一个专业的音频编辑、处理软件。它包含强大的声音处理能力，对现有的声音有各种回音、速度、音调调整功能，还拥有各种专业的声音编辑能力：消除杂音、查找/删除静音、各种淡出/淡入效果等。软件运行后的主要操作界面如图 9-8 所示。

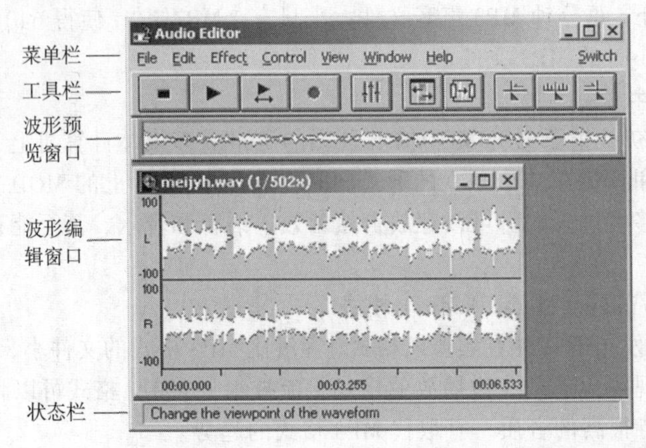

图 9-8 Audio Editor 主界面

其工具栏按钮功能以及文字说明如图 9-9 所示。

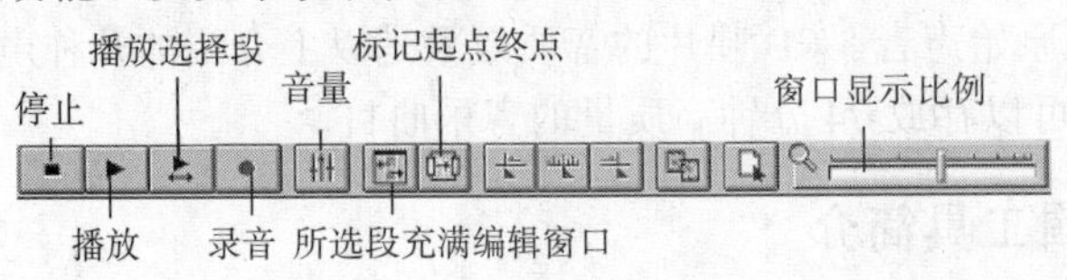

图 9-9 Audio Editor 工具栏

声音文件格式将影响到音质、文件大小和处理快慢，这些因素包括声道数、采样频率、采样精度等，录制配音前必须预先设置好。

设定声音波形格式与声音质量步骤如下：

① 选择 File→New 命令，出现 New 对话框，如图 9-10 所示。

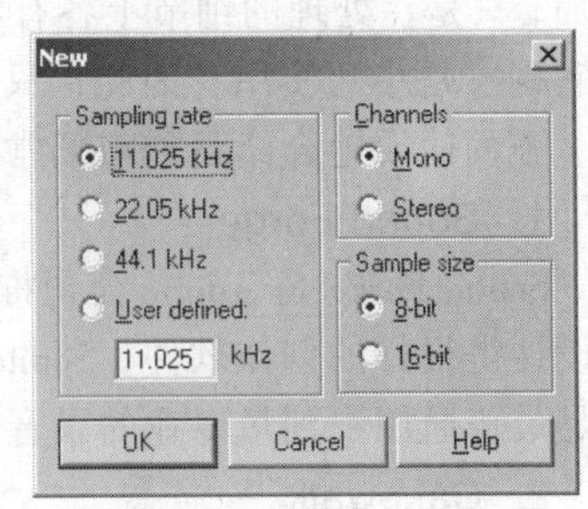

图 9-10 New 对话框

② 选择 WAV 文件格式。

- 采样频率（Sampling rate）：选取 11.025 kHz、22.05 kHz、44.1 kHz 之一，还可以自定义采样频率。
- 通道（Channels）：单声道选取 Mono，双声道选取 Stereo。
- 采样精度（Sample size）：选取 8 位或者 16 位精度。

③ 单击 OK 按钮，新文件建立工作结束。

声音的质量越高，则波形文件占用的磁盘存储空间也越大，正常情况下，通过麦克风话筒录制配音，选用单声道、11.025 kHz、8 bit 就已经足够了。

设置好波形文件格式后，单击工具栏中的“录音”按钮，出现对话框如图 9-11 所示。

该对话框用来显示录音水平，如果话筒正常，就会看到进度条会随着声音的高低而闪动，此时，单击 Start 按钮便开始录音。否则，单击工具栏中的“音量控制”按钮或双击 Windows 任务栏右侧中的喇叭图标，运行“音量控制”程序的录音选项，检查话筒是否被选中并调节录音水平。

单击“停止”按钮，结束录音工作。录音过程中可以看到录制配音的波形画面，如图 9-12 所示。

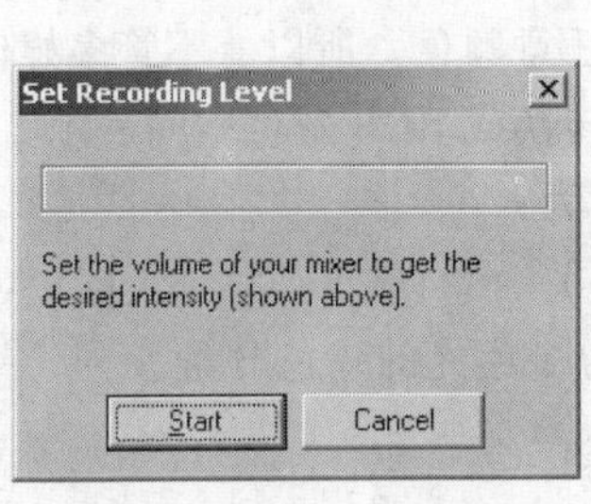

图 9-11　录音对话框

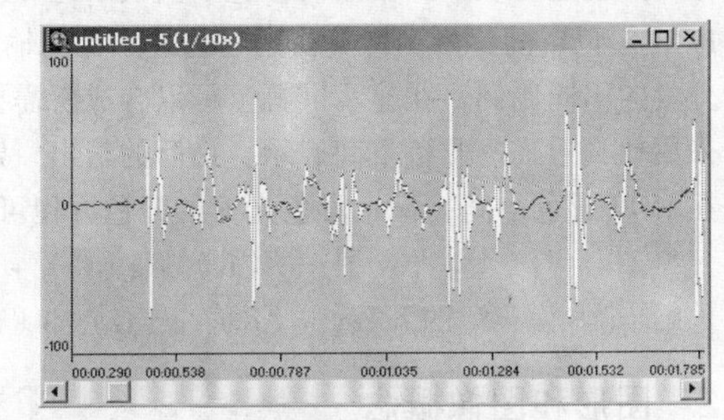

图 9-12　波形图

单击工具栏中的“播放”按钮，可以回放试听录音效果，最后，可以选择 File→Save 命令保存当前录制的波形文件。

9.5　多媒体图形图像技术

图形和图像是人们非常乐于接受的信息载体，是多媒体技术的重要组成部分。一幅图画可以形象生动地表示大量的信息，具有文本和声音所无法比拟的优点。本节介绍有关图形图像处理基本知识。

对图像进行处理最根本的方法是利用人的视觉特性对颜色进行处理。

9.5.1　图形和图像颜色

任一彩色都是颜色的 3 种要素（亮度、色调和饱和度）的综合效果。

① 亮度：是光作用于人眼所引起视觉的明暗度的感觉。同一物体在不同光照强度下，其亮度不同。同样的光照强度下不同的物体的亮度不同，反光能力大的看起来就亮一些，反之，就暗一些。

② 色调：是当人眼看到的一种或多种波长的光时所产生的彩色感觉，它反映颜色的种类，是决定颜色的基本特性。其物体的色调取决于本身辐射的光谱成分或在光照射下所反射的光谱成分。

③ 饱和度：表示色彩浓或淡的程度，即颜色的纯度或掺入白色光的程度。饱和度为 100%的颜色就是完全未混入白色光的单色光，对于同一色调的彩色光，饱和度越大颜色越鲜明或越纯。如果在某色调的彩色光中，掺入其他彩色光，则会引起色调的变化，只有掺入白光时仅引起饱和度的变化。饱和度还和亮度有关，因为在饱和的彩色光中增加白光的成分，增加了光能，因而变得更亮了，同时其饱和度降低了。

由于色调和饱和度表示的是颜色的种类和深浅特性，因而二者统称色度，故颜色由亮度和色度来表示。

如果适当选择3种独立的基本颜色，将它们按不同的比例进行合成，就可以得到自然界常见的各种颜色，即三基色原理的主要内容。一般选用红（R）、绿（G）、蓝（B）3种颜色作为基色。

为了利用人的视觉特性降低彩色图像的数据量，在多媒体计算机中除了最常用的RGB彩色空间（模式）以外，还把RGB空间表示的彩色图像转换成其他的彩色空间来对图像的颜色进行表示。常用的彩色空间表示有YIQ、YUV、HIS等。

RGB彩色空间：由于计算机的彩色显示器的输入需要RGB的3个彩色分量，通过3个分量的不同比例，在显示屏幕上可以合成所需要的任意颜色。所以，不管多媒体系统中采用什么形式的彩色空间表示，最后的输出一定要转换成RGB彩色空间表示。

在RGB彩色空间，任意彩色光F的配色方程可表达为：

$$F = r(R) + g(G) + b(B)$$

其中，r、g、b为三色的系数，r（R）、g（G）、b（B）为F色光的三色分量。

9.5.2 图形和图像概念

在计算机领域，图形（Graphics）和图像（Picture或Image）是两个不同的概念。

1. 图形

图形又称矢量图形。矢量图形是用一系列计算机指令来表示一幅图，如画点、画线、画圆、画曲线等。矢量图实际是用数学方法来描述一幅图，存放这种图的格式称为矢量格式，存储的数据主要是绘制图形的数学描述。矢量图的生成主要来自计算机应用软件，比如Flash、3D studio、Core Draw等。

2. 图像

图像（又称位图）是把一些图分成很多像素点，每个像素点用若干二进制位来指定该像素的颜色、亮度和属性。存放这种图使用的格式称为位图格式，存储的数据主要是描述像素的数值。位图通常来自于扫描仪、摄像机等设备，这些设备把模拟的图像信号变成数字图像数据。图像主要用于表现自然景色、人物等，能表现对象的颜色细节和质感，具有形象、直观、信息量大的优点。

图形和图像的共同特点是：二者都是静态的，和时序无关。它们之间的差别是：图形是用一组命令通过数学计算生成的，这些命令用来描述画面的直线、圆、曲线等的形状、位置、颜色等各种属性和参数；而图像是通过画面上的每一个像素的亮度或颜色来形成画面的；图形可以容易地分解成不同成分单元，分解后的成分间有明显的界限，而要将图像分解成不同的成分则较难，各个成分间的分界往往有模糊之处，有些区间很难区分该属于哪个成分，它们彼此平滑地连接在一起。

9.5.3 图像的文件格式

多媒体计算机中，可以通过扫描仪、数字化仪或者光盘上的图像文件等多种方式获取图像，每种获取方法又是由不同的软件开发商研制开发的，因而就出现了多种不同格式的图像文件。常见的图形图像文件格式有以下几种。

① 位图文件格式BMP（Bitmap File）：又称点阵图文件格式，是Windows采用的图像文件格式，在Windows环境下运行的所有图像处理软件都支持这种格式。BMP位图文件默认的文件扩展名是.bmp。

② 图形变换格式 GIF（Graphics Interchange Format）：是 Compu-Serve 公司为了制定彩色图像传输协议而开发的，它支持 64 000 像素的图像，256 色~16M 色的调色板。GIF 格式的文件的压缩比较高，文件长度较小。

③ 标记图像文件格式 TIFF（Tag Image File Format）：是由 Aldus 公司和 Microsoft 合作开发的，最初用于扫描仪和桌面出版业，是工业标准格式。TIFF 支持任意类型和大小的图像。

④ 便携网络图形格式 PNG（Portable Network Graphic）：是一种位图文件存储格式。使用从 LZ77 派生的无损数据压缩算法。能把文件压缩到极限以利于网络传输，但又能保留所有与图像品质有关的信息，使图像在压缩前后保持相同，没有失真。

⑤ JPG 格式：是利用 JPEG 方法压缩的图像格式。其特点是压缩比高，并且可在压缩比和图像质量之间平衡。由于压缩/解压缩算法比较复杂，压缩比高，存储和显示速度都比较慢，图像的边缘有不太明显的失真。适用于处理大量图像，如 WWW 应用。

⑥ PCD（Photo CD）格式：是 Kodak 公司为专业摄像照片制定的格式，可选择多种分辨率，文件较大，一般存放在 CD-ROM 盘片上。PCD 的应用非常广泛，各种各样的商业图像库是开发多媒体应用的重要的图像资源之一。

⑦ WMF（Windows Meta File）格式：是特殊的图元文件，属于位图和矢量图的混合体。在桌面出版印刷领域应用广泛，Windows 中许多剪切画（ClipArts）图像就是以该格式存储的。

除上述标准格式外，多数图像软件还支持其他格式文件的输入／输出，有的系统还有自己的图像文件格式。

9.5.4 图像的属性参数

图像的属性参数主要包含分辨率、像素深度、图像的表示法和种类等。

1. 分辨率

常见的分辨率有三种：显示（屏幕）分辨率、图像分辨率和像素分辨率。

（1）显示分辨率

显示（屏幕）分辨率是指显示屏上能够显示出的像素数目。它与显示模式有关，例如，标准 VGA 图形卡的最高屏幕分辨率为 640×480 像素，整个显示屏就含有 307 200 个像素点。同样大小屏幕能够显示的像素越多，分辨率就越高，显示的图像质量越高。

（2）图像分辨率

图像分辨率是指组成一幅图像的像素密度。同一幅图，如果组成该图的图像像素数目越多，则说明图像的分辨率越高，看起来就越逼真。相反，图像就显得粗糙。

在用扫描仪扫描彩色图像时，通常要指定图像的分辨率，用每英寸像素点数目来表示，即 dpi（Dots Per Inch）。如果用 300 dpi 来扫描一幅 8 英寸×10 英寸的彩色图像，就得到一幅 2400×3000 像素的图像。分辨率越高，像素就越多。

图像分辨率与显示分辨率是两个不同的概念。图像分辨率是确定组成一幅图像的像素数目，而显示分辨率是确定显示图像的区域大小。如果显示器的分辨率为 640×480，那么一幅 320×240 的图像只占显示屏的 1/4；2400×3000 像素的图像在这个显示屏上就不能显示一个完整的画面，只能通过滚动的方式浏览全部图像内容。

（3）像素分辨率

像素分辨率是指一个像素的宽和高之比，不同的像素的宽高比将导致图像变形，因此在这种情况下必须进行比例调整。

2. 像素深度

像素深度是指存储每个像素所用的位数，它用来度量图像的颜色数。图像深度决定彩色图像的每个像素可能有的颜色数，或者灰度图像每个像素可能有的灰度级数。

位图中每点的色彩深度可分为 2 色、16 色、256 色或 16 位、24 位、32 位真彩色等格式。如果用若干位表示位图中像素的颜色信息，这些位的个数（或称长度）称为像素深度。深度为 1 的图像只能有两种颜色（黑色和白色），通常称为单色图像；深度为 4 的图像可以有 16 种颜色（2^4）；深度为 8 的图像可表示 256 种颜色（2^8）。

一幅位图所需的存储空间可以用下式计算：

文件的字节数 = (位图高度 × 位图宽度) × 位图深度 / 8

例如，一幅 640 × 480 像素的 256 色原始图像（未经压缩）的数据量为：

（640 像素 × 480 像素 × 8 位）/ 8 = 307 200（B）

图像的每个像素都是用 R、G、B 三个分量表示的，即每个像素是由红、绿、蓝三种颜色按一定的比例混合而得到的，若每个分量用 8 位，那么一个像素共用 24 位表示，就说像素的深度为 24，每个像素可以是 2^{24}=16 777 216（16M）种颜色中的一种，由于组成的颜色数目几乎可以模拟出自然界中的任何颜色，所以也称真彩色。

9.5.5 图形图像处理软件

多媒体制作中，要使用图像，有的需要通过扫描仪扫描生成，有的需要自己绘制，对扫描的图像多数情况还需要进行修改处理，这就需要图像编辑处理软件。现在流行的图像处理软件很多，使用较多的有 Photoshop、AutoCAD、CorelDRAW、Photostyler、Morph 等。这些软件具有较强的图形制作与编辑功能，应用各有特点。

1. Adobe Photoshop

Adobe 公司出品的 Photoshop 是用户非常熟悉的图像处理软件，其界面整洁、逻辑性强，许多功能的符号已成为图像编辑软件操作方式的标志图标。

Photoshop 不仅可以直接绘制艺术图形，而且也能从扫描仪和数码照相机等设备采集图像，并对图像进行各种各样的修改和处理，如调整色彩、亮度、大小等。

Photoshop 还可以进行合并图像，增加效果和艺术字处理，改变图像颜色模式等。

Photoshop 强大的文字编辑处理能力、基于图层进行操作的位图式编辑方式得到了很多用户的认可。

除此之外，Photoshop 提供了强大的滤镜功能，能够非常轻易地制作出模糊、光影、火焰、烟雾、水纹等奇妙的艺术效果，为图像的编辑处理锦上添花。在陆续推出的新版本的 Photoshop 中，不断添加新工具、近乎完美的人性化操作，给用户的编辑处理带来巨大的便利。

Photoshop 的主界面如图 9-13 所示。

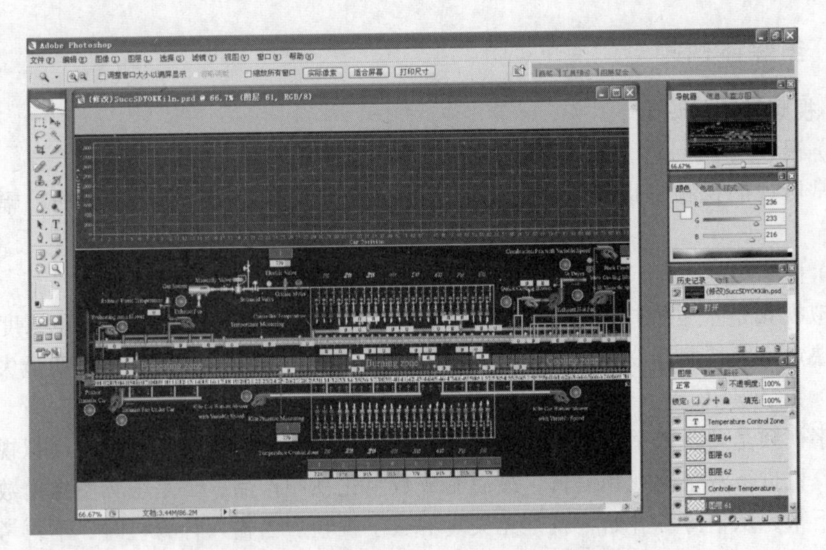

图 9-13　Adobe Photoshop 的主界面

2. CorelDRAW

CorelDRAW 是目前市场上最流行、功能最完善的矢量绘图软件之一，被大量用于各类图形的描绘设计。该程序的描绘功能十分强大，可以绘制出各种图形。平面、立体几何图形的绘制更是十分的便捷。图形对象、字体的艺术特效及填充操作，都提供了大量的模板、用户直接设置参数即可得到不同的效果。

CorelDRAW 有十分便于绘制图形的工作平台，随意的视野缩放，完善的智能工具，灵活的快捷键设置，使之成为众多绘图工作者的首选软件。

3. AutoCAD

AutoCAD 属于三维立体绘图软件，在国内的工业设计领域独占鳌头，应用十分普遍。精确的点、线、面组合打造出精良的基础模型。很多机械制造工业在设计产品时都会采用 AutoCAD 来构架三维立体模型，再配合其他软件达到最终的实体化模型。

AutoCAD 的工作平台可以随意切换用户视角，绘制工具十分丰富，设置十分完善。可以满足各类高端绘图制作需求。

9.6　多媒体视频技术

在人类信息活动中，视觉媒体以其直观生动而备受人们的欢迎。它是通过视觉传递信息的媒体，简称视频。视频是多媒体的重要组成部分，是人们容易接受的信息媒体。包括静态视频（静态图像）和动态视频（电影、动画）。

动态视频信息是由多幅图像画面序列构成的，每幅画面称为一帧。每幅画面保持一个极短的时间，利用人眼的视觉暂留效应快速更换另一幅画面，连续不断，就产生了连续运动的感觉。如果把音频信号加进去，就可以实现视频、音频信号的同时播放。

9.6.1 多媒体视频

1. 视频基础知识

（1）视频

通常所说的视频是指动态视频，它是以一定速度连续投射到屏幕上的一幅幅图像序列。

（2）模拟视频

模拟视频是基于模拟信号产生的视频。模拟视频图像具有成本低和还原度好的优点。其缺点是经长期存放后，视频质量会下降，经多次复制后，图像会有明显失真。

（3）数字视频

数字视频是基于数字技术生成的视频。数字视频有两层含义：一是将模拟视频信号输入计算机进行数字化视频编辑，最后制成数字化视频产品；二是视频图像由数字摄像机拍摄下来，从信号源开始，就是无失真的数字视频。当输入计算机时，不再考虑视频质量的衰减问题，然后进行视频编辑，制成产品。

（4）视频的数字化

视频的数字化是指在一段时间内以一定的速度对视频信号进行捕获并加以采样后形成数字化数据的处理过程。各种制式的普通电视信号都是模拟信号，然而计算机只能处理数字信号，因此必须将模拟信号的视频转化为数字信号的视频。

视频信号数字化与音频信号数字化一样，要经过采样、量化（A/D 转换）、解码和彩色空间变换等处理过程。将视频数字化的过程也常称为捕捉。

2. 视频文件格式

视频信号数字化后的数据以不同的文件格式存储。常用的视频文件格式有以下几种。

① AVI（Audio Video Interleaved）格式文件：是微软公司推出的视频格式文件，应用广泛，是目前视频文件的主流。AVI 格式文件未经过压缩，虽然图像和声音质量非常好，但占用磁盘空间很大，其普及程度受到限制，但它在影像制作方面经常使用。

② MOV 格式文件：MOV 是 MOVIE 的缩写。最早是苹果计算机中的视频文件格式，目前在因特网上提供以较高视频和音频质量传输的电影、电视和实况转播节目。

③ RM 格式文件：是 Real Networks 公司开发的一种用于在低速网上实时传输音频和视频信息的压缩格式。网络连接速度不同，客户端所获得的声音、图像质量也不尽相同。以声音为例：对于 14.4 kbit/s 的网络连接速度，可获得调幅（AM）质量的音质；对于 28.8 kbit/s 的网络连接速度，可以获得广播级的声音质量。

④ ASF 格式文件：是 Microsoft 为了和 RealMedia 竞争而发展出来的一种可以直接在网上观看视频节目的视频文件格式。其视频部分采用了先进的 MPEG-4 压缩算法，音频部分采用了 WMA 压缩格式。所以 ASF 格式的压缩率和图像质量都很好。

⑤ DAT 格式文件：DAT 不是程序设计中的数据文件格式，而是指 VCD 影碟中的视频文件格式。

3. 电视视频制式标准

目前世界上常用的彩色电视制式有 3 种：NTSC 制、PAL 制和 SECAM 制，此外还有正在普及的 HDTV。

（1）NTSC 制式

NTSC 即 National Television Systems Committee，是美国国家电视标准委员会 1952 年定义的彩色电视广播标准，称为正交平衡调幅制。主要在美国、加拿大、日本、韩国、菲律宾，以及我国台湾省应用。

（2）PAL 制式

PAL 即 Phase-Alternative Line，1962 年原西德制定的彩色电视广播标准，称为相位逐行交变，又称逐行倒相制。德国、英国、朝鲜，以及我国大部分地区采用这种制式。

（3）SECAM 制式

SECAM 即 Sequential Color and Memory System，由法国制定，称为顺序传送彩色与存储制。法国、俄罗斯及东欧国家采用这种制式。

NTSC 制、PAL 制和 SECAM 制都是兼容制制式。也就是说，黑白电视机能接收彩色电视信号，显示的是黑白图像；彩色电视机能接收黑白电视信号，显示的也是黑白图像。

三种电视制式的主要参数见表 9-3。

表 9-3　电视制式的主要参数

制　式	行数/行	行频/kHz	场频/Hz	颜色频率/MHz
PAL	625	15.625	50.00	4.433 619
NTSC	525	15.734	59.94	3.579 545
SECAM	625	15.625	50.00	4.433 69

9.6.2　视频信号的压缩

视频压缩标准 MPEG（Moving Picture Experts Group）是 ISO 和 CCITT 联合成立的运动图像专家组的简称，运动图像专家组主要研究制定用于数字存储媒介中活动图像及其伴音编码的国际标准。MPEG 标准包括 4 个部分：①MPEG 视频，主要描述视频数据压缩到 1.5 Mbit/s 的编解码算法；②MPEG 音频，主要描述音频数据的编解码算法；③MPEG 系统，主要描述音频和视频同步及多路复用并且还规定了系统的编解层；④MPEG 测试与验证，说明如何测试比特流和解码器是否满足前 3 个部分中所规定的要求。

目前，已经开发的 MPEG 标准包括以下几种：

1. MPEG-1 压缩标准

MPEG-1 压缩标准用于速率约在 1.5 Mbit/s 以下的数字存储媒体，主要用于多媒体存储与再现，如 VCD 等。其主要任务是将视频信号及其伴音以可接受和重建的质量压缩到 1.5 Mbit/s 的码率，并复合成一个单一的 MPEG 位流，同时保证视频和音频的同步。

2. MPEG-2 压缩标准

与 MPEG-1 相比，MPEG-2 压缩标准能使用于更广的领域，主要包括数字存储媒体、广播电视和通信。MPEG-2 适于高于 2 Mbit/s 的视频压缩，包括了原计划为 HDTV 的发展而制定的 MPEG-3 标准。

3. MPEG-4 压缩标准

MPEG-4 压缩标准是多媒体信息描述的最新标准。它是为视听数据的编码和交互播放开发算法和工具，其目标是极低码率的音频/视频压缩编码。MPEG 可使用户实现音频视频内容交互性的多种形式，以及以一种整体的方式将人工和自然的音频和视频信息融合在一起。由于 MPEG-4 适合在低数据传输速率场合下应用，所以其应用领域主要在公用电话网、可视电话、电子邮件和电子报纸等。

4. MPEG-7 压缩标准

MPEG-7 是一种多媒体内容描述接口，它将为各种类型的多媒体信息规定一种标准化的描述。这种描述与多媒体信息的内容一起，支持对用户感兴趣的图形、图像、3D 模型、视频、音频等信息及它们的组合的快速有效的查询，满足实时、非实时等应用要求。

9.7 多媒体动画处理技术

随着计算机信息技术的发展，人们对计算机动画已不再感到陌生，从日常生活中的动画电影到平常多媒体课件中的动画演示，人们逐渐地接受了这种直观生动的媒体形式。计算机动画以其生动、形象、直观等突出特点，为多媒体课件和网页制作增添了无穷的活力，动画媒体可以使制作的多媒体课件更加富有特色和感染力，可以起到事半功倍的效果。

9.7.1 动画的概念和分类

1. 动画的基本概念

动画是由很多内容连续且互不相同的画面组成的。动画利用了人类眼睛的视觉暂停效应，人在看物体时，画面在人脑中大约要停留 1/20~1/10 s，如果每秒有 15 幅或更多画面进入人脑，那么人们在来不及忘记前一幅画面时，就看到了后一幅，形成了连续的影像。这就是动画形成的基本原理。

图像显示所需的最慢速度因图而异，较高的速度会使动作看起来较流畅，较慢的速度会使图像闪烁或产生跳动性的画面。卡通动画的播放速率为每秒 12 或 24 张，电视画面播放速率为每秒 25 帧。

传统动画的画面是由大批的动画设计者手工完成的。在制作动画时必须人工制作出大量的画面，1 分钟动画所需的画面约在 720~1800 张之间，用手工来画制图像是一项很大的工程，因此就出现了关键帧。关键帧是主要画面，关键帧之间的画面称为中间画面。

随着计算机技术的发展，动画技术也从原来的手工绘制进入了计算机动画时代。使用计算机制作动画，表现力更强，内容更丰富，制作也更简单。经过人们不断的努力，计算机动画已从简单的图形变换发展到今天真实的模拟现实世界。同时，计算机动画制作软件也日益丰富，且更易于使用，制作动画也不再需要十分专业的训练。

2. 动画的分类

动画从本质上说，分为两大类：帧动画和矢量动画。帧动画是由一帧一帧的画面，连续播放而形成的。这种动画也是传统的动画表现方式，构成动画的基本单位是帧。创作帧动画时就要将动画的每一帧描绘下来，然后将所有的帧排列并播放，工作量会很大。现在使用计算机作为动画制作的工具，只要设置能表现动作特点的关键帧，中间的动画过程会由计算机计算得出。这种动画常用来创作传统的动画片、电影特技等。

矢量动画是经过计算机计算生成的动画，表现为变换的图形、线条和文字等。这种动画画面其实只有一帧，通常由编程或是矢量动画软件来完成的，是纯粹的计算机动画形式。

动画从表现形式上，又分为二维动画、三维动画和变形动画。二维动画是指平面的动画表现形式，它运用传统动画的概念，通过平面上物体的运动或变形，来实现的动画，具有强烈的表现力和灵活的表现手段。创作平面动画的软件有 Flash、GIF Animator 等。

三维动画是指模拟三维立体场景中的动画效果，虽然它也是由一帧帧的画面组成的，但它表现了一个完整的立体世界。通过计算机可以塑造一个三维的模型和场景，而不需要为了表现立体效果而单独设置每一帧画面。创作三维动画的软件有 3ds Max、Maya 等。

变形动画是通过计算机计算，把一个物体从原来的形状改变成为另一种形状，在改变的过程中把变形的参考点和颜色有序地重新排列，就形成了变形动画。这种动画的效果有时候是惊人的，适用于场景的转换、特技处理等影视动画制作中。

9.7.2 动画制作系统组成

计算机动画制作系统由一个用于动画制作的计算机硬件、软件系统组成的。它是在交互的计算机图形系统上配备相应的动画设备和动画软件形成的。主机和动画制作软件是动画系统中最重要的部件。目前用于动画系统的主机有工作站和微机两种。工作站是一个性能优良功能完备的计算机设备，通常个人使用的工作站设计为桌面型的机器。一个工作站可能是一个大型计算机的终端，也可能与其他工作站联网使用，或者是具有局部处理能力的单一设备。目前国内用于动画制作的工作站主要是美国 SGI（Silicon Graphics Inc）的产品，如 4D 系列和 INDIO 系列。SGI 工作站是一个真正的三维工作站，有专门用于硬件支持的图形功能，可配置许多优秀的动画制作软件。动画系统中的彩色图形显示器也是很重要的设备，显示器性能的优劣直接影响到动画系统的质量。分辨率和颜色数是显示器的两个重要指标。显示器上的发光点称为像素，像素点的多少称为分辨率。分辨率常用以下形式表示：640×480、800×600、1024×768、1280×1024 等，前面的数表示屏幕的每一行有多少个像素点，后面的表示一个屏幕有多少行，这两个数字越高分辨率就越高，显示出来的画面就越精细。显示器显示的颜色数也是很重要的指标，对于二维计算机制作系统来说，3 万种颜色就足够了；对于三维电视动画制作系统，则要求在 1600 多万种颜色以上，才能使动画颜色过渡柔和。计算机动画系统除常见的图形输入设备（如键盘、鼠标、光笔）外，还必须备有图形扫描仪、摄像机、大容量硬盘等设备。由计算机动画系统生成的动画系列必须输出到录像带、电影胶片或存储在光碟上才能为广大观众所接受，因此还必须配备录像设备、摄影胶片设备或光盘刻录设备。

计算机动画系统中使用的软件分为系统软件和应用软件两大类。系统软件包括操作系统、网络通信系统、高级语言、开发工具等。应用软件主要指绘画、 二维动画、三维动画以及画面合成等软件。

9.7.3 动画文件格式

计算机动画现在应用的比较广泛，由于应用领域不同，其动画文件也有不同的存储格式。如 3DS 是 3DS、C3D、GIF 和 SWF 等。这几种动画格式的特点如下：

1. GIF 格式

由于 GIF 图像采用了压缩率较高的 LZW 算法，文件尺寸较小，因此被广泛采用。GIF 动画格式可以同时存储若干幅静止图像并进而形成连续的动画，目前 Internet 上大量采用的彩色动画文件多为这种格式的 GIF 文件。多数图像浏览器都可以直接观看此类动画文件。

2. FLI/FLC 格式

FLC（FLI）格式文件是 Autodesk 公司在 3ds Max 三维动画编辑软件中采用的动画文件格式，FLI 则是该公司的 3ds Studio 和二维动画编辑软件 Animator、Animator Pro 中使用的动画文件格式。FLC（FLI）文件为无损压缩存储，画面清晰但不能存储同步声音。

3. SWF 格式

SWF 格式文件是由 Adobe 公司的 Flash 软件生成的矢量动画图形格式，由于 SWF 格式的动画文件很小，因此被广泛应用于因特网上。

4. AVI 格式

AVI 是对视频、音频文件采用的一种有损压缩方式，该方式的压缩率较高，并可将音频和视频混合到一起，因此尽管画面质量不是太好，但其应用范围仍然非常广泛。AVI 文件目前主要应用在多媒体光盘上，用来保存电影、电视等各种影像信息，有时也出现在 Internet 上，供用户下载、欣赏新影片的精彩片段。

5. MOV、QT 格式

MOV、QT 都是 QuickTime 的文件格式。该格式支持 256 位色彩，支持 RLE、JPEG 等领先的集成压缩技术，提供了 150 多种视频效果和 200 多种 MIDI 兼容音响和设备的声音效果，能够通过 Internet 提供实时的数字化信息流、工作流与文件回放，国际标准化组织（ISO）最近选择 QuickTime 文件格式作为开发 MPEG-4 规范的统一数字媒体存储格式。

6. MMM 格式

MMM 格式文件是 Adobe 公司在 Director 中生成的动画文件，一般集成在完整的应用程序中，单独出现的文件比较少见，必须有专门的播放 MMM 的动画驱动程序。

本 章 小 结

多媒体技术（Multimedia Technology）是利用计算机对文本、图形、图像、声音、动画、视频等多种信息综合处理、建立逻辑关系和人机交互作用的技术。

文本是以文字和各种专用符号表达的信息形式，它是现实生活中使用得最多的一种信息存储和传递方式。图形图像是多媒体软件中最重要的信息表现形式之一，它是决定一个多媒体软件视觉效果的关键因素。声音是人们用来传递信息、交流感情最方便、最熟悉的方式之一。音频采样包括两个重要的参数即采样频率和采样数据位数。采样频率即对声音每秒钟采样的次数，人耳听觉上限在 20 kHz 左右，目前常用的采样频率为 11 kHz、22 kHz 和 44 kHz 几种。采样频率越高音质越好，存储数据量越大。

动画是利用人的视觉暂留特性，快速播放一系列连续运动变化的图形图像，也包括画面的缩放、旋转、变换、淡入淡出等特殊效果。视频技术包括视频数字化和视频编码技术两个方面。视频数字化是将模拟视频信号经模数转换和彩色空间变换转为计算机可处理的数字信号，使得计算机可以显示和处理视频信号。

第10章　综合案例实践——校园二手书店建设与运营

对于普通高校来说，每年都有大批的毕业生毕业。伴随着他们的毕业，产生了大量的闲置的书本，这些书弃之可惜，运送回家又需要耗费很大的成本。同时，每年又有大批的新生入学，入学的新生也希望能买到二手书，一是因为价格低；二是书上会有注释，可以帮助学习。校园二手书店可以不受时间、空间的限制，操作简单。校园二手书交易网提高了书的使用效率，倡导了健康节约的生活方式，减少了浪费，对于大学生培养节约的生活观起到很好的推动作用。二手书店的业务是收购旧书，整理后进行出售。

10.1　子任务1——登记商品信息（Word）

【任务要求】

想要建立一个二手书店，首先要确定“校园二手书网店”所销售的商品信息。

【任务分析】

建设一个网店，首先要确定所销售的对象。本例是网上二手书店，销售的物品就是书，还有和书相关的物品。书的类型可分为：课本、学习参考书、考试、文学、工具书、其他类。商品根据实际情况添加。对于每一件商品都要有的信息是书编号、书名、作者、出版社、新旧程度、购买价格、出让价格、照片、描述等。这种情况，如果用语言描述比较啰嗦，也不清楚，所以一般使用表格来描述商品情况。根据情况，设计出如图10-1所示的商品登记情况表。

【任务实施】

① 启动Word 2010，输入表格标题上“图书信息登记表”，按【Enter】键换行，设置字体格式为“仿宋，四号，加粗”，段落格式为“居中”，页面布局纸张方向为“横向”。

② 切换“插入”选项卡，在“表格”选项组中单击“表格”按钮，从下拉菜单中选择“插入表格”命令，打开“插入表格”对话框。按图10-2设置相应的行数和列数后，单击“确定”按钮。

图书信息登记表

分类	书编号	书名	作者	出版社	出版日期	定价	售价	图片
课本	K20160100001	C 语言程序设计基础	王建国，刘萍萍	中国铁道出版社	2013.10	35	7	
	K20160100002	物联网系统设计	桂劲松	电子工业出版社	2014.5	39	7.8	
	K20160100003	物联网导论	刘文涛	科学出版社	2013.8	45	9	
学习参考类								
考试								
文学								
工具书								

图书编号一共 12 位，说明如下：

第 1 位为字母，表示书的类别（K：课本，C：参考书，S：考试，W：文学，G：工具书，T：其它）；

第 2-5 位为年份，表示图书收购的年份；

第 6-7 位为月份，表示图书收购的月份；

第 8-12 位为序号，表示图书书购的顺序；

图 10-1　收购书信息表样表

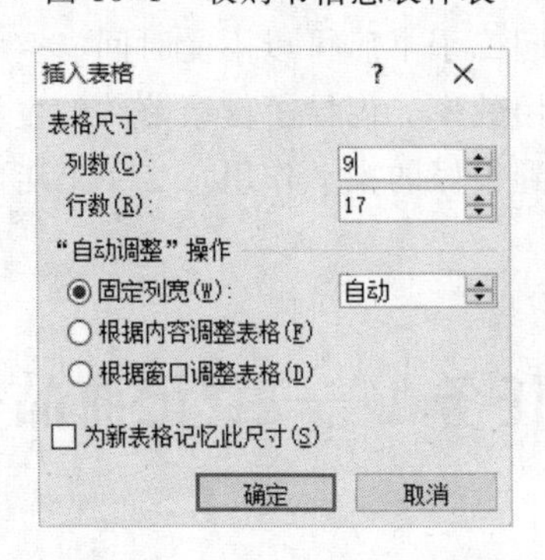

图 10-2 “插入表格”对话框

在表格中输入如图 10-3 所示的内容，字体格式设置“仿宋，小四，加粗”。

图书信息登记表

分类	书编号	书名	作者	出版社	出版日期	定价	售价	图片

图 10-3　新建表格

③ 合并单元格。根据每类书的数量，选择合并多少行的单元格。例如要将第一列的前三行合并，方法是首先选中要合并的单元格，切换到“表格工具/布局”选项卡，单击“合并单元格”按钮，然后在单元格中写上内容“课本”。按照图 10-4 所示，将内容输入完成。字体格式统一设为“仿宋，4 号”，再切换到“表格工具/布局”选项卡，选择对齐方式，除了“定价”和“售价”两列为“中部右对齐”，“分类”列为“水平居中”，其他各列均设置为“中部右对齐”，效果如图 10-4 所示。

图书信息登记表

分类	书编号	书名	作者	出版社	出版日期	定价	售价	图片
课本	K20160100001	C 语言程序设计基础	王建国，刘萍萍	中国铁道出版社	2013.10	35	7	
	K20160100002	物联网系统设计	桂劲松	电子工业出版社	2014.5	39	7.8	
	K20160100003	物联网导论	刘文渡	科学出版社	2013.8	45	9	
学习参考类								
考试								
文学								
工具书								
其它								

图 10-4　输入表格内容

④ 插入图片。首先准备好书的照片，要保证每张照片的大小不超过 5 KB（可使用 Windows 附带的画图工具进行调整）；然后选中要插入图片的单元格，单击“插入”→“图片”按钮，选择要插入的图片。

⑤ 设置重复标题行。首先选中表格的第一行，切换到“表格工具/布局”选项卡，单击“重复标题行”按钮，如图 10-5 所示。这样，当表格很长时，可以在每一页上都显示表头。

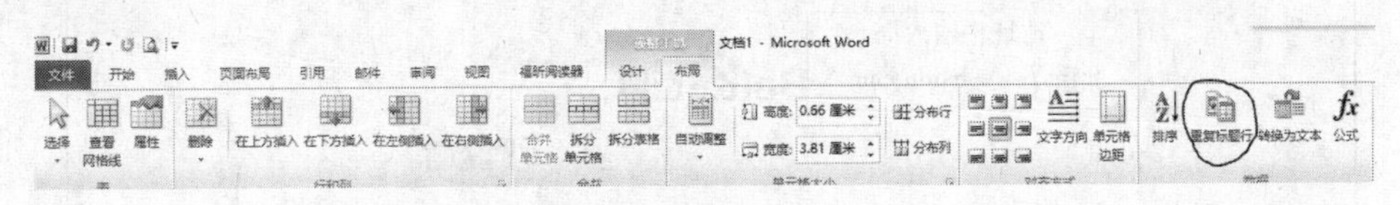

图 10-5　“重复标题行”按钮

⑥ 设置页眉/页脚。因为图书的编号是自己定义的，所以一般要加以说明，可以采用页脚的方式说明。切换到“插入”选项卡，选择“页脚”→“空白”，按照图 10-6 输入页脚文字，然后单击“关闭页眉和页脚”按钮。

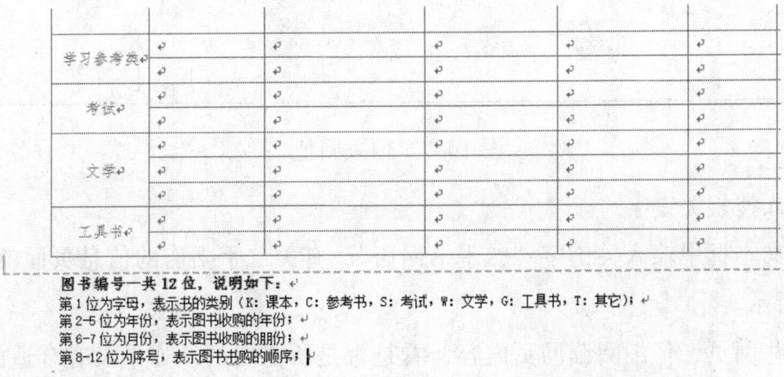

学习参考类					
考试					
文学					
工具书					

图书编号一共 12 位，说明如下：
第 1 位为字母，表示书的类别（K：课本，C：参考书，S：考试，W：文学，G：工具书，T：其它）；
第 2-5 位为年份，表示图书收购的年份；
第 6-7 位为月份，表示图书收购的朋份；
第 8-12 位为序号，表示图书书购的顺序；

图 10-6　页脚设置

10.2　子任务 2——搜集资料（搜索）

【任务要求】

要建立一个网站，首先要了解别的相似的网店如何，以及如何建立一个网店和经营一个网店。

【任务分析】

要完成这一任务，最好的方法是使用搜索引擎。当有需要记录的内容时，要会保存找到的信息。

【任务实施】

1. 信息的搜索

（1）借助搜索引擎查找信息

要在网上查找需要的信息时，可以使用搜索引擎，现在常用的搜索引擎有“百度”“搜狗”等。以百度为例，在地址栏中输入 http://www.baidu.com（注：也可以省略“http://”，它会由浏览器自动添加），如图 10-7 所示。

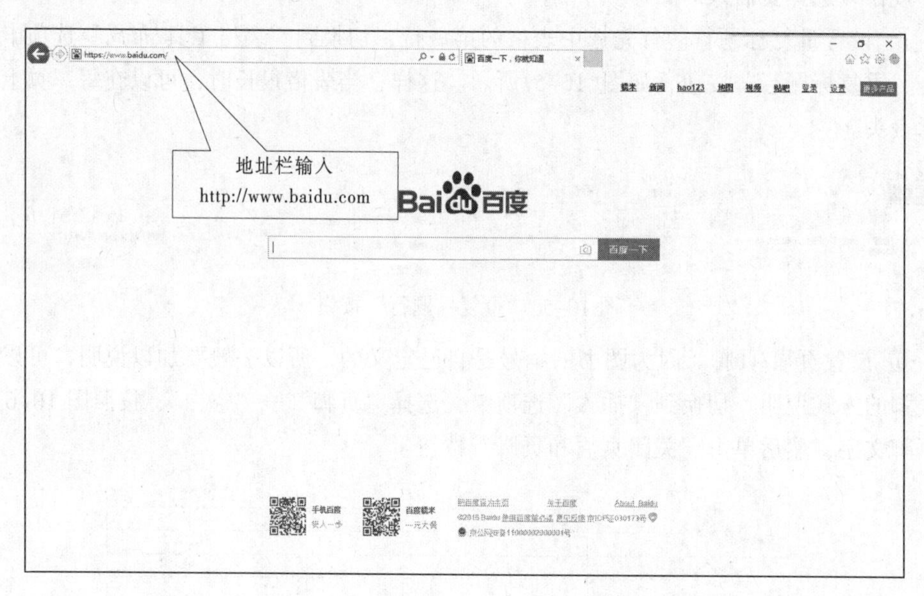

图 10-7　输入网址

（2）输入搜索关键字

在搜索文本框中输入关键字“二手书网店”，有关二手书店的信息页面就显示出来，如图 10-8 所示。

打开这些网页，仔细阅读网页内容，看是否是所需要的。如果没有合适的内容，可以更换相近的关键字进行再一次搜索，直到找到要找的内容。例如，还可以用关键字“大学生二手书交易平台”，搜索结果完全不一样，如图 10-9 所示。

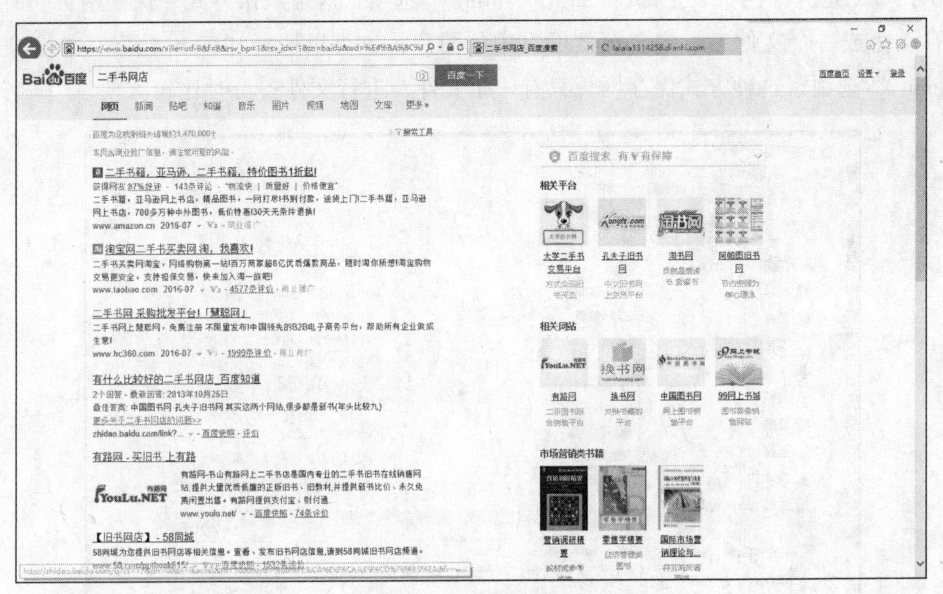

图 10-8　搜索结果

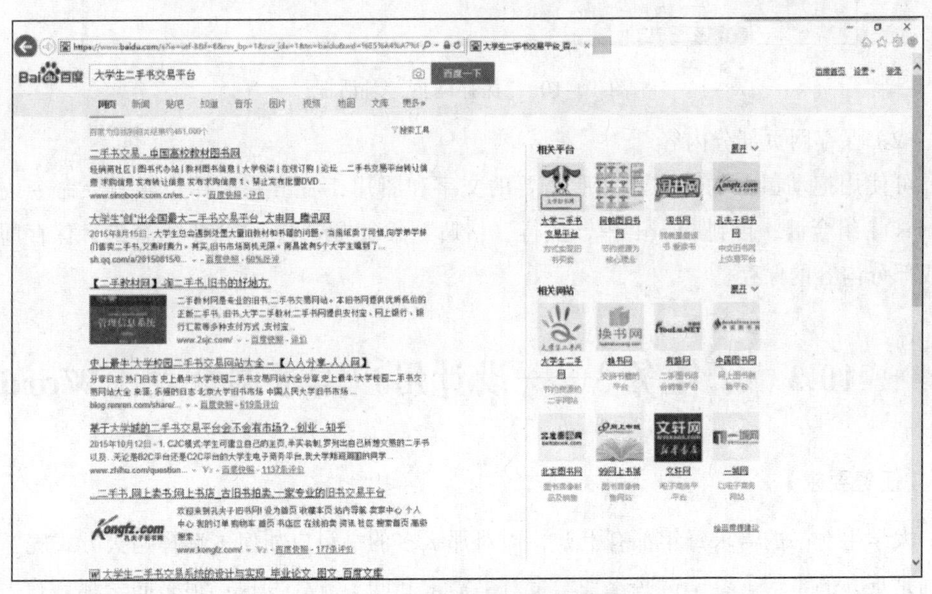

图 10-9　更换关键字搜索结果

在这里要说明一下，有时要搜索到有用的资料，可能要更换若干关键字，才可以找到，这是一个费时、费脑、费力的工作，要有足够的耐心。

2. 保存找到的信息

保存找到信息常用两种方式：一种是将整个网页保存，另一种是保存网页中其中一部分内容。

（1）保存整个网页

选择“设置”→“文件”→“另存为”命令，弹出“保存网页”对话框，如图 10-10

所示，可以选择“网页，全部（*.htm，*.html）”选项，这是默认方式，保存网页同时还会自动生成一个文件夹，主要存放网页中的图片；也可以选择“Web 档案，单个文件（*.mht）”选项，这种方式保存网页只有一个文件，进行文件备份时比较方便。

图 10-10 “保存网页”对话框

（2）保存网页部分内容

可使用拖动鼠标的方式选择所需要的文字和图片，右击并选择“复制”命令或按【Ctrl+C】组合键，再到 Word 中，执行“粘贴”命令或按【Ctrl+V】组合键，保存即可完成部分内容的保存。

10.3 子任务 3——设计用户需求调查表（Word）

【任务要求】

大学生对书的需求每年都有上升，面对那么多的书籍应如何去选择购买方式呢？这的确是难办的事情。鉴于这些年来学生对书需求和购买方式发现：很多同学都喜欢去那些二手书店去购买所需书籍，自然，他们的理由多种多样。为了弄清个中原因，需要设计用户需求调查表进行了这次调研。通过了解大学生对二手书籍的需求及购买状况，为二手书店的建设和经营方式提供参考。

【任务分析】

调查表首先要根据想要了解的情况来确定调查表的内容，然后对调查表进行排版。这里使用的工具是 Word 2010。调查表在排版是字体大小要合适，段落之间排版不要太紧密，可以加一些图片进行美化，可参考图 10-11。

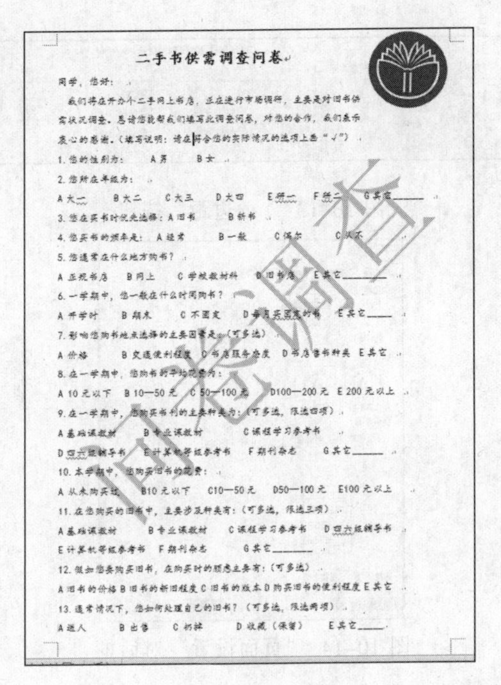

二手书供需调查问卷

同学，您好：

我们将在开办个二手网上书店，正在进行市场调研，主要是对旧书供需状况调查。恳请您能帮我们填写此调查问卷，对您的合作，我们表示衷心的感谢。（填写说明：请在符合您的实际情况的选项上画“√”）

1.您的性别为：　A男　B女

2.您所在年级为：

A大一　B大二　C大三　D大四　E研一　F研二　G其它______

3.您在买书时优先选择：A旧书　B新书

4.您买书的频率是：　A经常　B一般　C偶尔　C从不

5.您通常在什么地方购书？

A正规书店　B网上　C学校教材科　D旧书店　E其它________

6.一学期中，您一般在什么时间购书？

A开学时　B期末　C不固定　D每月买固定的书　E其它_____

7.影响您购书地点选择的主要因素是：（可多选）

A价格　B交通便利程度　C书店服务态度　D书店售书种类　E其它

8.在一学期中，您购书的平均花费为：

A 10元以下　B 10—50元　C 50—100元　D100—200元　E 200元以上

9.在一学期中，您购买书刊的主要种类为：（可多选，限选四项）

A基础课教材　B专业课教材　C课程学习参考书

D四六级辅导书　E计算机等级参考书　F期刊杂志　G其它______

10.本学期中，您购买旧书的花费：

A从未购买过　B10元以下　C10—50元　D50—100元　E100元以上

11.在您购买的旧书中，主要涉及种类有：（可多选，限选三项）

A基础课教材　B专业课教材　C课程学习参考书　D四六级辅导书

E计算机等级参考书　F期刊杂志　G其它________

12.假如您要购买旧书，在购买时的顾虑主要有：（可多选）

A旧书的价格 B旧书的新旧程度 C旧书的版本 D购买旧书的便利程度 E其它

13.通常情况下，您如何处理自己的旧书？（可多选，限选两项）

A送人　B出售　C扔掉　D收藏（保留）　E其它_____

图 10-11　样例

【任务实施】

① 启动 Word 2010，输入事先拟定的调查表内容，如图 10-12。

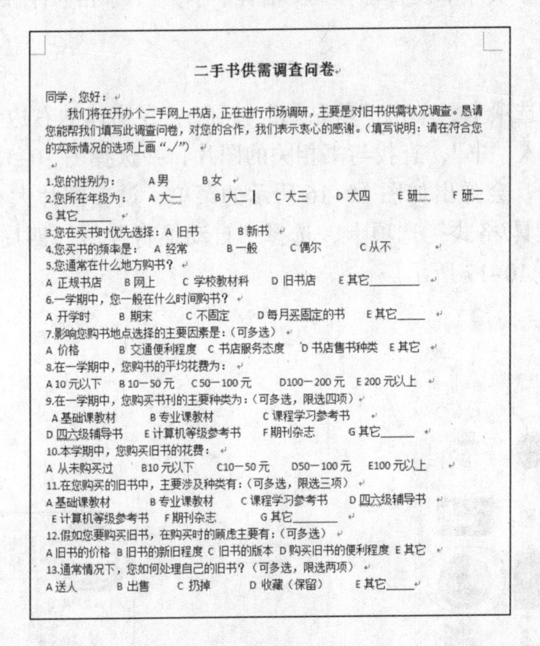

二手书供需调查问卷

同学，您好：

我们将在开办个二手网上书店，正在进行市场调研，主要是对旧书供需状况调查。恳请您能帮我们填写此调查问卷，对您的合作，我们表示衷心的感谢。（填写说明：请在符合您的实际情况的选项上画“√”）

1.您的性别为：　A男　B女

2.您所在年级为：　A大一　B大二　C大三　D大四　E研一　F研二

G其它______

3.您在买书时优先选择：A旧书　B新书

4.您买书的频率是：　A经常　B一般　C偶尔　C从不

5.您通常在什么地方购书？

A正规书店　B网上　C学校教材科　D旧书店　E其它________

6.一学期中，您一般在什么时间购书？

A开学时　B期末　C不固定　D每月买固定的书　E其它_____

7.影响您购书地点选择的主要因素是：（可多选）

A价格　B交通便利程度　C书店服务态度　D书店售书种类　E其它

8.在一学期中，您购书的平均花费为：

A 10元以下　B 10—50元　C 50—100元　D100—200元　E 200元以上

9.在一学期中，您购买书刊的主要种类为：（可多选，限选四项）

A基础课教材　B专业课教材　C课程学习参考书

D四六级辅导书　E计算机等级参考书　F期刊杂志　G其它______

10.本学期中，您购买旧书的花费：

A从未购买过　B10元以下　C10—50元　D50—100元　E100元以上

11.在您购买的旧书中，主要涉及种类有：（可多选，限选三项）

A基础课教材　B专业课教材　C课程学习参考书　D四六级辅导书

E计算机等级参考书　F期刊杂志　G其它________

12.假如您要购买旧书，在购买时的顾虑主要有：（可多选）

A旧书的价格 B旧书的新旧程度 C旧书的版本 D购买旧书的便利程度 E其它

13.通常情况下，您如何处理自己的旧书？（可多选，限选两项）

A送人　B出售　C扔掉　D收藏（保留）　E其它_____

图 10-12　调查问卷内容

② 页面设置：

切换到“页面布局”选项卡，选择“页边距”→“自定义边距”，如图 10-13 所示，弹出“页面设置”对话框，按照图 10-14 中的数据调整页面的左、右、上、下边距。

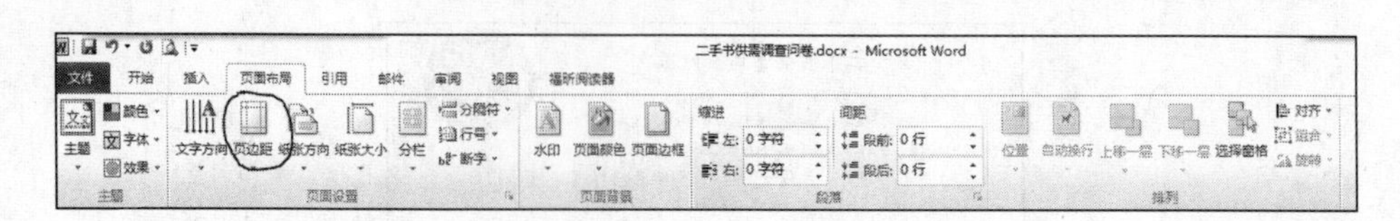

图 10-13 “页边距”按钮

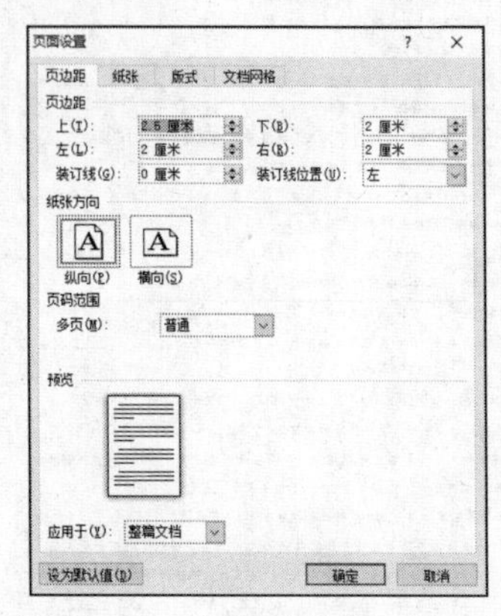

图 10-14 “页面设置”对话框

③ 文本格式设置：

选中标题，切换到“开始”→“字体”，设置为“楷体，小二，加粗”，段落格式为“居中”。

选中除标题的整个文本，设置字体为“楷体，小四”，单击“行和段落间距”按钮，将行间距调整为 1.5。

④ 插入图片：

切换到“插入”选项卡，单击“剪贴画”按钮，在窗体的右边会显示剪贴画窗口，可在搜索文字框中输入“书”，查找与书相关的图片，并选择图 10-15 所圈出的图片。

右击插入的图片，会弹出如图 10-16 所示的菜单，调整图片大小。然后设置图片格式，切换到“图片工具/格式”选项卡，选择“自动换行”→“四周型环绕”，调整图片到合适的位置，如图 10-17 所示。

图 10-15 插入剪贴画

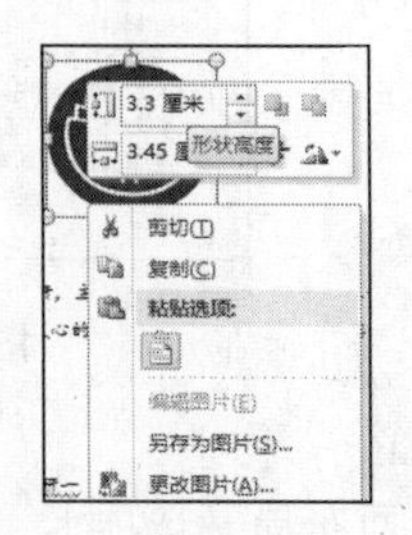

图 10-16 修改图片大小

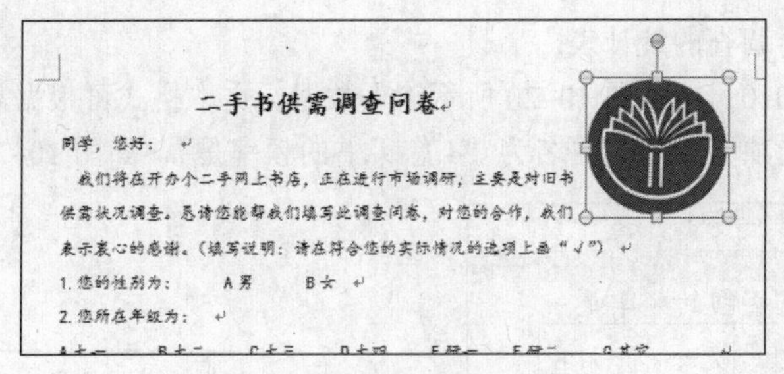
二手书供需调查问卷

同学，您好：

我们将在开办个二手网上书店，正在进行市场调研，主要是对旧书供需状况调查。恳请您能帮我们填写此调查问卷，对您的合作，我们表示衷心的感谢。（填写说明：请在符合您的实际情况的选项上画“√”）

1. 您的性别为：　　A 男　　B 女

2. 您所在年级为：

图 10-17　调整图片位置

⑤ 插入水印：

切换到“页面布局”选项卡，选择“水印”→“自定义水印”，如图 10-18 所示，弹出“水印”对话框，按照图 10-19 所示设置对话框。

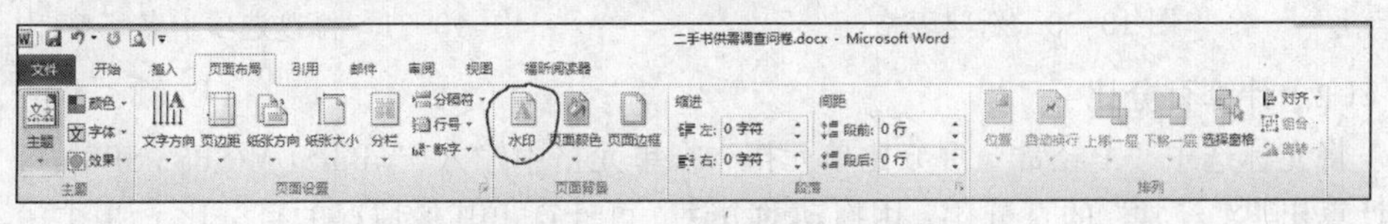

图 10-18　“自定义水印”按钮

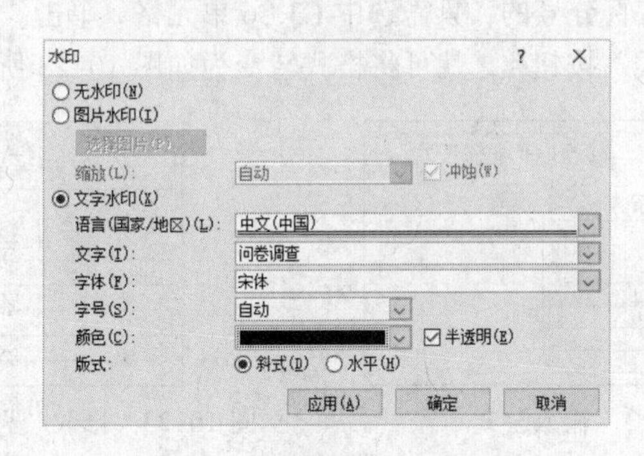

图 10-19　“水印”对话框

10.4　子任务 4——分析统计用户需求（Excel）

【任务要求】

问卷设计结束后，就要对调查的结果进行整理分析，通过数据清楚明了地说明所要调查的问题。

【任务分析】

对于问卷调查的数据，基本上是统计数据，首先需要将问卷中每一个调查项目的数据统计出来，再使用 Excel 的图表来表示数据实际的情况。

【任务实施】

1. 单项数据分析

问卷的数据项目很多，下面以问卷调查表的第 4 项“您买书的频率”为例，对单项项目进行分析。

（1）建立问卷调查的统计表

打开 Excel 2010，按照图 10-20 所示输入数据，文本格式可根据需要设置，并且结表格加上边框。选项卡的名字更名为“4.您买书的频率是”，如图 10-21 所示。

4. 您买书的频率是		
买书频率	人数	百分比
A 经常	28	
B一般	42	
C偶尔	21	
C从不	9	

图 10-20　新建表格

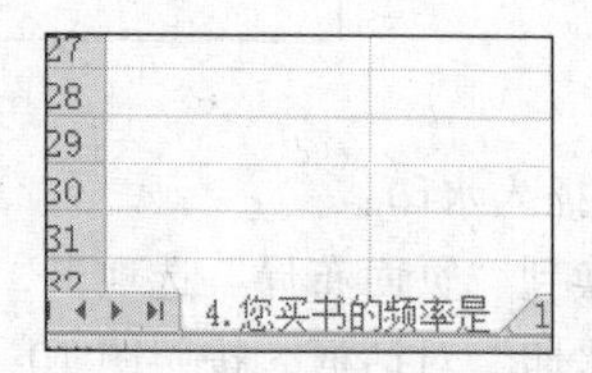

图 10-21　修改选项卡名字

（2）计算百分比

将光标选中“A 经常”百分比单元格，在单元格中输入“=B3/SUM($B$3:$B$6)”，就可计算出“A 经常”的百分比。用拖动的方法，可计算出其他情况的百分比，如图 10-22 所示。百分比一般是有百分号的，只需选中 C3:C6 单元格，单击“开始”选项卡“格式”工具栏的“百分比样式”按钮%，就可将格式转变为如图 10-23 所示的样式。

C3　=B3/SUM($B$3:$B$6)

4. 您买书的频率是		
买书频率	人数	百分比
A 经常	28	0.28
B一般	42	0.42
C偶尔	21	0.21
C从不	9	0.09

图 10-22　输入公式

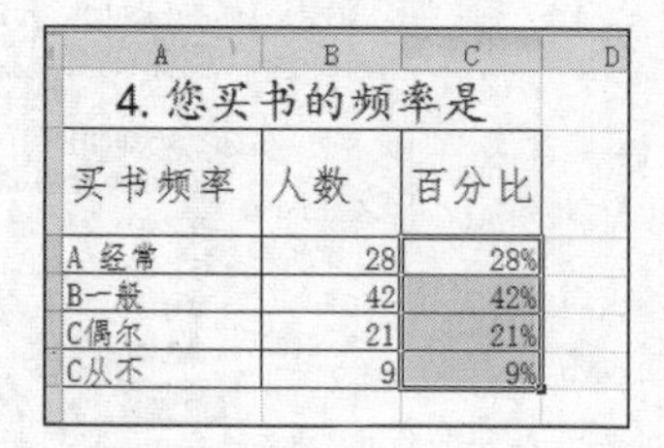

4. 您买书的频率是		
买书频率	人数	百分比
A 经常	28	28%
B一般	42	42%
C偶尔	21	21%
C从不	9	9%

图 10-23　修改“百分比”列单元格格式

（3）插入图表

对于性别分析，一般选择饼图。按住【Ctrl】键不放，选择“性别”和“百分比”两列，切换到“插入”选项卡，选择“饼图”→“二维饼图”→“饼图”，如图 10-24 所示，系统自动生成如图 10-25 所示的饼图。

图 10-24　“饼图”按钮

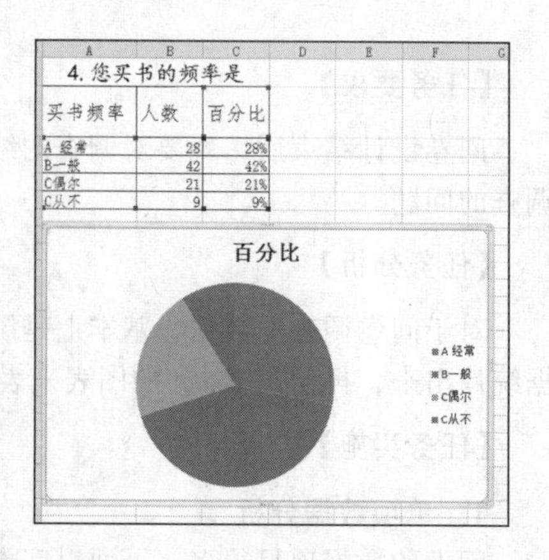

图 10-25　生成“饼图”图表

（4）修改图表

饼图生成后，希望能够将数据加到图表中显示，并且图表的标题也不理想。首先单击图表中的“百分比”，直接将内容改为“4. 您买书的频率为”；然后切换到“图表工具/布局”选项卡，单击“数据标签”→“数据标签内”，如图 10-26 所示。先中图表中百分比的数据，将它的字体格式更改为“宋体，16，黄色”，也可用相同的方法对图例的字体修改，改后效果如图 10-27 所示。

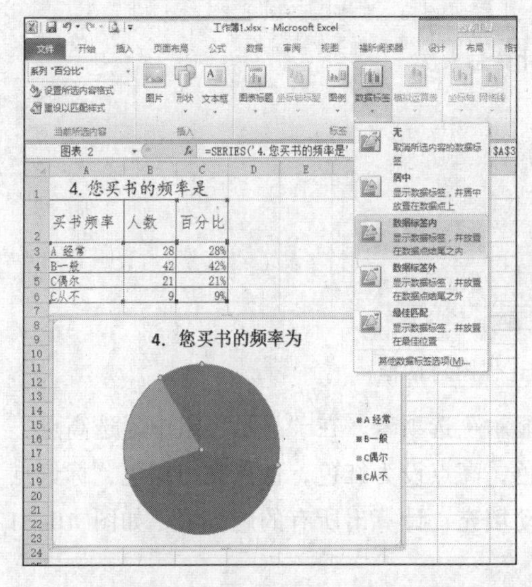

图 10-26　设置“数据标签内”

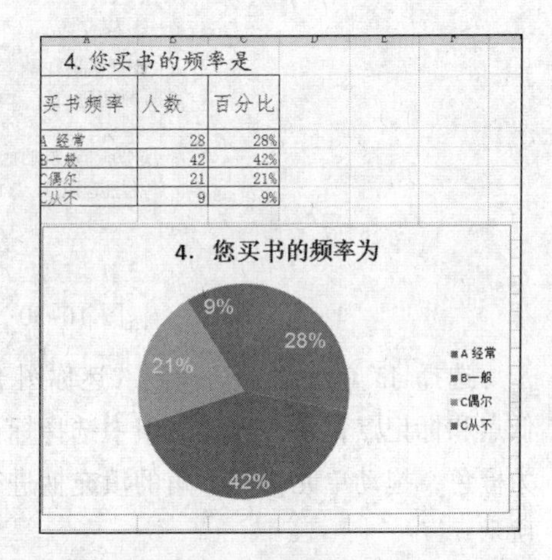

图 10-27　图表修改效果

2. 双项项目组合分析

下面以不同年级对二手书的购买类型为例进行分析，也即问卷调查表的第 2 项与第 11 项进行组合分析。

① 如图 10-28 所示建立表格，并设置字体。

	A	B	C	D	E	F	G	H	I	J
1	学生年级与购书种类的关系									
2	年级	调查人数	A基础课教材	B专业课教材	C课程学习参考书	D四六级辅导书	E计算机等级参考书	F期刊杂志	G其它	趋势图
3	大一	26	8	2	14	21	22	8	2	
4	大二	22	18	5	10	10	18	4	1	
5	大三	18	2	12	8	6	5	6	4	
6	大四	10	0	5	3	5	0	5	5	
7	研一	15	12	9	9	8	0	5	6	
8	研二	9	2	5	7	4	0	2	5	
9	总人次									

图 10-28　建立表格

② 计算数据。选中 B9 单元格，单击“开始”→“自动求和”按钮 Σ 自动求和 ·，按【Enter】键，算出总的调查人数，然后用自动填充的方法向右填充，将每个分类的人数算出，如图 10-29 所示。

③ 添加迷你图：

每个年级学生购买每种图书种类的情况可以用迷你图加以说明。选择 J3 单元格，切换到“插入”选项卡，在“迷你图”分组中单击“折线图”按钮，如图 10-30 所示，数据范围为 C3:I4，位置范围为$J$3，单击“确定”按钮。

	A	B	C	D	E	F	G	H	I	J
1	学生年级与购书种类的关系									
2	年级	调查人数	A基础课教材	B 专 业课教材	C课 程 学习参考书	D四六级辅导书	E计算机等级参考书	F 期 刊杂志	G其它	趋势图
3	大一	26	8	2	14	21	22	8	2	
4	大二	22	18	5	10	10	18	4	1	
5	大三	18	2	12	8	6	5	6	4	
6	大四	10	0	5	3	5	0	5	5	
7	研一	15	12	9	9	8	0	5	6	
8	研二	9	2	5	7	4	0	2	5	
9	总人次	100	42	38	51	54	45	30	23	

图 10-29　计算总人次

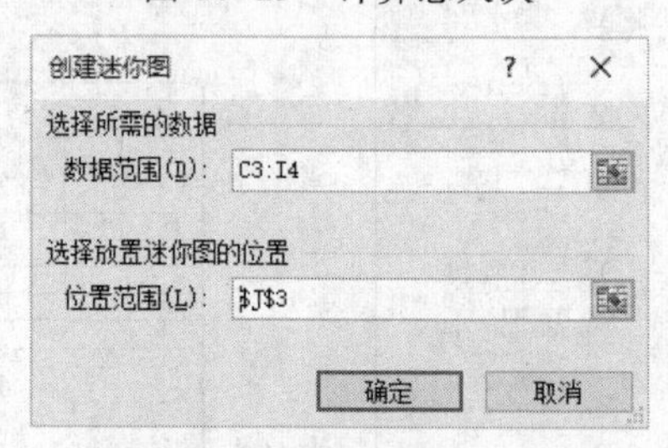

图 10-30　创建迷你图对话框

选择 J3 单元格，切换到“迷你图工具/显示”选项卡，在“显示”组中勾选高点、低点和标记点，在“样式”组中选择标记颜色，高点设为红色，低点设为绿色，标记点为橙色，拖动单元格右下角的填充柄进行自动填充，计算出所有的趋势图，如图 10-31 所示。

	A	B	C	D	E	F	G	H	I	J
1	学生年级与购书种类的关系									
2	年级	调查人数	A基础课教材	B 专 业课教材	C课 程 学习参考书	D四六级辅导书	E计算机等级参考书	F 期 刊杂志	G其它	趋势图
3	大一	26	8	2	14	21	22	8	2	
4	大二	22	18	5	10	10	18	4	1	
5	大三	18	2	12	8	6	5	6	4	
6	大四	10	0	5	3	5	0	5	5	
7	研一	15	12	9	9	8	0	5	6	
8	研二	9	2	5	7	4	0	2	5	
9	总人次	100	42	38	51	54	45	30	23	
10										

图 10-31　趋势图 – 迷你图表示

10.5　子任务 5——设计商品宣传演示文稿

【任务要求】

本次二手书网站宣传演示文稿主要是完成以下几个方面的工作：

① 让学生理解和掌握做宣传演示文稿的方法，包括背景设置、图片插入、艺术字的插入、阴影设计、文字的格式设计以及画图方法。

② 让学生理解整个演示文稿都是围绕一个主题来制作，因为宣传稿内容是为了介绍建立二手书网站的目的和意义，因此从 6 个方面来设计以提升二手书校园网站的社会形象和影响力，使二手书网站得到广泛的关注。

【任务分析】

① 围绕主题进行设计：该网站宣传演示稿从市场分析，环境分析，网站优势等方面宣传。从网站主页、二手书详情介绍、我的购物车等几个方面介绍网站设计风格。介绍网站外观和形象。

② 掌握建立一个新的幻灯片的设计方法，包括文字的编排、背景设计、艺术字的设计、图片设计以及动画方案设计等。

【任务实施】

① 启动 PowerPoint 2010 新建一个空白演示文稿。

② 设置背景文件：选择“设计”→“背景样式”→“设置背景格式”命令，选择“填充”→“背景或纹理填充”→“插入自”→“文件”命令，找到要插入的背景文件图片，设置成功后效果如图 10-32 所示。

图 10-32　设置背景文件

③ 插入艺术字：选择“插入”→“艺术字”命令，选择紫色的艺术字模型，如图 10-33 所示，输入“二手书网店策划方案”并旋转一个角度，如图 10-34 所示。

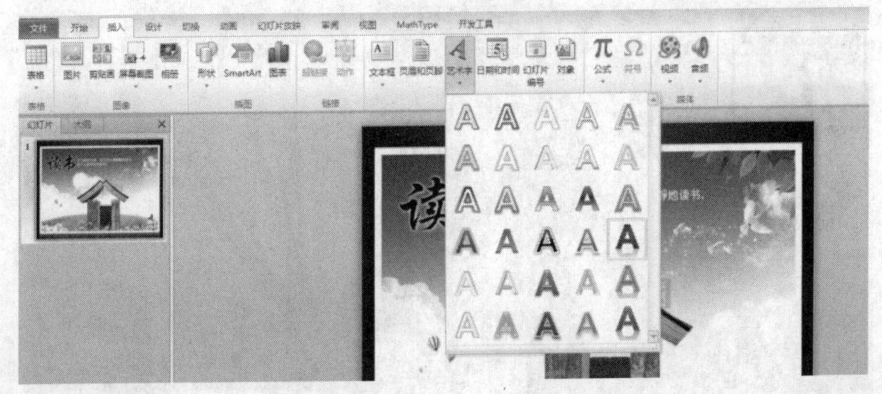

图 10-33　插入艺术字

图 10-34　旋转艺术字

④ 设置“二手书网店策划方案”的动画效果：选择“动画”→“进入”→“旋转”命令，如图 10-35 所示。然后单击“预览”按钮，查看动画效果。

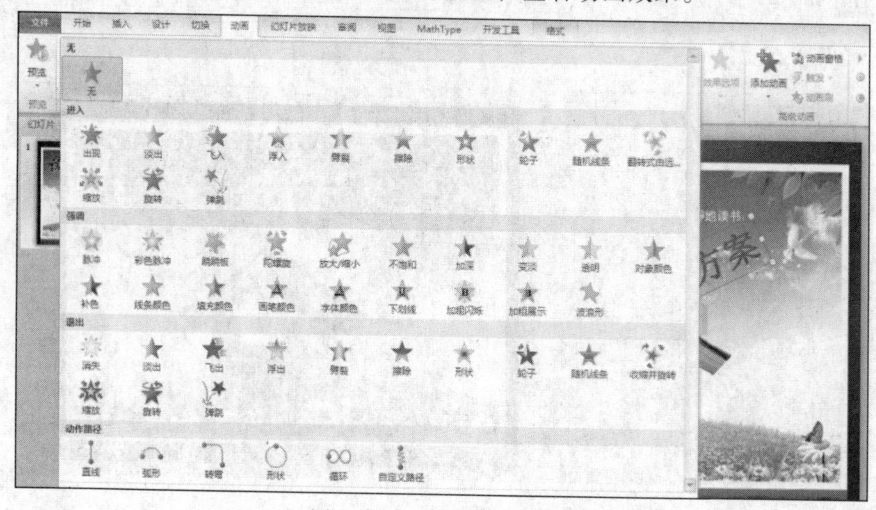

图 10-35　设置动画效果

⑤ 继续增加一个新的幻灯片，选择“插入”→“图片”命令，选择图片 5-1.jpg 文件，插入到幻灯片中，并调整大小，如图 10-36 所示。

图 10-36　增加幻灯片并插入图片

⑥ 选择“插入”→“文本框”→“横排文本框”命令，插入幻灯片最上方，并输入“天天看书吧”，调整字体大小为 36，字体为“华文隶书”，再选择“插入”→“文本框”→“垂直文本框”命令，插入幻灯片侧面，并输入“二手书网店网站宣传演示文稿”，字体大小和字体选择同上，如图 10-37 所示。

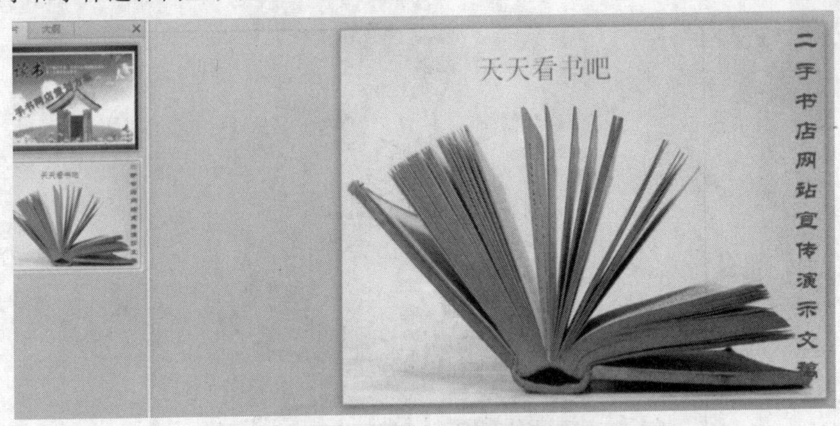

图 10-37　插入文本框

⑦ 继续新建一张幻灯片，插入图片 5-3.jpg，调整大小到如图 10-38 所示。选择“插入”→“形状”→“基本形状”命令，选择圆形，插入到幻灯片上方，右击，选择“设置形状格式”→“填充”→“纯色填充”命令，选择翠绿颜色，并输入“二手书网店”，调整字体大小为 16，字体为“华文行楷”，效果如图 10-39 所示。

图 10-38　新建幻灯片并插入图片

图 10-39　插入形状

⑧ 用复制的方法将该圆形复制 6 个，分别放置在以“二手书网店”的圆为中心的圆周上，6 个颜色均选淡蓝色，字体颜色选黑色，分别输入“市场分析”“环境分析”等文字，然后选择“插入”→“形状”→“线条”命令，并设置直线的属性，如图 10-40 所示。

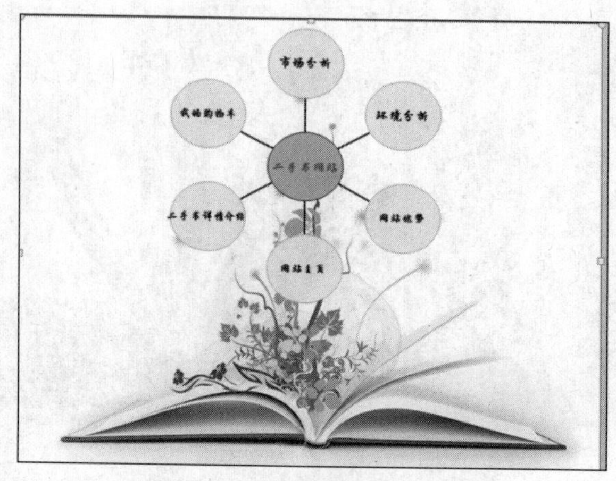

图 10-40　复制圆形并插入线条

⑨ 采用同样的方法插入图片以及相应的艺术字和文字，建立如图 10-41 所示的幻灯片。保存文件。

（a）

（b）

（c）

（d）

图 10-41　制作其他幻灯片

（e）

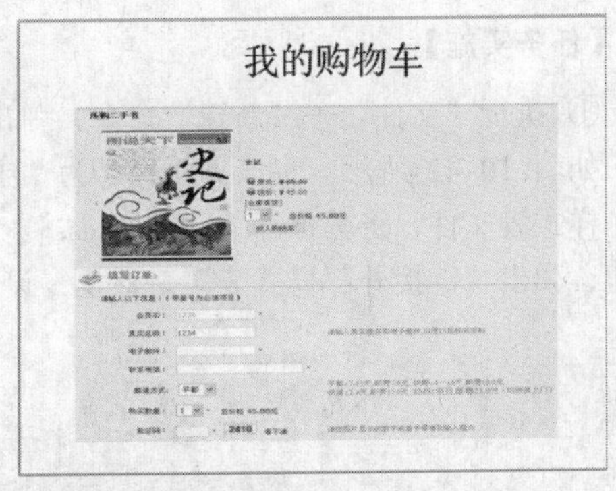

（f）

（g）

（h）

图 10-41　制作其他幻灯片（续）

10.6　子任务 6——设计网上团购店网页

【任务要求】

本项目要求设计一个二手书网站的主页、该主页要求链接二手书详情介绍以及我的购物车网页的页面，内容主要包含一些呈现给网站客户端的页面。本实例制作是一个二手书买卖交易网站，该网站页面主要是通过对 Div 元素的灵活应用，实现了网页页面的精确布局，页面内容丰富、图文并茂，给人一种舒适的视觉感觉。

【任务分析】

该网站页面采用居左的页面布局结构，符合大众的视觉习惯，页面中适当的留白，使页面更具空间感，而且给人无限的遐想。另外，图片与文字元素的巧妙组合，以及多媒体元素的合理应用，使页面弥漫着浓厚文化气息，并且充满生机和活力感。

在色彩搭配上，叶面主要采用蓝色为主色调，并且居于页面上方，给人一种醒目感，蓝色配以明度的变化，营造出正规、严肃的气氛，与适当的白色搭配，传递出求知、理性的信息，给人以稳重、信赖的印象，从而为二手书网站的宣传起到了铺垫作用，淡绿色、橙黄色、粉色等色彩的点缀，丰富了页面，避免了单一性。

【任务实施】

① 执行“文件”→“新建”命令，弹出“新建文档”对话框，新建一个 HTML 页面，如图 10-42 所示。将该页面保存为“主页.html”。使用相同的方法，新建一个外部 CSS 样式表文件，将其保存为“主页.css”。单击“CSS 样式”面板上的“附加样式表”按钮，弹出“链接外部样式表”对话框，设置如图 10-43 所示。

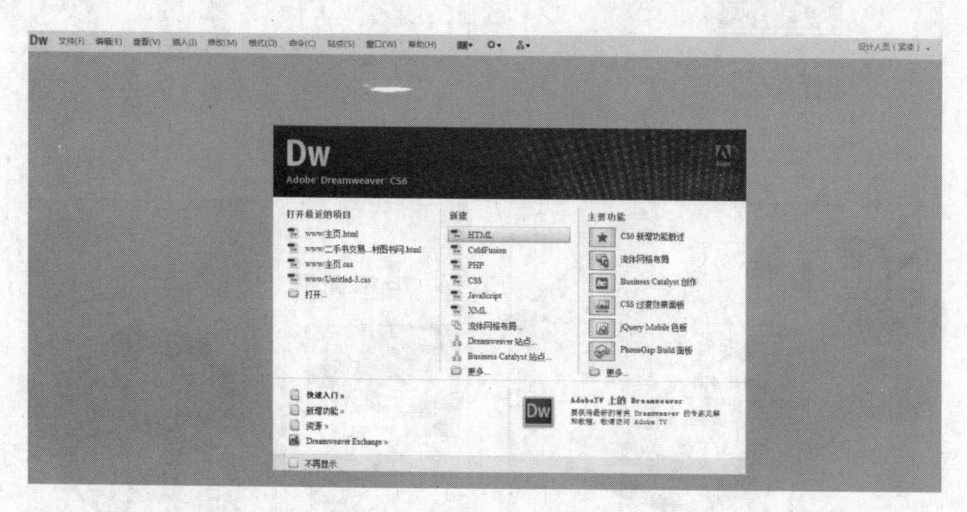

图 10-42　新建 HTML 页面

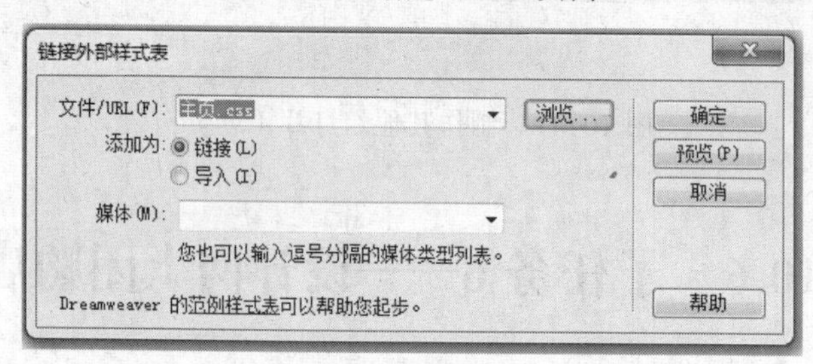

图 10-43　“链接外部样式表”对话框

② 切换到 3.css 文件中，创建一个名为“*”的通配符 CSS 规则，如图 10-44 所示。再创建一个名为 body 的标签 CSS 规则，如图 10-45 所示。

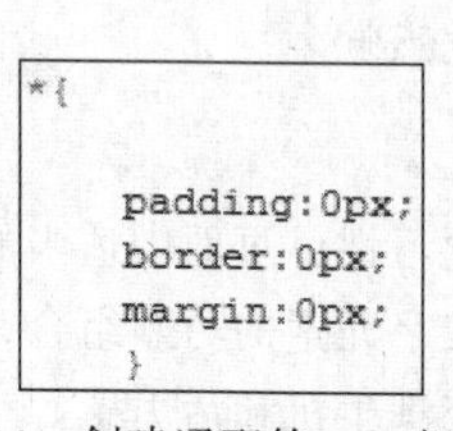

图 10-44　创建通配符 CSS 规则*

图 10-45　创建标签 CSS 规则 body

③ 返回到设计视图，可以看到页面背景的效果，如图 10-46 所示。在页面中插入名为 logo 的 Div，如图 10-47 和图 10-48 所示。切换到主页.css 文件中，创建名为#logo 的 CSS 规则，如图 10-49 所示。

图 10-46　页面背景的效果

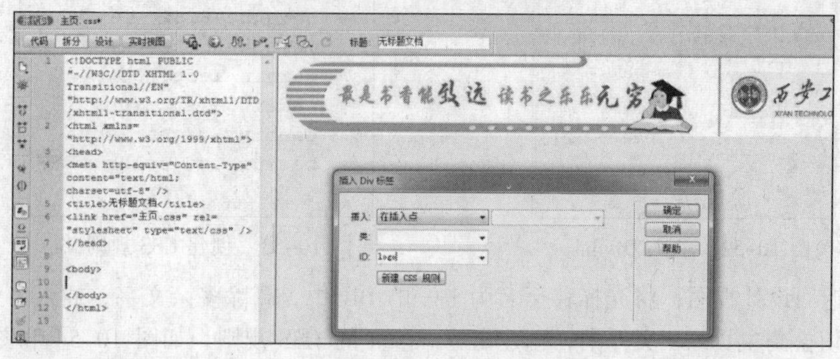

图 10-47　插入 Div 标签

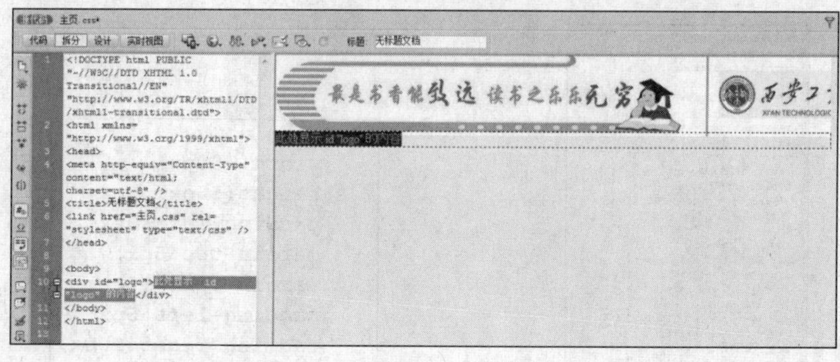

图 10-48　插入 Div 标签的效果

④ 返回设计视图，将光标移至名为 logo 的 Div 中，删除多余文字，选择“插入”→“图像”命令，如图 10-50 所示。依次插入图像 2.jpg 和 3.jpg 之后效果如图 10-51 所示。

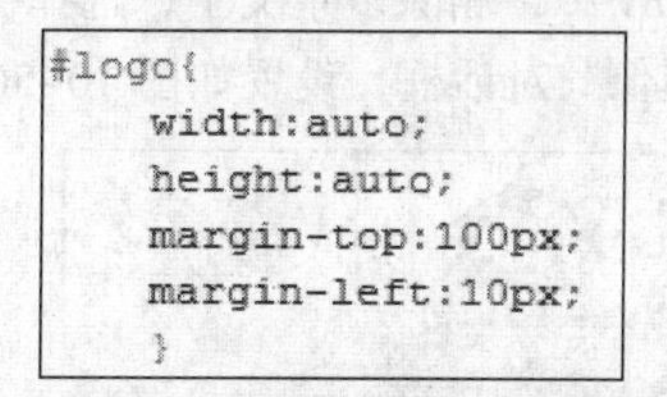

```
#logo{
    width:auto;
    height:auto;
    margin-top:100px;
    margin-left:10px;
    }
```

图 10-49　创建 CSS 规则#logo

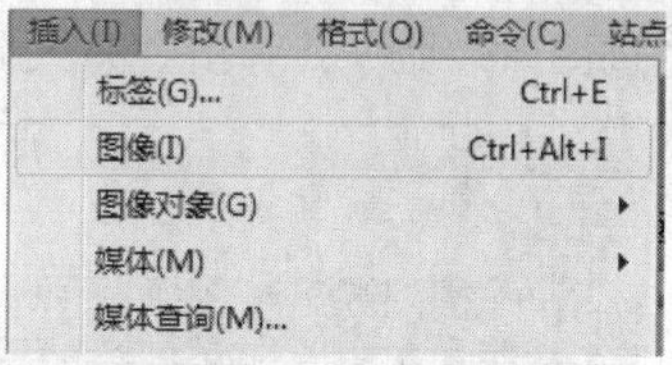

插入(I) 修改(M) 格式(O) 命令(C) 站点
标签(G)... Ctrl+E
图像(I) Ctrl+Alt+I
图像对象(G)
媒体(M)
媒体查询(M)...

图 10-50　插入图像

图 10-51　插入图像效果

⑤ 返回设计视图，将光标移至名为 logo 的 Div 之后，插入名为 box 的 Div，切换到主页.css 文件中，创建名为#box 的 CSS 规则，如图 10-52 和图 10-53 所示。

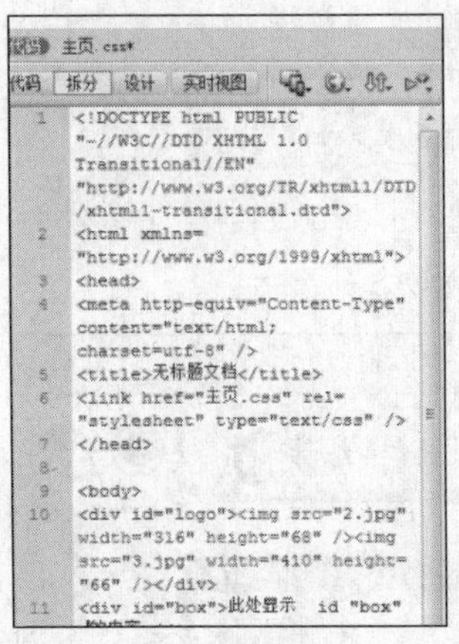

图 10-52 插入 Div box

```
#box{
    width:700px;
    height:430px;
    margin-top:10px;
    margin-left:10px;
    padding-left:10px;
    padding-right:10px;
    background-color:#FFF;
    }
```

图 10-53 创建 CSS 规则#box

⑥ 返回设计视图，将光标移至名为 box 的 Div 中，删除多余文字，插入名为 menu 的 div，切换到主页.css 文件中，创建名为#menu 的 CSS 规则，如图 10-54 和图 10-55 所示。

图 10-54 插入 Div menu

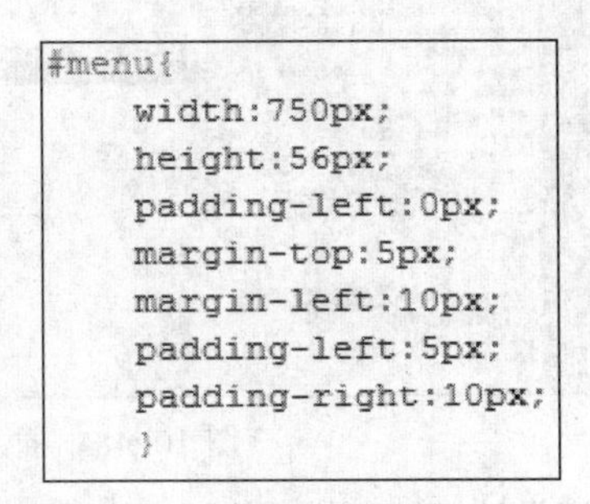

图 10-55 创建 CSS 规则#menu

⑦ 返回设计视图，将光标移至名为 menu 的 Div 中，删除多余文字，选择“插入”→“鼠标经过图像”命令，弹出“插入鼠标经过图像”对话框，设置如图 10-56 所示。

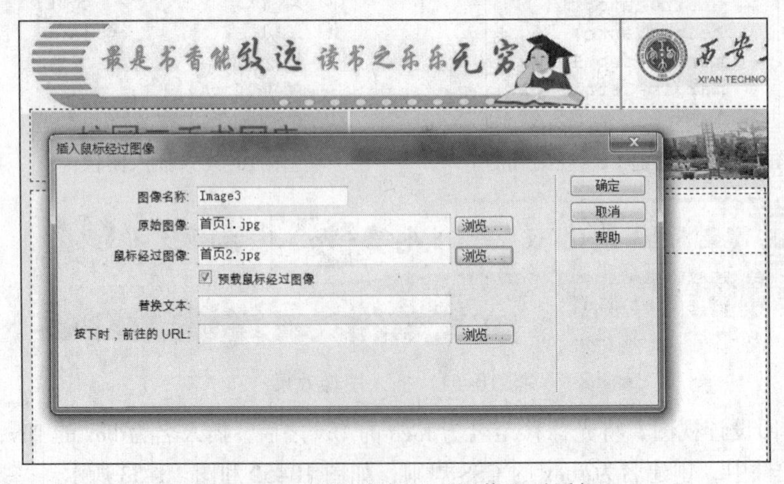

图 10-56 “插入鼠标经过图像”对话框

⑧ 完成相应的配置，单击“确定”按钮，在光标所在位置插入鼠标经过图像，如图 10-57 所示。使用相同的方法，可以插入其他鼠标经过图像，效果如图 10-58 所示。

图 10-57 鼠标经过图像效果

图 10-58 插入其他鼠标经过图像效果

⑨ 在名为 menu 的 Div 之后插入名为 pic1 的 Div，切换到主页.css 文件中，创建名为#pic1 的 CSS 规则，如图 10-59 所示。

⑩ 将光标移至名为 pic1 的 Div 中，删除多余文字，插入名为 text1 的 Div，切换到主页.css 文件中，创建名为#text1 的 CSS 规则，如图 10-60 所示。

```
#pic1{
    width:670px;
    height:180px;
    margin-top:0px;
    margin-left:10px;
    padding-top:5px;
    padding-left:10px;
    padding-right:10px;
    line-height:20px;
    float:left;
    }
```

图 10-59 创建 CSS 规则#pic1

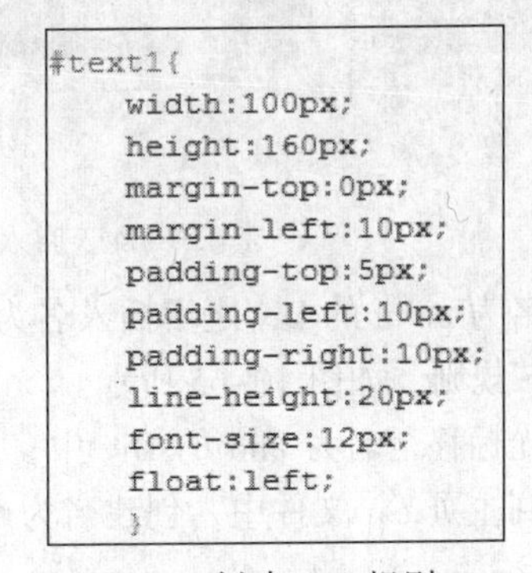

```
#text1{
    width:100px;
    height:160px;
    margin-top:0px;
    margin-left:10px;
    padding-top:5px;
    padding-left:10px;
    padding-right:10px;
    line-height:20px;
    font-size:12px;
    float:left;
    }
```

图 10-60 创建 CSS 规则#text1

⑪ 将光标移至名为 text1 的 Div 中，删除多余文字，插入名为 book1.jpg 的图像，在 img 元素之后写入<p align="center">¥10 元</p>，效果如图 10-61 所示。

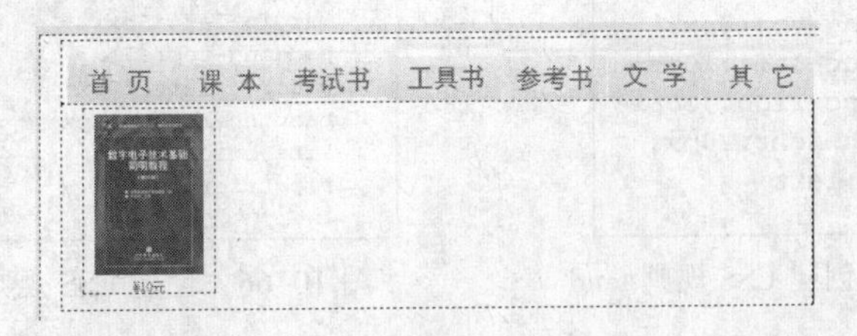

图 10-61 插入图像超链接

⑫ 按照上述方法依次加入 book2.jpg 到 book10.jpg，返回到设计视图，页面效果如图 10-62 所示。

⑬ 在名为 pic1 的 Div 之后插入名为 point 的 Div，切换到主页.css 文件中，创建名为#point 的 CSS 规则。如图 10-63 所示。

图 10-62　插入其他图像超链接

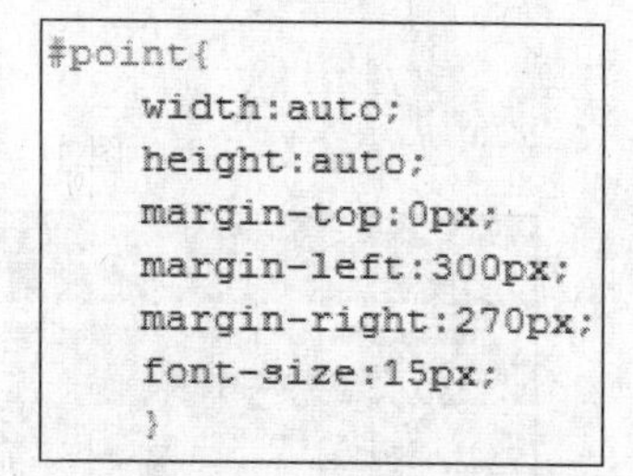

```
#point{
    width:auto;
    height:auto;
    margin-top:0px;
    margin-left:300px;
    margin-right:270px;
    font-size:15px;
    }
```

图 10-63　创建 CSS 规则#point

⑭ 将光标移在 point 的 Div 中，删除多余字符，类似插入“首页”标签一样，插入“〉〉”和“〈〈”标签，如图 10-64 所示。

图 10-64　插入标签“〉〉”和“〈〈”

⑮ 在名为 point 的 Div 之后插入名为 end 的 Div，切换到主页.css 文件中，创建名为#end 的 CSS 规则，如图 10-65 所示。

⑯ 将光标移至名为 end 的 Div 中，删除多余文字，在该 Div 中插入名为 active1 的 Div，切换到主页.css 文件中，创建名为#active1 的 CSS 规则，如图 10-66 所示。

```
#end{
    width:680px;
    height:180px;
    margin-top:0px;
    margin-left:5px;
    padding-top:5px;
    padding-left:10px;
    padding-right:10px;
    line-height:20px;
    float:left;
    }
```

图 10-65　创建 CSS 规则#end

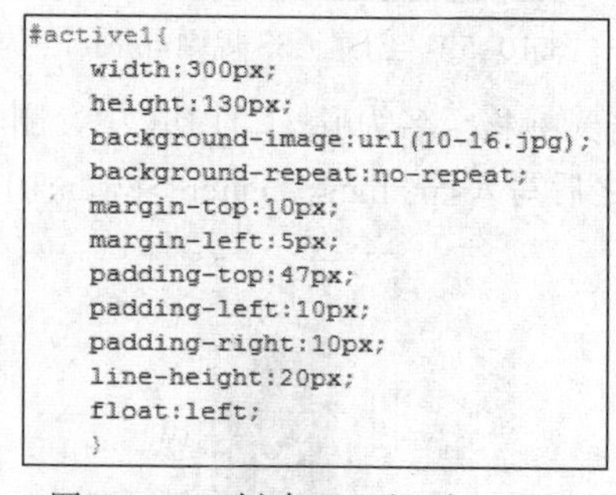

```
#active1{
    width:300px;
    height:130px;
    background-image:url(10-16.jpg);
    background-repeat:no-repeat;
    margin-top:10px;
    margin-left:5px;
    padding-top:47px;
    padding-left:10px;
    padding-right:10px;
    line-height:20px;
    float:left;
    }
```

图 10-66　创建 CSS 规则#active1

⑰ 标移至名为 active1 的 Div 中，删除多余文字，在该 Div 中插入名为 text2 的 Div，

切换到主页.css 文件中，创建名为#text2 的 CSS 规则，如图 10-67 所示。

⑱ 将光标移至名为 text2 的 Div 中，删除多余文字，输入需要通知的信息，如图 10-68 所示。

```
#text2{
    width:300px;
    height:100px;
    font-size:14px;
    font-weight:bold;
    font-height:25px;
    }
```

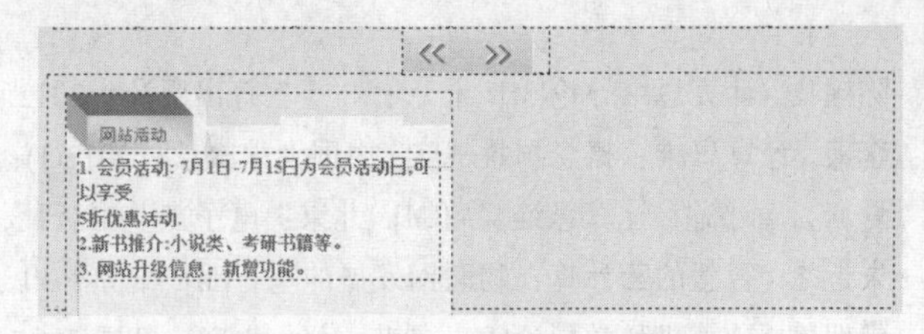

图 10-67　创建 CSS 规则#text2　　　　　　图 10-68　输入需要通知的信息

⑲ 将光标移至名为 active1 的 Div 之后，使用相同方式插入 active2 和 text3，在 text3 的 Div 中插入相应的联系方式的文字及图像，如图 10-69 和图 10-70 所示。

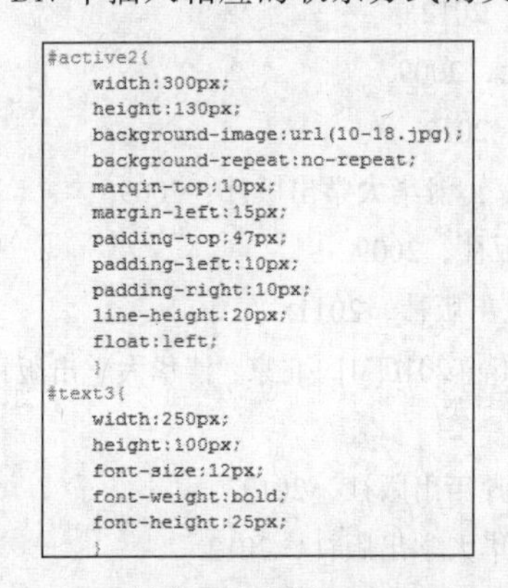

```
#active2{
    width:300px;
    height:130px;
    background-image:url(10-18.jpg);
    background-repeat:no-repeat;
    margin-top:10px;
    margin-left:15px;
    padding-top:47px;
    padding-left:10px;
    padding-right:10px;
    line-height:20px;
    float:left;
    }
#text3{
    width:250px;
    height:100px;
    font-size:12px;
    font-weight:bold;
    font-height:25px;
    }
```

图 10-69　创建 CSS 规则#active2 和#text3　　图 10-70　插入联系方式的内容

⑳ 完成页面内容的制作，选择“文件”→“保存”命令，保存页面，在浏览器中浏览页面，效果如图 10-71 所示。

图 10-71　页面效果

参 考 文 献

[1] 陈国良. 计算思维导论[M]. 北京：高等教育出版社，2012.

[2] 李廉. 计算思维：概念与挑战[J]. 中国大学教学，2012(1)：7-12.

[3] 夏耘，黄小瑜. 计算思维基础[M]. 北京：电子工业出版社，2012.

[4] 朱近之. 智慧的云计算：物联网发展的基石[M]. 北京：电子工业出版社，2010.

[5] 佛罗赞. 计算机科学导论[M]. 刘艺，译. 北京：机械工业出版社，2009.

[6] 姜丽荣. 大学计算机基础[M]. 北京：北京大学出版社，2010.

[7] TANENBAUM A S. 现代操作系统[M]. 马洪兵，译. 北京：机械工业出版社，2009.

[8] 刘晖. Windows 7 使用详解[M]. 北京：人民邮电出版社，2012.

[9] 张基温. 信息系统安全教程[M]. 北京：清华大学出版社，2009.

[10] 谢希仁. 计算机网络[M]. 6 版. 北京：电子工业出版社，2013.

[11] 吴功宜，吴英. 计算机网络应用技术教程[M]. 3 版. 北京：清华大学出版社，2009.

[12] 冯博琴. 大学计算机基础[M]. 3 版. 北京：清华大学出版社，2009.

[13] 王志良，王粉花. 物联网工程概论[M]. 北京：机械工业出版社，2011.

[14] 高万萍，吴玉萍. 计算机应用基础教程：Windows 7，Office 2010[M]. 北京：清华大学出版社，2013.

[15] 王国胜. Office 2010 实战技巧精粹辞典[M]. 北京：中国青年出版社，2012.

[16] 郝胜男. Office 2010 办公应用入门与提高[M]. 北京：清华大学出版社，2012.

[17] 神龙工作室. Office 2010 中文版从入门到精通[M]. 北京：人民邮电出版社，2012.

[18] 孔祥东. Office 2010 从新手到高手[M]. 2 版. 北京：科学出版社，2012.

[19] 卞诚君. 完全掌握 Office 2010[M]. 北京：机械工业出版社，2013.

[20] 徐子珊. 从算法到程序[M]. 北京：清华大学出版社，2013.

[21] 董卫军，邢为民，索琦. 大学程序设计技术概论[M]. 北京：人民邮电出版社，2012.

[22] 田文洪. 软件工程[M]. 北京：机械工业出版社，2013.

[23] 严蔚敏. 数据结构[M]. 北京：清华大学出版社，1997.

[24] 王珊，萨师煊. 数据库系统概论[M]. 4 版. 北京：高等教育出版社，2006.

[25] 张忠华. 多媒体计算机硬件基础教程[M]. 北京：清华大学出版社，2013.

[26] 王中生，马静. 多媒体技术应用基础[M]. 2 版. 北京：清华大学出版社，2012.